Wissenschaftliche Reihe Fahrzeugtechnik Universität Stuttgart

Reihe herausgegeben von

André Casal Kulzer, Stuttgart, Deutschland

Hans-Christian Reuss, Stuttgart, Deutschland

Andreas Wagner, Stuttgart, Deutschland

Das Institut für Fahrzeugtechnik Stuttgart (IFS) an der Universität Stuttgart forscht interdisziplinär sowie technologieoffen an modernen und zukunftsorientierten Fahrzeugkonzepten. In enger Zusammenarbeit mit Partnern aus Industrie und Wissenschaft entstehen neue Lösungen für die Mobilität der Zukunft. Das Institut gliedert sich in drei spezialisierte Lehrstühle, die gemeinsam das gesamte Spektrum der Fahrzeugtechnik abdecken: Der **Lehrstuhl für Fahrzeugantriebssysteme** widmet sich der Forschung nachhaltiger Antriebslösungen für künftige Mobilitätskonzepte. Im Fokus stehen alternative, elektrische sowie hybride Antriebssysteme und deren Komponenten – einschließlich der Nutzung nachhaltiger Energieträger wie Wasserstoff, synthetischer Kraftstoffe und Batterien. Der **Lehrstuhl für Kraftfahrzeugmechatronik** beschäftigt sich mit vernetzten, intelligenten und adaptiven Fahrzeugen. Im Zentrum stehen Fragestellungen zum Automatisierten und Vernetzten Fahren, Diagnose, Ladetechnologien, verteilte Systeme sowie softwarebasierte Fahrzeugfunktionen. Der **Lehrstuhl für Kraftfahrwesen** erforscht die physikalischen Grundlagen der Auslegung zukünftiger Fahrzeugkonzepte. Im Mittelpunkt stehen die Bereiche Aerodynamik, Windkanaltechnik, Akustik/NVH, Fahrzeugdynamik, Reifenmanagement und Thermomanagement Gesamtfahrzeug. Das IFS verfügt über eine vielfältige und hochmoderne Forschungsinfrastruktur, die realitätsnahe Untersuchungen vom Einzelbauteil bis zum Gesamtfahrzeug ermöglicht. Besonders hervorzuheben sind der Multikonfigurations- und Antriebsprüfstand für komplexe Antriebskonzepte, der Stuttgarter Fahrsimulator zur Untersuchung menschlichen Fahrverhaltens, der Aeroakustik-Fahrzeugwindkanal für akustische und strömungstechnische Fragestellungen sowie der Thermowindkanal zur Analyse thermischer Prozesse im Gesamtfahrzeug. Die wissenschaftliche Reihe „Fahrzeugtechnik Universität Stuttgart“ dokumentiert die im Rahmen von Promotionen am IFS entstandene Beiträge zur Mobilität der Zukunft und zeigt deren thematische Vielfalt, methodische Tiefe und Praxisrelevanz.

Reihe herausgegeben von

Prof. Dr.-Ing. André Casal Kulzer
Lehrstuhl für Fahrzeugantriebssysteme
Institut für Fahrzeugtechnik Stuttgart
Universität Stuttgart
Stuttgart, Deutschland

Prof. Dr.-Ing. Andreas Wagner
Lehrstuhl für Kraftfahrwesen
Institut für Fahrzeugtechnik Stuttgart
Universität Stuttgart
Stuttgart, Deutschland

Prof. Dr.-Ing. Hans-Christian Reuss
Lehrstuhl für
Kraftfahrzeugmechatronik
Institut für Fahrzeugtechnik Stuttgart
Universität Stuttgart
Stuttgart, Deutschland

Thomas A. Lenz

Ganzheitliche Methodik zur Analyse und Validierung transienter hydraulischer Systeme

Springer Vieweg

Thomas A. Lenz
IFS, Fakultät 7, Lehrstuhl für
Fahrzeugantriebssysteme
Universität Stuttgart
Stuttgart, Deutschland

Zugl.: Dissertation Universität Stuttgart, 2025
D93

ISSN 2567-0042 ISSN 2567-0352 (electronic)
Wissenschaftliche Reihe Fahrzeugtechnik Universität Stuttgart
ISBN 978-3-658-53362-5 ISBN 978-3-658-53363-2 (eBook)
https://doi.org/10.1007/978-3-658-53363-2

Die Deutsche Nationalbibliothek verzeichnet diese Publikation in der Deutschen Nationalbibliografie; detaillierte bibliografische Daten sind im Internet über https://portal.dnb.de abrufbar.

Planung/Lektorat: Deborah Priß
Springer Vieweg ist ein Imprint der eingetragenen Gesellschaft Springer Fachmedien Wiesbaden GmbH und ist ein Teil von Springer Nature.
Die Anschrift der Gesellschaft ist: Abraham-Lincoln-Str. 46, 65189 Wiesbaden, Germany

Vorwort / Danksagung

Der Themenkomplex und die Bearbeitung ähneln eher einer Expedition oder Forschungsreise als einer klassischen wissenschaftlichen Abhandlung. Denn der Einstieg in das Thema erfolgte über eine banale, für manchen auch überflüssige Frage:

Liefert der Drucksensor, der zur Beobachtung eines Systems verbaut wird, wirklich aussagekräftige Signale zu dessen Systemverhalten?

Und über eine Dekade später liegt die Antwort vor. Sowohl der Zeitraum als auch der Weg dahin waren geprägt von neuen und interessanten Begegnungen, leidenschaftlichen Diskussionen, mancher Irritation, einigen Rückschlägen, viel Herzblut und sehr viel Ausdauer, aber vor allem der unglaublichen Unterstützung meiner Frau und Familie, also eine Forschungsreise.

Mein besonderer Dank gilt meinem Doktorvater Prof. Michael Bargende, der mit einer kleinen Anmerkung viel Arbeit auslöste, damit jedoch zum Durchbruch verhalf, sowie für alle Ermutigungen, die ich ebenfalls durch seinem Nachfolger Prof. André Casal Kulzer sowie meinem Betreuer Dr. Ulrich Philipp erfuhr.

Dann erwähne ich namentlich meine Kollegen Hans-Peter Deeg, Sebastian Detzel, Wolfgang Eberle, Marc Hagemeier, Jens Gutjahr, Volker Leibfritz, Waldemar Nowak und Alexander Schwenger sowie meinen Arbeitgeber die Dr. Ing. h.c. F. Porsche AG.

Auf keinen Fall unerwähnt bleiben dürfen die Kollegen unserer Zulieferer im Bereich Steuertrieb Holger Zimmermann und Florian Stempfhuber (iwis mobility systems) sowie der Kalibriertechnik Dr. Christian Sander (TIS) und alle Abschlussarbeiter sowie Studenten, die mich auf der Reise begleiteten.

Nicht alles, was zählt, kann gezählt werden, und nicht alles, was gezählt werden kann, zählt. (Albert Einstein)

Thomas A. Lenz

Interessenkonflikt Der/die Autor*in hat keine relevanten Interessenskonflikte im Zusammenhang mit dieser Publikation.

Inhaltsverzeichnis

Abbildungsverzeichnis

Tabellenverzeichnis

Abkürzungsverzeichnis

AAF	Anti-Aliasing-Filter, Tiefpassfilter mit maximaler Grenzfrequenz von 1/3 der Abtastrate
barA	Druckwert als Absolutwert
CFL-Zahl	Courant-Friedrichs-Lewy-Zahl
Chirp	Zwitscherer, sehr schneller Frequenzhochlauf in der Simulation
CT	Computer-Tomografie
DIG	Druckimpulsgenerator
DOT	engl. Device on Test (Versuchsobjekt / -sensor)
GGH	Gasgehalt (volumetrisch)
MBE	Messbereichsendwert, Maximalwert des Messbereichs
PDMS	(modifiziertes) Polydimethylsiloxan, Prüföl / Kalibrieröl
pHD…	Druck im Hochdruckbereich / Dämpferraum einer Komponente
pND…	Druck im Niederdruckbereich / Versorgungsseite einer Komponente
R	spezifische Gaskonstante einzelner Gase
$\mathfrak{R}$	allgemeine Gastkostante
sFC	sinusförmiger Frequenzchirp (Frequenzhochlauf)
Sweep	entlangstreichen, langsamer Frequenzhochlauf im Versuch
TEDS	engl. Transducer Electronic Data Sheet (elektronisches Sensordatenblatt)

Zusammenfassung

In der Entwicklung technischer Systeme ist das Verständnis physikalischer Vorgänge, möglicher Wechselwirkungen sowie ihrer Abhängigkeit von Rand- und Betriebsbedingungen von zentraler Bedeutung. Der Einsatz von Messtechnik, insbesondere der Druckmesstechnik, zur Analyse und Validierung hydraulischer Systeme entspricht dem Stand der Technik. Druckmessungen sind seit Jahrhunderten bekannt und bewährt, wenn die korrespondierenden Röhren als erstes Messverfahren berücksichtigt werden. Durch den technischen Fortschritt stehen heute Sensoren mit unterschiedlichen Messprinzipien, einem breiten Spektrum an Druckbereichen und Ansprechverhalten sowie in nahezu jeder denkbaren Bauform zur Verfügung. Daher erscheint die Annahme zunächst fernliegend, dass sensorabhängige Messabweichungen von mehreren hundert Prozent auftreten können, obwohl sämtliche Datenblätter dies kategorisch ausschließen.

Eigene Messungen und Untersuchungen wecken jedoch wiederholt ernsthafte Zweifel an der Belastbarkeit von Drucksensorsignalen. In diesen Fällen führt bereits der Wechsel eines Sensors an derselben Messstelle zu den beschriebenen Veränderungen der erfassten Spitzendrücke. Dies verursacht inakzeptable Unsicherheiten bei der Auslegung technischer Systeme und birgt erhebliche Risiken für einen zuverlässigen Betrieb. Eine vollständige Klärung der zugrunde liegenden Ursachen und Mechanismen ist daher zwingend erforderlich. In der vorliegenden Arbeit wird der beschriebene Sachverhalt umfassend analysiert und hinsichtlich der beteiligten physikalischen Effekte beleuchtet.

Ausgehend von der Beschreibung und Diskussion eigener Sensordaten sowie von Messungen anderer Autoren in Kapitel 2.5 besteht das Ziel sowohl darin, die Wirkketten zu entschlüsseln, als auch die ursächliche Physik und deren messtechnische Abbildung im Drucksignal zu verstehen. Als besondere Herausforderung erweist sich die geringe Wissensbasis zu vergleichbaren Beobachtungen, die den Effekt unerklärlich stark variierender Messwerte thematisieren und zugleich einen Bezug zur verwendeten Sensorik oder zur Lokalisation und Ausführung einer Messstelle betrachten. Zusätzlich irritiert die große Vielfalt an Variationen in den dargestellten Sensorsignalen eines vermeintlich stationären Betriebspunktes. Einzelheiten hierzu sind in den Abbildungen 2.15 bis 2.29 des genannten Kapitels zusammengestellt.

Wegweisende Erkenntnis erster eigener Untersuchungen zeigen, dass hydraulische Systeme selten einphasig vorliegen und die Existenz einzelner Blasen in Volumenanteilen weniger ppm (parts per million) zu fundamentalen, aber reproduzierbaren Änderungen im Schwingungsverhalten eines Fluidsystems führen. Folglich lauten die zwei grundsätzlichsten Fragen an jeden Messwert:

1. *Ist dieses Signal verlässlich beziehungsweise aussagekräftig für den vorliegenden Systemzustand?*
2. *Welcher Anteil des Systemverhaltens fließt in welchem Umfang an der jeweiligen Messstelle in das erfasste Signal ein?*

Dieses Vorhaben kann ausschließlich mit einer „ganzheitlichen“ Betrachtungsweise beziehungsweise Methodik bearbeiten werden. Das Systemverhalten lässt sich nur dann korrekt in den Messdaten abbilden, wenn diese den physikalischen Vorgängen exakt entsprechen. Damit wird die Relevanz der beiden genannten Fragen besonders deutlich. Aus diesem Grund ist dem Ergebnisteil ab Kapitel 4 zunächst eine Übersicht über die Signalanteile eines Drucksensors vorangestellt. Auf diese Weise wird verständlich, wie vielfältig die Anteile eines Messsignals sein können und welchen Einfluss bereits vermeintlich unbedeutende Ungenauigkeiten auf daraus abgeleitete Schlussfolgerungen haben. Zugleich verdeutlichen das Diagramm in Abbildung 4.1 und die anschließende Auflistung, wie viele Aspekte beachtet werden müssen, um ein aussagekräftiges Drucksensorsignal aufzuzeichnen zu können.

Der Einstieg in das Thema erfolgt aus der Bewertung von Quereinflüssen, die parallel zu Druckschwingungen durch äußere Beschleunigungen wirken. Erste Ergebnisse sind in den Abbildungen 2.13 und 2.14 dargestellt und zeigen zunächst unerklärliche Drucksignale. Diese variieren zwischen den verwendeten Drucksensoren und liegen deutlich außerhalb aller Erwartungen bezüglich der erfassten Spitzendrücke. Zwar konnte schnell eine Beteiligung kleinster Lufteinschlüsse identifiziert werden, doch ließen sich zunächst weder die grundlegende Physik noch Beiträge aus Stoffwerten oder Randbedingungen zu einer konsistenten Theorie zusammenführen.

Aus dem erarbeiteten Verständnis der zugrunde liegenden Physik ergibt sich für den theoretischen Teil der Arbeit in Kapitel 3 ein Schwerpunkt auf den

Eigenschaften von Fluiden, Formen der Kavitation, den Grundlagen der Schwingungslehre sowie Details der Blasendynamik. Diese Einblicke in die beteiligten physikalischen Bereiche bilden die Basis für alle in den Kapiteln 4 und 5 beschriebenen und diskutierten Vorgänge, Wechselwirkungen und Analysen. Die Identifikation physikalischer Phänomene in hydraulischen Systemen führen zum Schwerpunkt der Arbeit und sind durch Untersuchungen ihrer messtechnischen Abbildung an den betrachteten Drucksensoren erweitert worden. Die Analyse auftretender Wechselwirkungen mit dem grundsätzlichen Verhalten der Sensoren sowie mit der Ausführung der Messstelle in Abhängigkeit vom Systemzustand führen dazu, dass bekannte Herangehensweisen nicht ausreichen. Daher wird bereits die Entwicklung einer zielführenden Methodik zu einem eigenständigen Bestandteil dieser Arbeit.

Für die Versuche wurde ein zweigleisiger Ansatz gewählt. Er verbindet komplexe Prüfstandläufe mit gut kontrollierbaren Laboraufbauten sowie Versuchsreihen unter verschiedenen, aber definierten Randbedingungen. Der Abgleich mit einer erarbeiteten oder vermuteten Theorie erfolgt durch die gezielte Reduzierung oder Eliminierung einzelner Einflussfaktoren im Vergleich zum jeweils bekannten oder vermuteten Systemverhalten. Dadurch wird es möglich, ein physikalisches Phänomen im Zusammenspiel mit sämtlichen Wechselwirkungen gesamtheitlich zu bewerten. Gleichzeitig werden auf diese Weise Defizite oder Irrtümer in einer vermuteten Systemantwort unmittelbar sichtbar. Voraussetzung ist dabei eine kritische Bewertung aller gewonnenen Erkenntnisse sowie eine klare Abgrenzung gegenüber weiterhin bestehenden Unsicherheiten. Hierin liegt der entscheidende Mehrwert und die Innovation des Ansatzes. Dies zeigt sich ebenfalls in der kontinuierlichen Weiterentwicklung der Laboraufbauten, die in Kapitel 4.2 mit allen Unterkapiteln beschrieben werden. Sowohl die angestrebten, aber nicht immer erreichten Ziele als auch unzutreffende Vermutungen sind den Beschreibungen aller Versuchsaufbauten beigefügt. Die wiederholte Optimierung und Weiterentwicklung dieser Aufbauten sowie die kritische Reflexion des beobachteten Systemverhaltens erwiesen sich als wesentlich und flossen in der Eigenentwicklung einer Druckkammer zusammen. Kapitel 4.2.4 stellt diese umfassend vor. Zu ihren Kernelementen zählen ein nahezu leckagefreies Kolben-Hülsen-System und ein Piezoaktor, gekoppelt mit hochpräziser Wegsensorik. Ergänzt wird die Druckkammer durch verschiedene optische Zugänge, vielfältige Sensoradaptionen, ein absolut steifes Dichtkonzept sowie eine totvolumenfreie Möglichkeit zur Injektion reproduzierbarer Luftvolumina. Die erarbeiteten Versuchsergebnisse zur druckbedingten Eigenerwärmung von Flüssigkeiten werden in Kapitel 4.5.2 vorgestellt und liefern neue Erkenntnisse zum Verhalten von Flüssigkeiten und zu möglichen Rückwirkungen auf hydraulische Systeme.

Die ausführliche Vorstellung und Beschreibung aller Komponentenversuche am Kettenspanner erfolgt in Kapitel 4.3. Die zugehörigen Unterkapitel führen in sämtliche Aufbauvarianten sowie in die Variationen der Rand- und Versuchsbedingungen ein. Den Vollmotormessungen ist Kapitel 4.4 gewidmet. Dessen Unterkapitel stellen alle Varianten der verwendeten Messkettenspanner im Vollmotor und am Komponentenprüfstand vor, mit denen sämtliche relevanten physikalischen Effekte messtechnisch nachgewiesen werden konnten.

Der in Kapitel 4.6 vorgestellte Umfang der 3D CFD-Simulation schließt Lücken bei versuchstechnisch nicht zugänglichen Fragestellungen, etwa hinsichtlich der Rückwirkungen veränderter Lokalisation oder variierender Blasengröße. Dieses Werkzeug ermöglicht gezielte Einblicke in die Dynamik der Messstellen am Kettenspanner sowie in die Auswirkungen multipler Blasen in der vertikal schwingenden Ölsäule aus Kapitel 4.2.1. Details der „Volume of Fluid"-Methode, verschiedene Herausforderungen in der Umsetzung sowie ausgewählte Korrelationen zu vorhandenen Messungen belegen die Eignung des Simulationsansatzes unter Verwendung der in Voruntersuchungen abgeleiteter Parameter zur Analyse obiger hydraulischer Systeme. Der in Kapitel 4.5.1 vorgestellte Aufbau zur dynamischen Kalibrierung von Drucksensoren beseitigt unter Einbeziehung des erarbeiteten Wissens über physikalische Zusammenhänge in hydraulischen Systemen die Unsicherheit hinsichtlich der Messgüte von Drucksensoren und stellt sämtliche Messdaten auf eine valide Basis. Die anschließenden Kapitel bis 4.5.3 beleuchten weitere, für die Sensorkalibrierung wesentliche Aspekte und schließen das Thema in Kapitel 4.5.4 mit einer Zusammenfassung ab.

Kapitel 5 kann als Herzstück der Arbeit bezeichnet werden, da es das Vorgehen zur Analyse eines hydraulischen Systems anhand der zuvor vorgestellten Details und Beispiele beschreibt. Ein Verfahren zur Korrektur von Messwerten mittels physikalisch definierter Referenzpunkte wird in Kapitel 5.1 erläutert. Dabei befindet sich das betrachtete System in einem Zustand, in dem am Sensor kurzzeitig der Dampfdruck der Flüssigkeit anliegt. Dies ermöglicht eine zuverlässige Offsetkorrektur des Signals. Ausgehend von diesem Fixpunkt lassen sich weitere Signale korrelieren und ebenfalls präzise korrigieren. Im nächsten Schritt werden aus physikalischen Zusammenhängen zeitliche Beziehungen zwischen Sensorsignalen unterschiedlicher Größen abgeleitet. Dieses Wissen wird zur Korrektur von Laufzeitunterschieden einzelner Messketten genutzt. Die Vorgehensweise ist grundsätzlich bekannt, in ihrer Kombination und als notwendige Voraussetzung für eine detaillierte und aussagekräftige Systemanalyse jedoch unerlässlich. Dieser Exkurs veranschaulicht die Notwendigkeit der Vorarbeiten und verdeutlicht dies an Beispielen zur Integration und Differentiation von Messsignalen. Der vorgestellte Ansatz eines Hermite-Interpolationsverfahrens zur optimierten analytischen Bestimmung von Amplituden und Frequenzen aus einer Kurzzeit-FFT (FFT mit kleiner Fensterlänge) überzeugt durch das beschriebene Verbesserungspotenzial bei der Analyse von Versuchen mit variierenden Frequenzen. Die abschließende kurze Betrachtung von Abtast- und Filtereinflüssen rundet das Kapitel ab.

Nachdem eine einzelne Luftblase als wohl wesentlichster Einflussfaktor identifiziert ist, besteht die Absicht, ihr Verhalten in einer transienten 3D CFD-Simulation zu untersuchen. Wie bereits bei den Laboraufbauten und Prüfstandversuchen wird auch hier besonderes Augenmerk auf die Folgen möglicher Vereinfachungen gelegt. Das Bewusstsein für Unzulänglichkeiten und Grenzen ist ebenso wertvoll wie ein aussagekräftiger Versuch selbst. Der Einsatz der Simulation liefert entscheidende Hinweise auf die Auswirkungen homogen verteilter Luft sowie dezidierter Blasenansammlungen. Kapitel 5.2.2 beschreibt detailliert die Ergebnisse am Kettenspanner zu den Wechselwirkungen zwischen Verschäumungszuständen des Mediums und den Auswirkungen von Luftblasen in bestimmten Geometrien eines Hydrauliksystems. Im folgenden Kapitel wird der Mechanismus, der bislang unerklärlichen und kaum verstandenen Vorgänge erstmals strömungsmechanisch beleuchtet. Dadurch wird eine bestehende Unklarheit geschlossen und ein Mechanismus offengelegt, der für zahlreiche Probleme in hydraulischen Systemen verantwortlich sein kann. Der zweite numerisch untersuchte Aufbau einer schwingenden Ölsäule führt zur Entwicklung der Hypothese eines neuen Kavitationsmechanismus, der in Kapitel 5.3.5 unter dem Begriff „*Transphasen-Kavitation*" zur Diskussion gestellt wird. Auch hier war der Durchbruch möglich, weil ein klares Bewusstsein für die Möglichkeiten und Grenzen der Simulation mit den erfassten Messergebnissen verknüpft wurde. Die Identifikation dieses schwer fassbaren physikalischen Mechanismus stützt sich auf die überzeugend gute Übereinstimmung der Simulationsergebnisse mit den zuvor gewonnenen Messungen am Elektropulser aus Kapitel 4.2.1 sowie auf deren Bestätigung in Kapitel 5.2.1. Trotz zahlreicher Vereinfachungen zeigt sich hier das volle Potenzial numerischer Strömungssimulationen. Zugleich wird deutlich, dass belastbare Ergebnisse ausschließlich auf einem grundlegenden und umfassenden physikalischen Verständnis fußen können.

Aus der Analyse und Identifikation dynamischer Effekte in der Simulation und in den Versuchsaufbauten liefert Kapitel 5.3.4 die Details zur Relevanz geometrischer Einflüsse. Diese sind ursächlich für unerwartete und vermutlich nahezu unbekannte Drucküberhöhungen. Wie im selben Kapitel nachgewiesen, sind Drucküberhöhungen um den Faktor fünf Standard; selbst Faktoren von 25 sind nicht unmöglich. Wenn ein Sensor verbaut ist, werden diese Auswirkungen sichtbar. Der zugrunde liegende Mechanismus tritt jedoch in allen dazu vergleichbaren Geometrien auf. Die Entdeckung dieses Wirkzusammenhangs kann als Novum im Verständnis hydraulischer Systeme angesehen werden. Erwähnenswert ist auch der Nachweis der Auswirkungen verteilter Elastizitäten in Form von Luftblasen oder nachgiebiger Komponenten, wie in Kapitel 5.3.3 beschrieben. Auch hier bestätigt sich die hohe Sensitivität der entdeckten Mechanismen und Zusammenhänge gegenüber kleinsten Variationen der Systemdynamik sowie des Laufzeitverhaltens infolge von Geometrie und möglicher Luftverteilungen, wie in Abbildung 5.48 besonders deutlich wird.

Eine Antwort auf die Frage nach der Messgüte von Drucksensoren liefert Kapitel 5.4 anhand eines Aufbaus zur dynamischen Kalibrierung. Die Wiederholgenauigkeit kann dabei als Alleinstellungsmerkmal angesehen werden. Eine Reproduzierbarkeit der Messsignale im Promillebereich und eine zeitliche Reproduzierbarkeit im Bereich von Mikrosekunden ermöglichen eine außergewöhnliche Beobachtungstiefe relevanter physikalischer Randbedingungen. Dadurch werden kleinste Änderungen im Gesamtsystem detektierbar und den zugrunde liegenden physikalischen Ursachen zuordenbar, sodass grundlegende Mechanismen der Fluiddynamik analysiert werden können. Besonders das am Ende von Kapitel 5.4.2 beschriebene, von der Systemdynamik abhängige Zusammenspiel zwischen Druck, Temperatur und Dichte eines Flüssigkeitsvolumens ist in bemerkenswerter Weise mit den Beobachtungen aus Kapitel 4.5.2 konsistent und führt zu einem besseren Verständnis der Physik, insbesondere in technischen Anlagen.

Die in dieser Arbeit geöffnete Tür zu hydraulischen Systemen zeigt Zusammenhänge zwischen Geometrie, Betriebsmedien, Systemdynamik, Luftverteilung, Messtechnik und Datenanalyse auf. Zugleich wird deutlich, welche Voraussetzungen und Aufwendungen für die Analyse der verschiedenen vorgestellten Phänomene erforderlich sind und wie ihr Auftreten nachgewiesen werden kann. Besonders spannend ist die Übertragung dieses Wissens auf weitere Untersuchungen, wie sie in Kapitel 2.5.3 anhand von Beispielen aus der Fachliteratur dargestellt werden. Dabei ist die Sicherstellung der Rückwirkungsfreiheit als absolut notwendig anzusehen. Wie Abbildung 4.31 belegt, führen bereits kleine geometrische Modifikationen – vergleichbar mit jenen an Druckmesszellen von Sensoren für den Serieneinsatz, wie in Abbildung A.25, analysiert – zu Veränderungen des Schwingungs- und Dämpfungsverhaltens und damit zu Rückwirkungen sowie Veränderungen im betrachteten Fluidsystem. Das gewonnene Verständnis über die vielschichtigen Zusammenhänge in hydraulischen Systemen und deren Rückwirkungen auf das Systemverhalten legt einen weiteren Wissensaufbau für die Zukunft nicht nur nahe, sondern fordert diesen regelrecht ein.

Abstract

In the development of technical systems, understanding physical processes, potential interactions, and their dependence on boundary and operating conditions is of central importance. The use of measurement technology – particularly pressure measurement technology – for the analysis and validation of hydraulic systems represents the state of the art. Pressure measurements have been known and proven for centuries, if the corresponding tubes are considered as the first measurement method. Thanks to technological advances, sensors are now available that employ various measurement principles, cover a wide range of pressure ranges and response characteristics, and come in virtually every conceivable design. Therefore, the assumption that sensor-dependent measurement deviations of several hundred percent can occur initially seems far-fetched, especially since all data sheets categorically rule this out.

However, our own measurements and investigations have repeatedly raised serious doubts about the reliability of pressure sensor signals. In these cases, simply replacing a sensor at the same measurement point leads to the described changes in the recorded peak pressures. This causes unacceptable uncertainties in the design of technical systems and poses significant risks to reliable operation. A thorough clarification of the underlying causes and mechanisms is therefore imperative. In this thesis, the described phenomenon is comprehensively analyzed and examined in terms of the physical effects involved.

Based on the description and discussion of the author's own sensor data as well as measurements by other authors in Chapter 2.5, the goal is both to decipher the causal chains and to understand the underlying physics and its metrological representation in the pressure signal. A particular challenge is the limited body of knowledge regarding comparable observations that address the effect of inexplicably varying measured values while also establishing a connection to the sensor technology used or to the location and design of a measurement point. Furthermore, the wide variety of variations in the sensor signals depicted for a supposedly steady-state operating point is perplexing. Details on this are compiled in Figures 2.15 through 2.29 of the aforementioned chapter.

Groundbreaking findings from our own initial investigations show that hydraulic systems are rarely single-phase, and that the presence of individual bubbles in volume fractions of less than ppm (parts per million) leads to fundamental yet reproducible changes in the vibration behavior of a fluid system. Consequently, the two most fundamental questions regarding any measured value are:

1. *Is this signal reliable or meaningful for the current system state?*
2. *To what extent does the system behavior at the respective measurement point contribute to the recorded signal, and in what proportion?*

This task can be addressed exclusively through a "holistic" approach or methodology. The system behavior can only be accurately represented in the measurement data if the data precisely correspond to the physical processes. This makes the relevance of the two questions mentioned above particularly clear. For this reason, the results section beginning in Chapter 4 is preceded by an overview of the signal components of a pressure sensor. This illustrates how diverse the components of a measurement signal can be and the impact that even seemingly insignificant inaccuracies can have on the conclusions derived from them. At the same time, the diagram in Figure 4.1 and the subsequent list highlight how many factors must be taken into account in order to record a meaningful pressure sensor signal.

The discussion of this topic begins with an evaluation of external influences that act in parallel with pressure oscillations due to external accelerations. Initial results are shown in Figures 2.13 and 2.14 and initially reveal unexplained pressure signals. These vary among the pressure sensors used and lie well outside all expectations regarding the recorded peak pressures. Although the involvement of minute air pockets was quickly identified, it was initially not possible to integrate the underlying physics, material properties, or boundary conditions into a consistent theory.

Based on the understanding of the underlying physics that was developed, the theoretical part of the thesis in Chapter 3 focuses on the properties of fluids, forms of cavitation, the fundamentals of vibration theory, and details of bubble dynamics. These insights into the relevant physical domains form the basis for all the processes, interactions, and analyses described and discussed in Chapters 4 and 5. The identification of physical phenomena in hydraulic systems forms the core of this thesis and has been expanded through investigations of their metrological representation using the pressure sensors under consideration. The analysis of interactions that occur with the fundamental behavior of the sensors, as well as with the design of the measurement point depending on the system state, reveals that known approaches are insufficient. Therefore, the development of a targeted methodology becomes an integral part of this thesis.

A two-pronged approach was chosen for the experiments. It combines complex test bench runs with easily controllable laboratory setups, as well as test series under various but defined boundary conditions. Comparison with an established or hypothesized theory is achieved through the targeted reduction or elimination of individual influencing factors in relation to the respective known or hypothesized system behavior. This makes it possible to comprehensively evaluate a physical phenomenon in conjunction with all its interactions. At the same time, this approach immediately reveals shortcomings or errors in a hypothesized system response. A critical evaluation of all findings, as well as a clear distinction from remaining uncertainties, is indispensable in this process. Herein lies the decisive added value and innovation of the approach. This is also evident in the continuous refinement of the laboratory setups, which are described in Chapter 4.2 along with all its subsections. Both the intended but not always achieved goals and the incorrect assumptions are included in the descriptions of all experimental setups. The repeated optimization and refinement of these setups, along with critical reflection on the observed system behavior, proved to be decisive and culminated in the in-house development of a pressure chamber. Chapter 4.2.4 provides a comprehensive overview of this chamber. Its core elements include a virtually leak-free piston-sleeve system and a piezo actuator coupled with high-precision displacement sensors. The pressure chamber is supplemented by various optical access points, a wide range of sensor adaptations, an absolutely rigid sealing concept, and a dead-volume-free method for injecting reproducible volumes of air. The exceptional experimental results regarding the pressure-induced self-heating of liquids are presented in Chapter 4.5.2 and provide relevant insights into the behavior of liquids and possible repercussions on hydraulic systems.

A detailed presentation and description of all component tests on the chain tensioner is provided in Chapter 4.3. The corresponding subsections introduce all configuration variants as well as variations in boundary and test conditions. Chapter 4.4 is devoted to full-engine measurements. Its subsections present all variants of the measurement chain tensioners used in the full engine and on the component test bench, which made it possible to measure all relevant physical effects.

The scope of the 3D CFD simulation presented in Chapter 4.6 fills gaps in areas that cannot be addressed experimentally, such as the effects of altered localization or varying bubble size. This tool provides targeted insights into the dynamics of the measurement points on the chain tensioner as well as into the effects of multiple bubbles in the vertically oscillating oil column described in Chapter 4.2.1. Key details of the "Volume of Fluid" method, various implementation challenges, and selected correlations with existing measurements demonstrate the suitability of the simulation approach – using parameters derived from preliminary studies – for analyzing the aforementioned hydraulic systems. The setup for the dynamic calibration of pressure sensors presented in Chapter 4.5.1 – by incorporating the knowledge gained about physical relationships in hydraulic systems – eliminates uncertainty regarding the measurement quality of pressure sensors and establishes a valid basis for all measurement data. The subsequent chapters through 4.5.3 examine further aspects essential to sensor calibration and conclude the topic in Chapter 4.5.4 with a summary.

Chapter 5 can be considered the core of this thesis, as it describes the procedure for analyzing a hydraulic system based on the details and examples presented earlier. A method for correcting measured values using physically defined reference points is explained in Chapter 5.1. In this process, the system under consideration is in a state in which the vapor pressure of the fluid is briefly applied to the sensor. This enables a reliable offset correction of the signal. Starting from this fixed point, other signals can be correlated and likewise corrected with precision. In the next step, temporal relationships between sensor signals of different quantities are derived from physical relationships. This knowledge is used to correct propagation time differences in individual measurement chains. The procedure is fundamentally well-known, but its combination and its role as a necessary prerequisite for a detailed and meaningful system analysis are indispensable. This digression illustrates the necessity of the preliminary work and clarifies this using examples of the integration and differentiation of measurement signals. The presented approach – a Hermite interpolation method for the optimized analytical determination of amplitudes and frequencies from a short-time FFT (FFT with a short window length) – is compelling due to the described potential for improvement in the analysis of experiments with varying frequencies. A brief concluding discussion of sampling and filtering effects rounds out the chapter.

Now that a single air bubble has been identified as arguably the most significant influencing factor, the intention is to investigate its behavior in a transient 3D CFD simulation. As with the laboratory setups and test bench experiments, special attention is paid here to the consequences of possible simplifications. Awareness of shortcomings and limitations is just as valuable as a meaningful experiment itself. The use of simulation provides crucial insights into the effects of homogeneously distributed air as well as distinct bubble accumulations. Chapter 5.2.2 describes in detail the results obtained on the chain tensioner regarding the interactions between the foaming states of the medium and the effects of air bubbles in specific geometries of a hydraulic system. In the following chapter, the mechanism behind previously unexplained and poorly understood processes is examined for the first time from a fluid dynamics perspective. This resolves an existing ambiguity and reveals a mechanism that may be responsible for numerous problems in hydraulic systems. The second numerically investigated setup involving an oscillating oil column leads to the development of a hypothesis regarding a new cavitation mechanism, which is discussed in Chapter 5.3.5 under the term "transphase-cavitation." Here, too, the breakthrough was made possible by combining a clear understanding of the capabilities and limitations of the simulation with the recorded measurement results. The identification of this elusive physical mechanism is based on the exceptionally good agreement between the simulation results and the previously obtained measurements on the electropulser from Section 4.2.1, as well as their confirmation in Section 5.2.1. Despite numerous simplifications, the full potential of numerical flow simulations is evident here. At the same time, it becomes clear that convincing results can be based exclusively on a fundamental and comprehensive understanding of physics.

Based on the analysis and identification of dynamic effects in the simulation and in the experimental setups, Chapter 5.3.4 provides the crucial details regarding the relevance of geometric influences. These are the cause of unexpected and presumably virtually unknown pressure surges. As demonstrated in the same chapter, pressure surges by a factor of five are standard; even factors of 25 are not impossible. When a sensor is installed, these effects become apparent. However, the underlying mechanism occurs in all comparable geometries. The discovery of this causal relationship can be regarded as a breakthrough in the understanding of hydraulic systems. Also, worth mentioning is the demonstration of the effects of distributed elasticities in the form of air bubbles or compliant components, as described in Chapter 5.3.3. Here, too, the high sensitivity of the discovered mechanisms and relationships to even the smallest variations in system dynamics and transit time behavior resulting from geometry and possible air distributions is confirmed, as is particularly evident in Figure 5.48.

Chapter 5.4 addresses the question of the measurement quality of pressure sensors using a setup for dynamic calibration. Repeatability can be regarded as a unique selling point in this context. Reproducibility of the measurement signals in the parts-per-thousand range and temporal reproducibility in the microsecond range enable an extraordinary depth of observation of relevant physical boundary conditions. As a result, even the smallest changes in the overall system can be detected and attributed to their underlying physical causes, allowing for the analysis of fundamental mechanisms of fluid dynamics. In particular, the system-dynamics-dependent interaction between pressure, temperature, and density of a fluid volume – described at the end of Section 5.4.2 – is remarkably consistent with the observations from Section 4.5.2 and leads to a better understanding of the physics, especially in technical systems.

The door to hydraulic systems opened in this thesis highlights the relationships between geometry, operating media, system dynamics, air distribution, measurement technology, and data analysis. At the same time, it becomes clear what prerequisites and resources are required for analyzing the various phenomena presented and how their occurrence can be verified. Particularly exciting is the application of this knowledge to further investigations, as illustrated in Chapter 2.5.3 using examples from the technical literature. In this context, ensuring the absence of feedback effects must be regarded as absolutely necessary. As Figure 4.31 demonstrates, even small geometric modifications – comparable to those made to pressure transducers in sensors for mass production, as analyzed in Figure A.25 – lead to changes in vibration and damping behavior and thus to feedback effects as well as changes in the fluid system under consideration. The knowledge gained regarding the complex interrelationships in hydraulic systems and their effects on system behavior not only suggests a need for further research in the future but actually demands it.

1 Einleitung und Motivation

Eine Größe zur Beurteilung von auftretenden Belastungen an technischen Systemen sind Kräfte mit deren Amplituden, Frequenzen, Lastwechseln und Häufigkeiten. Im Bereich hydraulischer Komponenten an Stellelementen wie den Nockenwellenstellern oder Dämpfern wie einem Kettenspanner werden gerne Drucksensoren in deren Hochdruckbereichen, also in den mit Öl befüllten und im Betrieb mit Kraft beaufschlagten Bereichen, verbaut. Hier liefert der einfache Zusammenhang von wirkender Kraft F aus der Druckdifferenz Δp über der beaufschlagten Fläche A:

$$F = \Delta p \cdot A \qquad \text{Gl. 1.1}$$

einen unkomplizierten und bewährten Lösungsansatz, denn Druckmessungen sind durch das Angebot vieler Sensoren problemlos und einfach umzusetzen.

Allerdings entstehen an diesem Ansatz Zweifel, wenn der Wechsel des Drucksensors zu einer Vervielfachung des Pegels führt. Wenn zusätzlich Rückfragen der Berechnungsabteilung bezüglich der Plausibilität gemessener Ergebnisse hinzukommen, ist eine Analyse zu den Ursachen dieser Messergebnisse unausweichlich. Grundsätzliche Herausforderung: Es gibt keinen Anhaltspunkt bezüglich des verantwortlichen Mechanismus zur Erklärung der erfassten Messwerte. Die Sensoren sind laut Hersteller der Aufgabe gewachsen und sollten Messabweichungen im unteren einstelligen Prozentbereich besitzen, die Konstruktion erfolgte mit der nötigen Sorgfalt und basiert auf jahrelanger Erfahrung und dem aktuellen Wissenstand. Das Messsystem ist ebenfalls erprobt und zuverlässig.

Wie lässt sich diese Diskrepanz auflösen?

Oft und so auch hier half eine zunächst unabhängige Untersuchung mit einer gänzlich anderen Fragestellung den Blick zu wenden und lieferte zumindest einen Ansatz, der in Ruhe reifen konnte. In der unabhängigen Untersuchung standen Quereinflüsse aus gleichzeitig wirkenden Beschleunigungen im Zentrum, die Drucksensoren beim Verbau an einem schwingenden System

T. A. Lenz, *Ganzheitliche Methodik zur Analyse und Validierung transienter hydraulischer Systeme*, Wissenschaftliche Reihe Fahrzeugtechnik Universität Stuttgart, https://doi.org/10.1007/978-3-658-53363-2_1

erfahren. Hier sollten aufgrund der Randbedingung aus Masse und Beschleunigung Druckamplituden im Bereich von 0,335 bar, also 0,67 bar Peak-Peak, auftreten. Die Versuche ergaben Druckspitzen von meistens über 4,0 barA (barA steht für einen absoluten, nicht auf den Umgebungsdruck bezogenen Wert) und im Extremfall auch über 8,0 barA.

Hauptsächlich werden zwei Systeme betrachtet, erstens der Kettenspanner aus dem Steuertrieb eines Verbrennungsmotors mit unplausibel hohen Drucksignalen und zweitens eine vertikal angeregte Flüssigkeitssäule mit am Boden verbauten Drucksensoren. Beiderseits irritieren deren Messergebnisse, wie in Kapitel 2.5.1 beschrieben, durch eine mehrfache Überschreitung des Erwartungswerts. Besonders zu beachten sind hierbei nicht allein die vergleichbaren Anomalien überhöhter Pegel, sondern die nahezu identischen Signalform der Druckverläufe und das an zwei komplett unterschiedlichen Aufbauten.

Da diese beiden Systeme frequenzseitig und bezüglich der absoluten Amplituden extrem differieren, half diese Erkenntnis allerdings nicht direkt weiter, sondern lieferte nur eine Idee eines Ansatzes, der in den Untersuchungen am Kettenspanner für die Amplitudenauffälligkeiten verantwortlich sein könnte. Zudem lagen auch die Randbedingungen der beiden Aufbauten sehr weit auseinander, dass auch hier ein Übertrag ohne ein tiefergehendes Verständnis ausgeschlossen werden musste.

Welcher gemeinsame Mechanismus beiden Beobachtungen zu Grunde liegt und wie ein physikalisches Phänomen durch eine Vielzahl von Abhängigkeiten und Wechselwirkungen über Jahre unentdeckt bleiben konnte, wird im Folgenden aufgeklärt.

Die größte Herausforderung lag allerdings im Trennen von Vorstellungen, Vermutungen und „fixen“ Ideen, die offensichtlichen Fragen oder physikalischen Tatsachen im Weg stehen konnten.

2 Stand der Technik

2.1 Drucksensoren in der Fahrzeugentwicklung

Alle Fahrzeugfunktionen, die im Serienbetrieb einen Regler, ein Stellelement, eine Pumpe, eine hydraulische oder pneumatische Dämpfer- oder Aktorfunktion besitzen, werden in der Entwicklung konstruiert, realisiert und validiert. In einigen Fällen wird sowohl die Eignung von Einbauorten der Seriensensoren überprüft als auch eine Bestandsaufnahme des Systemverhaltens zum Abgleich, ob ein für die Serie ausgewählter Sensor die notwendigen Anforderungen erfüllen wird. Entsprechende Fahrzeugsysteme, die mittels Drucküberwachung oder -regelung im Fahrzeug betrieben werden, sind exemplarisch [1]:

- Kraftstoffsysteme aller Kraftstoffarten,
- ABS-Bremssystem,
- Ölhaushalt,
- Kühlsystem (teilweise),
- Klimasystem (teilweise),
- Sauganlage und Ladedruckregelung,
- Partikelfilterüberwachung.

Wie die Liste verdeutlicht, variieren die Bauräume, die Medien, die Druckbereiche, die Randbedingungen und die relevanten Zeitskalen zwischen Minuten bis Mikrosekunden. Somit steht außer Frage: Es wird immer ein anforderungsspezifisches Equipment benötigt. Üblicherweise stellt die Entwicklung aufgrund von abweichenden Schwerpunkten auch eigene Anforderungen an die Sensorik. Zur Anschauung sind in Abbildung 2.1 zwei Seriensensoren gegenübergestellt: einer für Differenzdrücke im atmosphärischen Bereich und ein Hochdrucksensor aus dem Kraftstoffumfeld.

T. A. Lenz, *Ganzheitliche Methodik zur Analyse und Validierung transienter hydraulischer Systeme*, Wissenschaftliche Reihe Fahrzeugtechnik Universität Stuttgart, https://doi.org/10.1007/978-3-658-53363-2_2

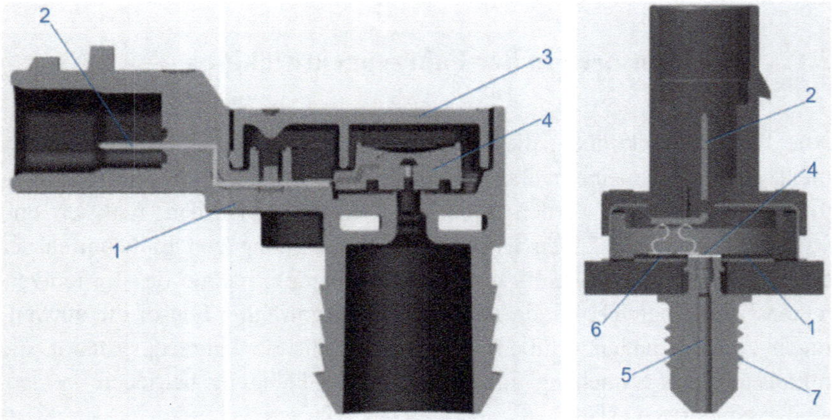

Abbildung 2.1: Gasdrucksensor mit Schlauchwelle (links) und Kraftstoffhochdrucksensor mit Dichtkonus (rechts). 1: Gehäuse, 2: elektrischer Anschluss, 3: Gehäusedeckel, 4: Messzelle, 5: Druckanschluss, 6: Elektronik, 7: Einschraubgewinde [1].

2.1.1 Messprinzipien und Einsatzbereiche für die Entwicklung

Meistens spielen Zugänglichkeit und Bauraum in der Entwicklung die wichtigste Rolle, da jeder Sensor an einem System, das nicht für eine zusätzliche Komponente ausgelegt ist, appliziert werden muss. In der Regel werden Absicherungen gegen Druckspitzen und ungewollte oder unvermutete Druckpulsationen durchgeführt, weshalb die Sensoren häufig auch über steifere Membranen zur Vermeidung von Eigenresonanzen und leistungsfähige Verstärker mit höherer Bandbreite verfügen. Gerade im Bereich miniaturisierter Druckmesstechnik ist durch häufig kleine Stückzahlen das Angebot auf wenige spezialisierte Hersteller beschränkt, die sich untereinander durch das individuelle Bedienen von Nischen innerhalb dieses Segments abgrenzen und kaum Redundanzen existieren. Das Angebot kann hier fast als „statisch" bezeichnet werden. Allen in diesem Umfeld tätigen sind die einschlägigen Hersteller sicher vertraut, weshalb hier genutztes Bildmaterial nur der Anschauung dienen soll, ohne Empfehlungen oder dergleichen auszusprechen. Als für die obigen Anforderungen geeignete Messprinzipien stehen piezoelektrische Drucksensoren oder Quarzdruckaufnehmer [2] mit sehr guten dynamischen Eigenschaften und großen Messbereichen sowie einer hohen thermischen Stabilität bei kleinen Baugrößen zur Verfügung. Einziger jedoch teils sehr gravierender Nachteil: Das ladungsbasierte Messprinzip ist zum Messen statischer Drücke ungeeignet, denn die Ladung – genauer die Elektronen – diffundieren innerhalb einiger Sekunden und das Signal degeneriert, so kann ein statischer Systemdruck nicht erfasst werden. Als Lösung bieten sich piezoresistive Sensoren an, die über Halbleiter- oder Metallfilm-Dehnmessstreifen [3] verfügen und somit statische Drücke stabil erfassen können. Nachteile hier sind eine höhere Temperatursensitivität und in der Regel (nicht verallgemeinerbar) ein kleiner Dynamikbereich. Abbildung 2.2 zeigte den Schnitt eines piezoresistiven und eines piezoelektrischen Drucksensors. Unglücklicherweise ist eine Abbildung der Silizium-Messzelle des piezoresistiven Sensors mit einer Computer-Tomografie-Aufnahme nicht möglich und so sei auf Abbildung 2.3 und deren Fotografien verwiesen.

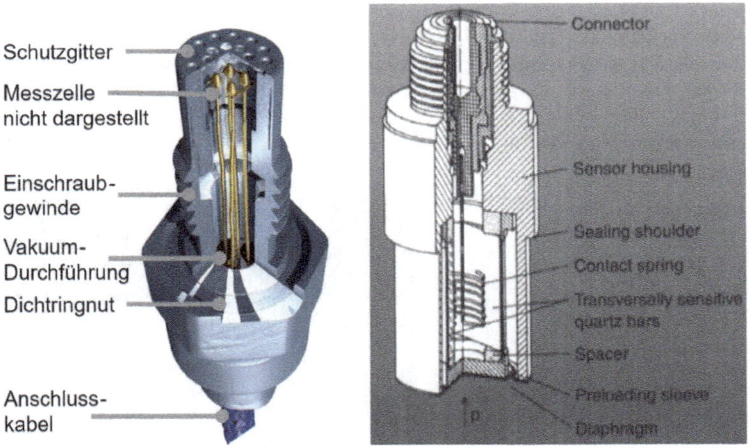

Abbildung 2.2: Schnittansichten piezoresistiver (links) und piezoelektrischer Drucksensor (rechts, [4]).

Durch die Aufnahme ohne Schutzgitter ist das Siliziumelement gut zu erkennen und mit einer Kantenlänge von knapp 2,5 mm sehr kompakt. Diese Sensorausführung wird bis zu Druckbereichen von über 250 bar angeboten und ist durch das Einschraubgewinde von M5 für eine Vielzahl von Einsatzfällen verwendbar. Einzig die Materialverträglichkeit von Silizium ist der von Edelstahl in manchen Bereichen unterlegen, weshalb andere Hersteller und deren Technologien zum Einsatz kommen.

Abbildung 2.3: Miniaturdrucksensoren: piezoresistiver Sensor, mit und ohne Schutzgitter [5].

In Abbildung 2.4 ist links ebenfalls ein Miniaturdrucksensor mit M5-Gewindestutzen als Computer-Tomografie-Aufnahme abgebildet und, da aus Stahl, mit erkennbarer Messzelle. Durch die farbliche Hervorhebung wird der medienbenetzte Teil verdeutlicht.

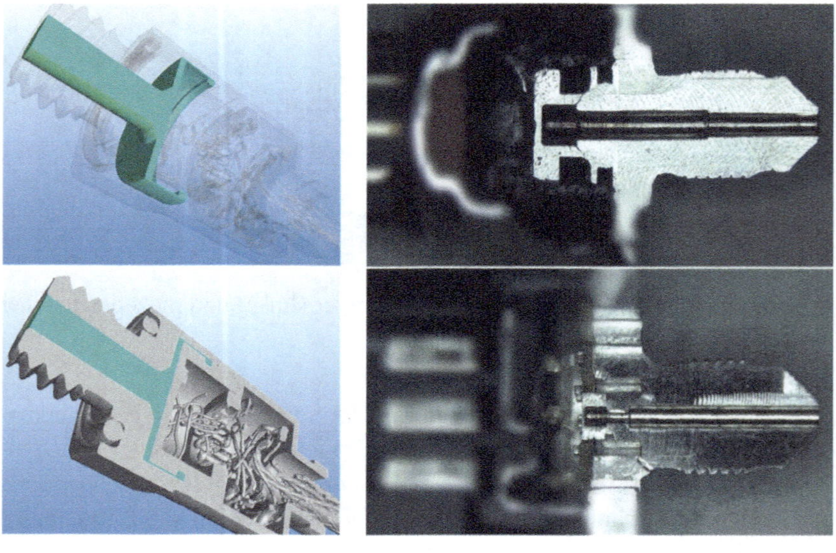

Abbildung 2.4: CT-Aufnahmen eines Miniaturdrucksensors mit integrierter Messzelle (links) und zwei aufgeschnittene Seriensensoren mit M10x1-Einschraubgewinde und Dichtkonus (rechts).

2.1.2 Gestaltung und Ausführung einer Messstelle

Sinnvollerweise geben die Drucksensorhersteller den Anwendern noch spezifische Einbauanweisungen, um eine zuverlässige Abdichtung und einen störungsfreien Betrieb zu gewährleisten. Für die unterschiedlichen Dichtkonzepte werden verschiedene Empfehlungen gegeben, ebenso wie eine unkomplizierte und über weite Druckbereiche zuverlässige Adaptionslösung der Drucksensoren an Stahlleitungen und -röhrchen, häufig im Kraftstoffbereich genutzt, auch im Bereich Bremssysteme eingesetzt (Briedenadapter).

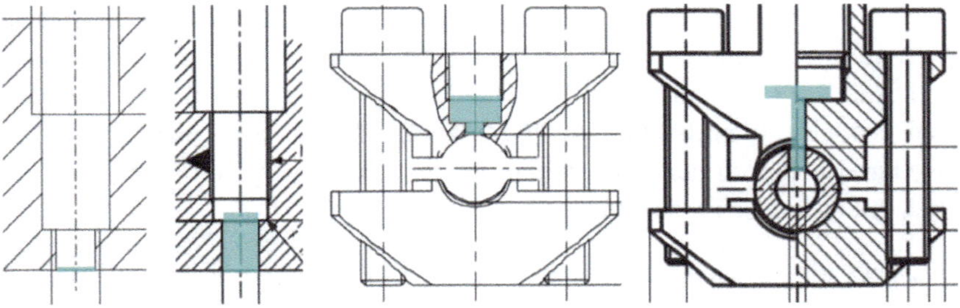

Abbildung 2.5: Einbauempfehlungen (rechts) und Applikationshilfe mittels Bridenadapter (linke Skizzen). Als Visualisierungshilfe sind die Fluidkörper der Adaptionen angedeutet [6], [7], [8].

Oft dominieren die beschränkten Platzverhältnisse den Einbauort und so müssen unter Umständen auch längere Verbindungsbohrungen akzeptiert werden, um den Aufwand niedrig und die Kosten einer Sensorintegration im Rahmen zu halten. An dieser Stelle liefert der Stand der Technik keine Anhaltspunkte bezüglich hydraulischer Wechselwirkungen oder Rückwirkungen aufgrund dieser temporären Systemmodifikation.

2.1.3 Integrierte oder externe Signalkonditionierung

Mit zunehmender Digitalisierung wandert die Analog-Digital-Wandlung näher zur Quelle, denn aus der Überlegung: je früher eine Digitalisierung erfolgt, umso robuster wird eine Messkette gegenüber Störungen sein, gleich welcher Art. Dies ist prinzipiell richtig, da analoge Signale [9] empfindlich auf induktiv oder kapazitiv einkoppelnde Störungen reagieren und so die Signalqualität leiden kann. Allerdings lassen sich hochwertige und leistungsstarke Verstärker noch nicht ausreichend miniaturisieren und damit entstehen neue Herausforderungen, genau wie bei der Übertragungsbandbreite und dem Laufzeitverhalten. Dieses kann für die in Kapitel 5.1.1 aufgeführte Systemanalyse von entscheidender Bedeutung sein.

Als Zwischenschritt kann das wachsende Angebot digitaler Verstärker gesehen werden. Hier ist das Auslesen einer Sensorkennung inklusive der Kalibrierwerte automatisiert möglich, ebenfalls eine Datenbankanbindung, um die Fehleranfälligkeit bei manuellen Eingaben zu reduzieren, eine Rückverfolgbarkeit sicherzustellen und eine Bedienung mittels Konfigurationssoftware oder Webserver-Interface anzubieten. Als Standard zur Sensor- und Kalibrierdatenablage etabliert sich TEDS (Transducer Electronic Data Sheet) nach der IEEE 1451 Schnittstellen-Spezifikation. Weiterer Vorteil dieses Verfahrens ist eine Identifikation des Sensors am Messsystem oder Verstärker, wodurch Fehler in der Verkabelung, bei der Zuordnung von Messtellen und beim Sensortausch reduziert werden.

Darüber hinaus senken sich mit den Leistungssteigerungen im Bereich Digitaltechnik die Kosten bei paralleler Weiterentwicklung des Funktionsumfangs und Bedienkomforts. Auch die Möglichkeit von Firmware-Updates stellen einen längeren Nutzungszeitraum in Aussicht und ermöglichen Funktionsanpassungen im Rahmen der Hardwareausstattung.

2.2 Statisches und dynamisches Verhalten von Drucksensoren

Messen im eigentlichen Sinne ist ein Vergleichen von Größen oder Werten, die beim Kalibrieren auf eine Referenz, ein „Normal" bezogen werden [10]. Durch die Digitalisierung wird es sehr deutlich, dass ein erfasstes und aufgezeichnetes Signal einer Stufung sowohl zeitlich als auch des Pegels unterworfen ist und den dabei bestehenden Randbedingungen des Messaufbaus gemäß gewandelt wird. Den Anfang einer Messkette bildet grundsätzlich der Aufnehmer oder Sensor für die gewählte physikalische Größe und am Ende steht ein digitalisierter Signalverlauf in Form von Messdaten auf einem Speichermedium.

2.2.1 Statisches Sensorverhalten und statische Rückführbarkeit

Um das Übertragungsverhalten eines Sensors zu bewerten, werden diese zu einem „Normal" verglichen und hierbei auch auf Störeinflüsse, dem Hystereseverhalten, möglicher Unstetigkeiten oder auftretender Temperatureinflüsse untersucht.

Abweichungen können systematische, charakteristische, zufällige, statische oder zum Messpersonal korrelierende Abweichungen aufweisen. Zur Identifikation der Ursache einer Abweichung lassen sich systematische Abweichungen mittels Quervergleich zu anderen Prüfstellen ausschließen. Für zufällige Einflüsse wird eine Fehlerrechnung der angewandten Messverfahren empfohlen, um die Größenordnung zu ermitteln. Praxisgerechte Verfahren können den entsprechenden Normen entnommen werden [10]:

- DIN 1319-1: Grundbegriffe der Messtechnik,
- DIN 55302-2: Statistische Auswerteverfahren,
- DIN 55303-2: Statistische Auswertung von Daten und
- DIN 55350-11: Qualitätssicherung und Statistik.

Üblich ist es, eine Messabweichung auf den Messbereichsendwert (MBE) also den Maximalwert, das obere Ende des Messbereichs zu beziehen. Das jedoch kann zu unglaublich großen prozentualen Abweichungen am Messbereichsanfang führen, wie Abbildung 2.7 verdeutlicht.

Genau diese Abhängigkeit spielt bei der Vorgehensweise für die Systemanalyse in Kapitel 5.1 eine Rolle. Die einleitenden Ausführungen bezüglich Verfahren und Methoden sind nicht neu, jedoch essenziell für alle weiteren Schlussfolgerungen, denn ohne eine belastbare und fundierte Basis wären alle erarbeiteten und präsentierten Entdeckungen unmöglich gewesen. In [11] sind im Zusammenhang mit der Entwicklung dynamischer Kalibrierverfahren für Drucksensoren unter den notwendigen Arbeitspaketen auch Querschnittbereiche zu Ladungs- und DMS-Brückenverstärkerthemen sowie die Bereiche der Mathematik und Statistik aufgenommen worden. Diese Vorgehensweise eines gesamtheitlichen Ansatzes erschien sinnvoll und nutzt Methoden und Vorgehensweisen zu Korrektur-, Aufbereitungs- und Analyseverfahren, die dem Stand der Technik entsprechen. Dabei liefern diese notwendigen Details in die genutzten Sensor-, Verstärker- und Erfassungssysteme und sind aus Gründen der Nachvollziehbarkeit der Vorgehensweise und zur Plausibilisierung der Ergebnisse sowie der abgeleiteten Schlussfolgerungen essenziell.

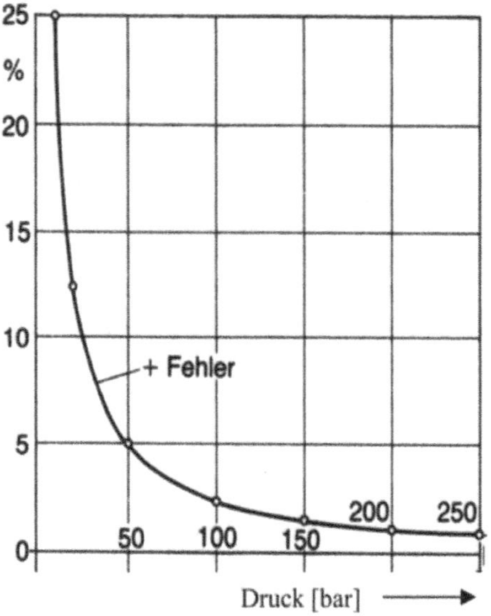

Abbildung 2.6: Relativer Messfehler eines Drucksensors mit 250 bar Messbereich (mit 1 % zulässiger Abweichung auf den MBE) [10].

2.2.2 Dynamisches Sensorverhalten ohne dynamische Rückführbarkeit

Zur dynamischen Rückführbarkeit von Drucksensoren sei sofort auf Kapitel 2.3 verwiesen, da dieses Thema sowohl Umfänge des Stands der Technik als auch Bereiche der Forschung umfasst.

In [4] werden beobachtete Schwingungen analysiert und alleinig als Eigenschaft oder Verhalten des untersuchten Druckaufnehmers verstanden. Da es sich um eine schwach bedämpfte Schwingung handelt, wird ein mathematisches Verfahren zur Bereinigung des Messsignals entwickelt und angewandt, um einen unverfälschten Signalverlauf („True") zu erhalten, wie in Abbildung 2.7 erkennbar.

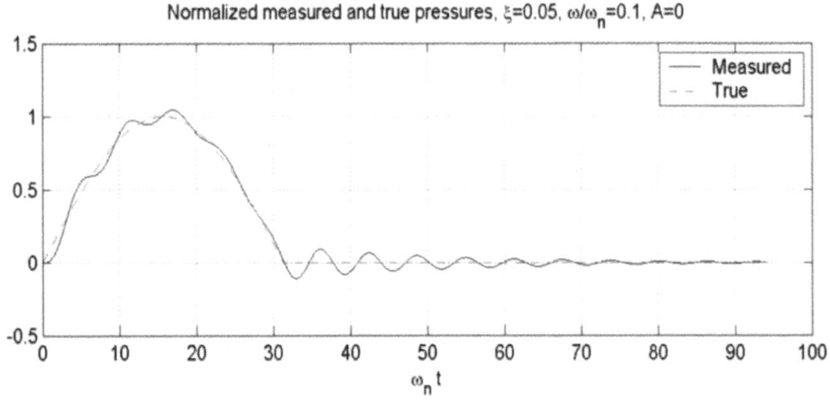

Abbildung 2.7: Drucksensorsignal mit Pulsationsanteil und der mathematischen Korrektur durch Subtraktion der Schwingung mit passender Frequenz (ω/ω_n) und Dämpfung (ξ) [4].

2.3 Dynamische Rückführbarkeit und Kalibrierung

Die Einsatzfelder von Drucksensoren sind ausgesprochen breit im Bereich des Drucks und in den erfassten Frequenzen. Dazu unterteilen sich die Einsatzfälle noch in hydraulische und pneumatische, wobei bedingt durch den signifikanten Unterschied der Dichte ebenfalls die Frage entsteht, ob sich durch eine Kopplung an ein dichtes und damit massereiches Medium die Eigenschaften der Sensormembran oder Messzelle verändern. Spielt das Medium aus der Anwendung auch bei der dynamischen Kalibrierung eine Rolle? Hier konnte keine klare Aussage gefunden werden, da die Kalibrierverfahren als Methode zu Beschreibung universeller Sensoreigenschaften gesehen werden, die eine „uneingeschränkte" Gültigkeit besitzen.

Ein weit verbreitetes Verfahren sind Fallgewichtapparaturen wie in Abbildung 2.8 gezeigt, da das Prinzip einfach nachvollziehbar aufgebaut ist und mittels Vergleichs zu einer Referenz einen (oder mehrere) Testsensor(en) beziehungsweise Kalibrierobjekt(e) bewertet.

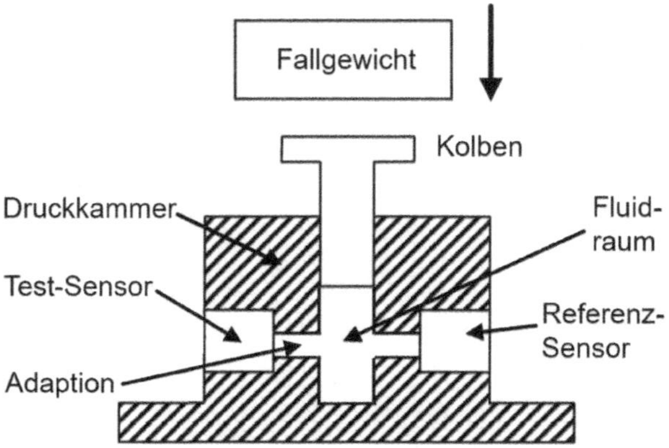

Abbildung 2.8: Prinzipskizze einer Fallgewichtapparatur mit einem Sekundärnormal mittels Referenzsensor [4].

Im Bereich von Weiterentwicklungen wurde in [12] ein Aufbau vorgestellt, der anstatt des Fallgewichts über einen Piezoaktor mit breitem Stempel eine Metallmembran eindrückt und über die größere Fläche den kleinen Weg des Piezoaktors zur Erzeugung höherer Drücke nutzt. Bei der Physikalisch-Technischen Bundesanstalt [13] wurde versucht, die Druckerhöhung des Fallgewichtsaufbaus über ein Laservibrometer zu erfassen, da die druckbedingte Dichteänderung des Mediums ebenfalls den Brechungsindex ändert und somit optisch erfasst werden kann. Herausforderung dieses Ansatzes lag in der durch die Kompression auftretenden Erwärmung des Mediums, die ebenfalls auf den Brechungsindex rückwirkt, siehe Kapitel 4.5.2. Das Prinzip der Druckkammer wird auch von der Firma SPEKTRA in deren dynamischen Druckregler DPE-02 genutzt, wobei hier das Fallgewicht durch einen Pneumatikzylinder ersetzt ist und der Kolben aus der Unterseite des Aufbaus ragt [14]. Der DPE-02 Aufbau wurde ebenfalls in [15] für Untersuchungen zu erzielbaren Drücken und Druckgradienten in Bezug der Druckluftparameter des Pneumatikaktors verwendet. Eigene Untersuchungen erfolgten an einer Kistler Druckkammer Type 6931A2 [16] mit verschiedenen Umbauten und Modifikationen wie in Kapitel 4.2.2 und 4.2.3 besprochen. Aus den gewonnenen Erfahrungen abgeleitet, entstand eine Eigenentwicklung basierend auf diesem Prinzip und in Kapitel 4.2.4 diskutiert.

Über diesen Ansatz erzielbare Drücke liegen aus [15] bei bis zu 1800 bar, mit einer Häufung bis 200 bar bei Sinushalbwellen von 0,8 ms bis 2,0 ms.

Als Durchbruch kann die Entwicklung von [17] gesehen werden, da hierdurch ein Primärnormal als Referenz für einen dynamischen Abgleich zur Verfügung steht. Abbildung 2.9 vermittelt einen Überblick zu den Periodendauern und Druckbereichen unterschiedlicher Technologiefelder. Hier zeigt sich der weite und anspruchsvolle Bereich des Automotive Sektors.

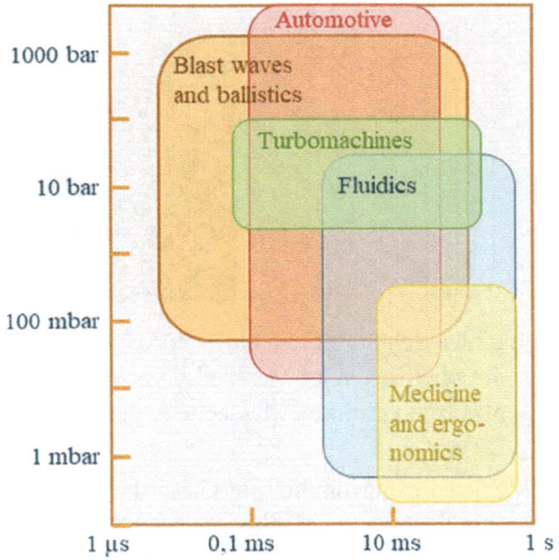

Abbildung 2.9: Anwendungsspezifische Übersicht von Druckniveaus und Dynamik [18].

2.4 Gasgehaltsbestimmung in technischen Betriebsstoffen

Luft-, Gas- und zum Teil auch Dampfblasen stellen selbst im Promillebereich für hydraulische Systeme eine ungeahnte Herausforderung dar. Im Bereich der Sensorik, die oftmals in Sacklöcher oder am Ende von Stichleitungen verbaut wird, herrschen zum Teil sehr individuelle Strömungssituationen, wie die Ergebnisse in Kapitel 5.2 aufzeigen. Gerade die Folgen solcher Zustände können auch zur Zerstörung empfindlicherer Bauteile wie Sensoren führen. Abbildung 2.10 belegt dieses mit einer sichtbaren plastischen Verformung im Bereich der Mäanderstrukturen der piezoresistiven

Dehnmessstreifen, die nach der dauerhaften Streckung kein verwertbares Signal mehr lieferten.

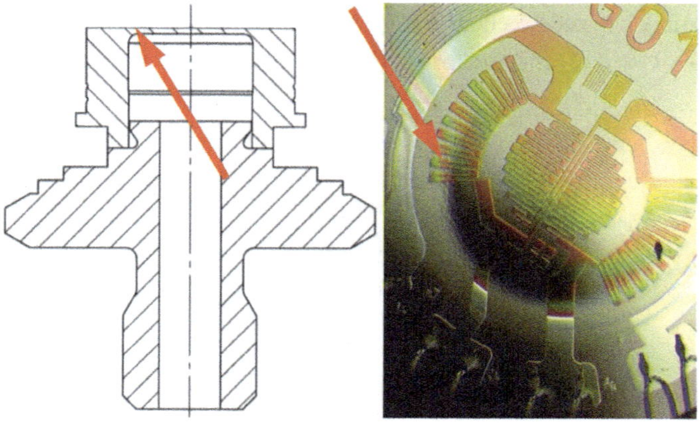

Abbildung 2.10: Links Schnitt durch einen M5x0,8 Miniaturdrucksensors mit oben sitzender Messzelle. Rechts eine durch Überdruck plastisch verformte Messzelle in der Draufsicht [19].

Da technische Medien für gewöhnlich im Gasaustausch mit der Umgebung stehen, sind diese nie frei von im Medium gelöster Luft sowie oft zusätzlich mit sichtbaren Blasen angereichert. Gerade dieser Gasgehalt und deren druck- sowie temperaturabhängiges Absorptions- und Ausgasungsverhalten wird meist als unvermeidlich oder als „unschön", jedoch selten als handlungswürdig empfunden. Wie die Bestimmung des Bunsen-Koeffizienten zum Luftlöseverhalten, genauer des Sättigungsgehalts verdeutlicht, ist dieser immer spezifisch zu ermitteln und in der Regel von individuellen Faktoren abhängig, nicht zuletzt auch von Ölzustand sowie dem Alter. Diese Situation birgt große Unsicherheiten für die belastbare Bewertung daraus erwachsender Einflussgrößen und führt zu dem Wunsch nach einer Messmöglichkeit, die hier Einblicke verschafft, wie das Luftlöse- und Ausgasungsverhalten mit den Randbedingungen interagiert.

Ein geeignetes Messverfahren sollte unabhängig vom Ölzustand sein, kontinuierlich messend und idealerweise nicht nur den volumetrischen Gasgehalt bestimmen, sondern darüber hinaus auch noch eine Blasengrößenverteilung liefern können. Somit kann ein Verständnis zu den Randbedingungen / Betriebszuständen gewonnen werden sowie deren Auswirkungen auf die Prozesse, die ein Auflösen oder die Bildung von Blasen liefern. An dieser Anforderung scheitern aktuell etablierte Verfahren und Geräte mit volumetrischem, kapazitivem oder strahlungsbasiertem Messverfahren.

Mit einem neuen Ansatz bedient [20] diese Anforderung durch das Smart Bubble System [21] und [22]. Als Stichversuch und zur Veranschaulichung folgen die Ergebnisse aus zwei Messreihen, einmal mit Maschinenöl in Abbildung 2.12 und ein anderes Mal mit Getriebeöl in Abbildung 2.11, wobei für letztere keine mittleren Blasendurchmesser aufgezeichnet wurden, jedoch über die Mikroskopaufnahmen ein plastischer Eindruck gewonnen werden kann. Aus dem visuellen Vergleich mit Abbildung 2.12 zeigen sich signifikante Unterschiede bei den thermischen Auswirkungen in der Blasenanzahl und Verteilung über dem Temperaturzyklus. Während das Getriebeöl bei höheren Temperaturen zum feinperligen Aufschäumen neigt, agglomerieren die Blasen bei höheren Temperaturen im Maschinenöl verstärkt.

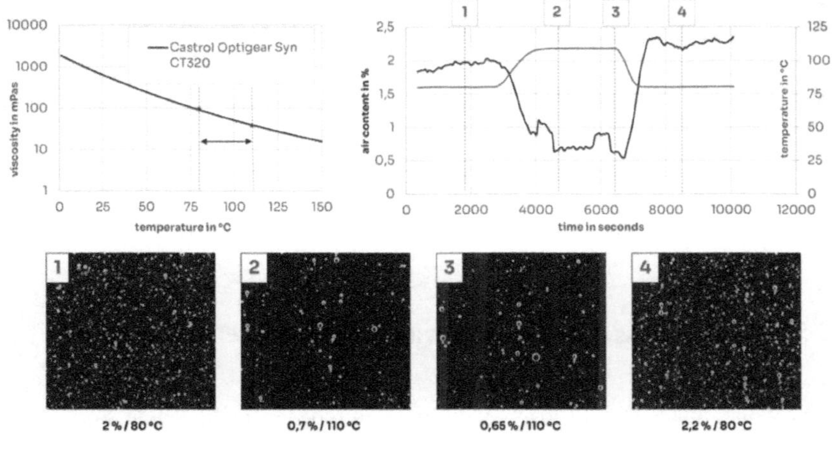

Abbildung 2.11: Smart-Bubble-System über einen Temperaturzyklus von 80 °C bis 110 °C mit Getriebeöl und abhängiger Variation im volumetrischen Gasgehalt (GGH) zwischen 0,65 % und 2,20 %.

Das Messverfahren befindet sich aktuell am Übergang zum industriellen Produkt und steht an der Schwelle zum seriengefertigten Kompaktgerät. Dieser Ansatz bietet neue Möglichkeiten sowohl auftretende Wechsel- und Rückwirkungen in Kühl-, Schmier- und Hydrauliksystemen als auch Einflüsse auf das Verhalten des übergeordneten Systems besser zu verstehen. Darüber hinaus lassen sich Wechsel- oder Auswirkungen zum Gasgehalt (GGH) sowie der Kontaktflächengröße aus dem Dispersionsgrad (Anzahl- und Größenverteilung der Blasen) erkennen und bewerten.

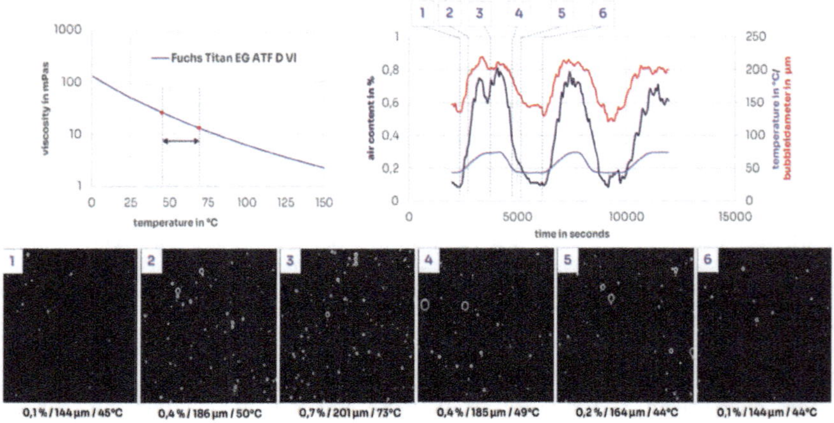

Abbildung 2.12: Smart-Bubble-System über einen Temperaturzyklus von 45 °C bis 70 °C mit Getriebeöl und Variation im ungelösten Gasgehalt zwischen 0,1 % und 0,7 % sowie einer reproduzierbaren mittleren Blasengröße.

2.5 Druckmessungen an hydraulischen Systemen

Das Angebot an Drucksensoren erwuchs durch den technischen Fortschritt zu einer Vielzahl an Produkten mit verschiedenen Messprinzipien in allen Bauformen und spezifisch für Einsatzmöglichkeiten. Somit kann es den Eindruck erwecken, dass für jede messtechnische Aufgabe der passende Sensor zu finden sei und so das Systemverhalten präzise erfasst werden könne. Ein Auszug unklarer Messergebnisse sowie weiterer Veröffentlichungen im folgenden Kapitel wecken möglicherweise Zweifel an obiger Aussage. Die ausgewählten Signalverläufe dienen zur Veranschaulichung des beobachteten unplausiblen Verhaltens und sollen für die Fragestellung sensibilisieren. Eine detaillierte Besprechung der verwendeten Aufbauten folgt ab Kapitel 4.

2.5.1 Amplitudenvarianz durch Änderungen der Randbedingungen an hydraulischen Versuchsaufbauten

Die folgenden Signalverläufe sind eine Auswahl der überraschenden Beobachtungen, die Fragen zu deren physikalischen Ursachen aufwarfen. Alle erstellten Versuchsaufbauten und Versuchsbedingungen werden im Verlauf ab Kapitel 4.2 detailliert vorgestellt und besprochen, so dass zu Beginn der Fokus auf den unerwarteten Ergebnissen liegt, um den Bedarf einer Klärung zu verdeutlichen.

Hydraulische Auffälligkeiten und Beobachtungen in Sensorsignalen

Ein Auslöser dieser intensiven und umfangreichen Untersuchung mit detaillierten Analysen waren Messungen zur Bewertung des Quereinflusses aus gleichzeitig wirkenden Beschleunigungen an Drucksensoren. Diese ersten Versuche lieferten kaum Antworten auf die initiale Frage, rückten jedoch die Suche nach den beteiligten und dominierenden physikalischen Phänomenen der gemessenen Signalverläufe in den Mittelpunkt.

Zeitgleich irritierten die Ergebnisse aus Messungen im Dämpferraum eines hydraulischen Kettenspanners, denn hierbei veränderten sich die erfassten Signale maßgeblich durch die Wahl des Drucksensors. Vordergründig lag das nahe, da sich verschiedene Sensoren in der Regel unterschiedlich gut für spezifische Messaufgaben eignen. Diesen Zusammenhang als alleinige Erklärung für die fundamentalen Unterschiede in den erfassten Signalverläufe heranzuziehen, erschien fraglich.

Beobachtungen an zwangserregten hydraulischen Systemen

Zur Bewertung der Querempfindlichkeiten aus Druck- und Beschleunigungsanteilen in einem Drucksignal entstand ein Versuchsaufbau aus einem 225 mm hohen und 12 mm durchmessenden rohrförmigen Gefäß. Am Fuß des Gefäßes befinden sich zur Erhaltung der Symmetrie zwei radiale (waagrechte) und eine axiale (senkrechte) Aufnahme für Drucksensoren mit einem Gewindeanschluss von M10 und kleiner. Dieses Gefäß ließ sich versuchsabhängig auf bis zu 210 mm befüllen und über einen Elektropulser zwischen 10 Hz und 2000 Hz mit maximal 20 g in seiner Senkrechten harmonisch erregen. Für die vorgestellten Versuchsläufe werden jeweils Frequenzhochläufe von 80 Hz bis 500 Hz bei 20 g betrachtet. Die Frequenzzunahme verläuft exponentiell mit 35 s pro Oktave, also vollständig in 92,5 s.

Die aus einer 200 mm hohen Ölsäule bei 20 g resultierende Druckschwankung beläuft sich rechnerisch auf 333 mbar, exakt 33,342 kPa wie Gleichung 2.1 belegt mit: ρ_{Fl} = 850 kg/m³, h_{Fl} = 0,2 m, n = 20 und g = 9,8065 m/s².

$$\Delta p = \rho_{Fl} \cdot h_{Fl} \cdot (n \cdot g). \qquad \text{Gl. 2.1}$$

Durch die unterschiedliche Ausrichtung der Sensormembranen sollte eine mögliche Querempfindlichkeit erkannt und bewertet werden können, da sich die beiden Signalanteile aus Druck und Beschleunigung an den Sensormembranen verschieden abbilden. Das folgende Diagramm in Abbildung 2.13 liefert jedoch absolut unerwartete Signalverläufe der zwei verbauten Sensoren (axial: p_ax_K) in Schwingungsrichtung und waagrecht dazu (radial: p_rad_N). Diese wiesen zunächst eine ausgeprägte Resonanz bei 46,5 s (175 Hz) auf, wie die mittelblaue und die orangene Kurve belegen.

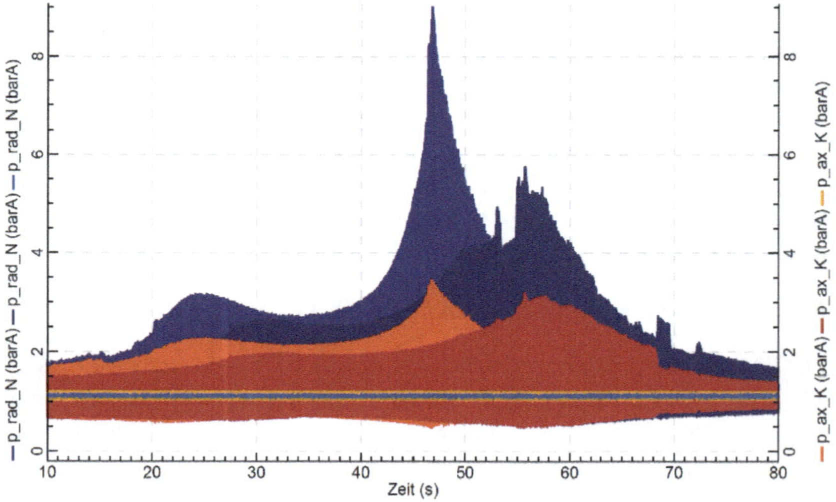

Abbildung 2.13: Drucksensorsignale zweier Sensoren in drei unterschiedlichen Systemkonfigurationen (hell, mittel, dunkel) bei einem Frequenzsweep von 86 Hz bis 344 Hz bei 20 g.

Im zweiten Versuchslauf wird, um den Einfluss der freien Flüssigkeitsoberfläche zu bewerten, der Behälter 20 mm oberhalb des Flüssigkeitspegels (dunkle Farbtöne) gasdicht verschlossen. Daraufhin verschiebt sich der Resonanzpunkt auf 56,6 s (214 Hz) und verschmiert deutlich mit spontanen, aber reversiblen Pegelschwankungen. Für den dritten Durchlauf wird das Gefäß wieder geöffnet, jedoch eine Sintermetall-Fritte (Porenweite: 20 µm, Dicke: 2 mm) knapp unterhalb des Flüssigkeitsspiegels verbaut. Die Fritte ermöglicht weiterhin einen geringen Ölvolumenstrom, um temperaturbedingte Dichteänderungen abzubauen, verhindert jedoch größere Flüssigkeitsbewegungen und stellt so Bedingungen eines gefluteten Ölkanals nach, der vollständig einer äußeren Anregung ausgesetzt ist. Unterhalb der Fritte wird somit eine Dynamik stark bedämpft, wodurch die Druckamplitude vom Erwartungswert 334 mbar des Systems nahezu verschwindet, genauer sich auf 20 mbar beziehungsweise 70 mbar Null-Peak (helle Farbtöne) reduziert.

Begleitend zu den Versuchen zeigten sich sporadisch Luftblasen, die nach einzelnen Frequenzhochläufen aufstiegen und am offenen Röhrchen austraten. Abbildung 2.14 enthält die Signale zweier anderer Entlüftungszustände. Unter diesen geänderten Randbedingungen erhöht sich die Resonanzfrequenz des offenen Gefäßes auf 224 Hz und nach weiterem Entlüften steigerte sie sich nochmals um 51 Hz (275 Hz) und trat bei 68,36 s auf.

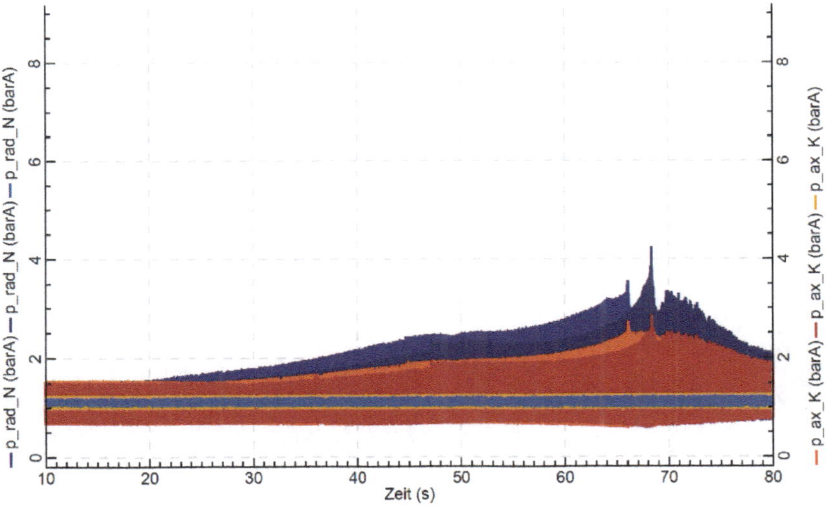

Abbildung 2.14: Wiederholungsmessung bei teilweise entlüftetem System zeigt deutliche Unterschiede im Frequenzverhalten über den Bereich von 86 Hz bis 344 Hz bei 20 g.

Die Amplitude des dann mit einer Fritte bedämpften Aufbaus reduziert sich vom Erwartungswert 334 mbar am waagrechten Sensor auf 80 mbar sowie am axial verbauten Sensor auf 120 mbar Null-Peak. Dieses entspricht einer Vervierfachung und am zweiten Sensor fast einer Verdoppelung der Druckpulsation im Vergleich zur ersten Messung. Aus den Beobachtungen liegt ein Zusammenhang zum Entlüftungszustand oder allgemeiner zu enthaltenen Elastizitäten des Aufbaus sehr nahe und bildet einen Schwerpunkt der Arbeit.

Auffälligkeiten an einem hydraulischen Dämpfer im Vollmotor

In der Entwicklung ist die Überwachung relevanter Größen an sensiblen Komponenten unerlässlich. Gerade im Bereich hydraulischer Dämpferelemente ist eine Druckmessung im Dämpferraum Stand der Technik und alternativlos, da sich hierdurch hochdynamisch die wirkenden Kräfte ableiten lassen. Die entscheidende Voraussetzung ist eine fehler- und rückwirkungsfreie Erfassung der Größen. Abbildung 2.15 zeigt einen Verlauf der Drücke im Dämpfer- / Hochdruckraum (pHD2_S_TP40k) und der Ölversorgung / Niederdruck (pND2_S_TP40k) eines Kettenspanners bei niedrigen Drehzahlen um die 1500 U/min an einem Sechszylinder-Boxermotor. Zur besseren Identifikation der Arbeitsspiele sowie des periodischen Verhaltens ist die Ansteuerung des Zündmoduls an Zylinder 4 (Z_Zyl4) enthalten.

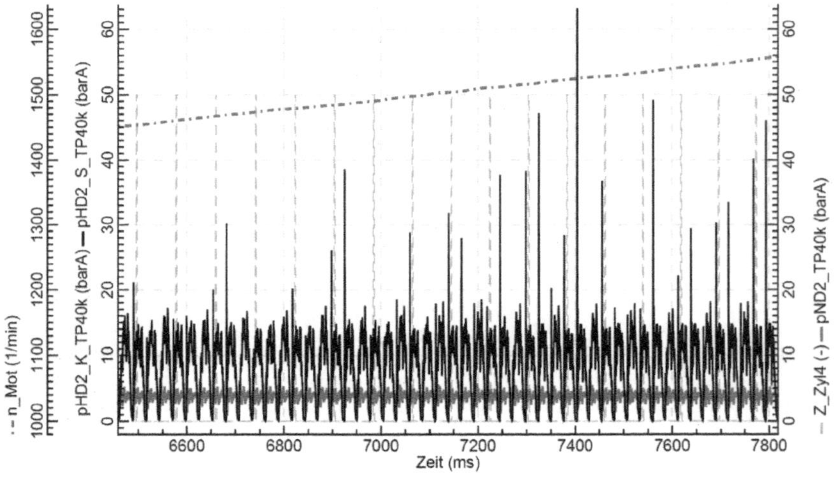

Abbildung 2.15: Drucksensorsignale im Dämpfer- und Niederdruckraum / Ölversorgung des Kettenspanners. Zusätzlich die Drehzahl und die Ansteuerung des Zündmoduls Zylinder 4.

Ein gewöhnlicher Druckverlauf über einem Arbeitsspiel weist durch seine Ventilbetätigungen drei Dämpferkompressionen mit Drücken zwischen 0 bar absolut (barA) und 17 barA auf. Darüber hinaus sind scheinbar stochastisch Druckspitzen mit Ausreißern von über 60 barA zu beobachten, die mit steigender Drehzahl oberhalb von 2000 U/min in Häufigkeit und Intensität deutlich zunehmen. Details dieser Verläufe enthalten die Abbildung 2.16 bis Abbildung 2.20. Hier überrascht die große Varianz der Druckpeaks trotz konstanter Betriebs- und Randbedingungen innerhalb eines Arbeitsspiels und im Vergleich zum identischen Ereignis in den Folgezyklen.

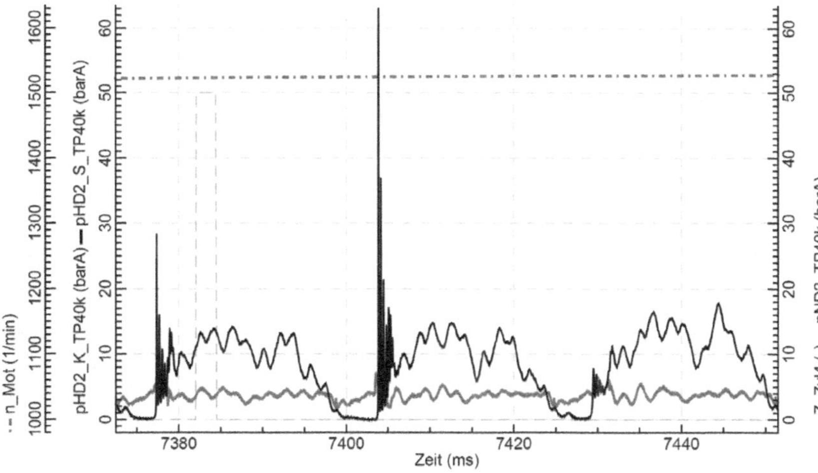

Abbildung 2.16: Detailansicht der Drucksensorsignale im Hoch- und Niederdruckraum des Kettenspanners. Deutlich sichtbar hierbei die großen Veränderungen über einem Arbeitsspiel.

Die Druckspitzen bei 7403,9 ms und das anschließende Ausschwingen bis 7405,5 ms stechen aus der Summe der Ereignisse durch ihre Intensität heraus. Der Fokus auf einen Zeitbereich von 7 ms um den initialen Druckpeak verdeutlicht die Besonderheiten des Signalverlaufs mit sehr schmal zulaufenden Druckmaxima und sehr weich oder bauchig ausgeformten Druckminima. Außerdem ist hier eine Varianz im Bereich von 202 µs und 333 µs in der Periodendauer zwischen den einzelnen Druckspitzen erkennbar. Diese Eckwerte sind in Abbildung 2.18 enthalten. Die sehr geringen Druckschwingungen im Niederdrucksignal sind eine Folge des bei 7404,9 ms schließenden Rückschlagventils in der Ölversorgung des Kettenspanners. Dieses bestätigt der im Folgenden kontinuierlich steigende Druck im Dämpferraum des Kettenspanners sowie der sich bei 3,8 barA stabilisierende Versorgungsdruck.

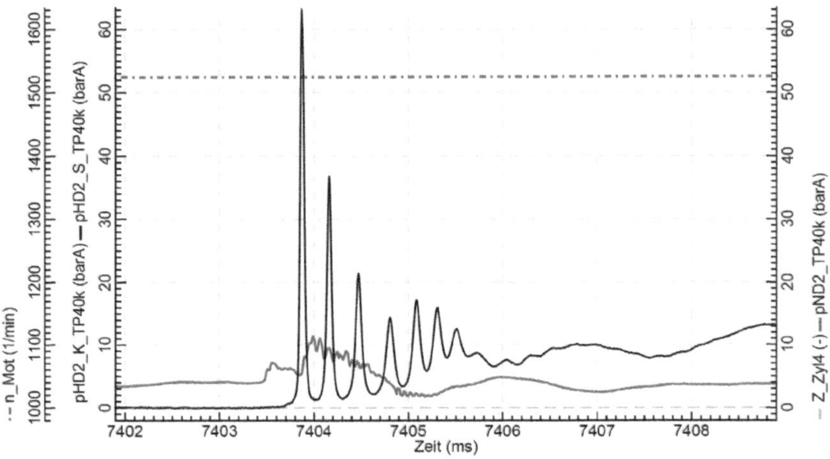

Abbildung 2.17: Detailansicht der Sensorsignale aus der Ölversorgung (grau) und dem Kettenspanner Dämpferraum (schwarz). Letztere mit signifikanten Druckpulsationen, die sich ab 7405,6 ms stark reduzieren und bei 7409,1 ms ausklingen.

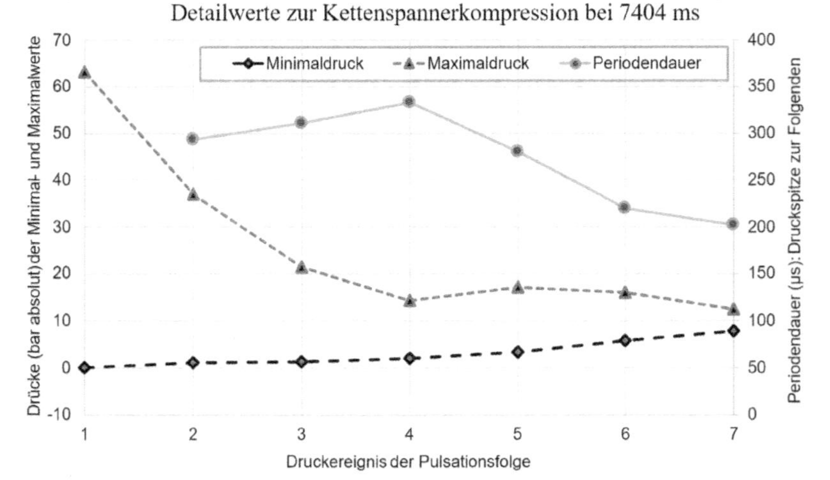

Abbildung 2.18: Details zu Druckextrema und Periodendauern im Dämpferraum ab 7403,9 ms, Analyse zu Abbildung 2.17.

Ein konträres Bild zeigt das im Arbeitsspiel identische Kompressionsereignis in Abbildung 2.17 wenige Zyklen zuvor bei 7086,2 ms. Hier verlaufen Nieder- und Hochdruck auf nahezu gleichem Niveau, wobei letzterer die zuvor beschriebene Signalform aus Spitzen und Bäuchen in sehr abgeschwächter Form aufweist. Das fast unbedeutende „Rauschen" am Niederdrucksensor bei 7087,2 ms ist ein Strömungsgeräusch am Rückschlagventil kurz vor dessen vollständigen Schließen. Der zeitgleich steigende Öldruck im Dämpferraum bestätigt das. Die auftretende Schwingung in der Ölversorgung ab 7087,5 ms folgt aus dem schlagartig endenden Rückstrom aus dem Kettenspanner aufgrund des jetzt geschlossenen Rückschlagventils und dem Abbau entstandener kinetischen Energie.

Der deutlichste Unterschied zeigt sich am Spitzenwert des initialen Druckpeaks, der hier mit 9,1 barA zu 63,1 barA um einen Faktor 6,9 geringer ausfällt. Die Bewertung der Schließzeit des Rückschlagventils (Zeitdauer zwischen dem ersten Überschreiten von Innendruck zu Versorgungsdruck bei 7086,1 ms und der einsetzenden Schwingung im Niederdrucksignal bei 7087,5 ms) fällt mit 1,4 ms um 0,4 ms länger aus. Für eine detaillierte Besprechung der geometrischen Verhältnisse und die Dynamik des Rückschlagventils sei auf die Kapitel 5.1.1 und 5.1.2 verwiesen.

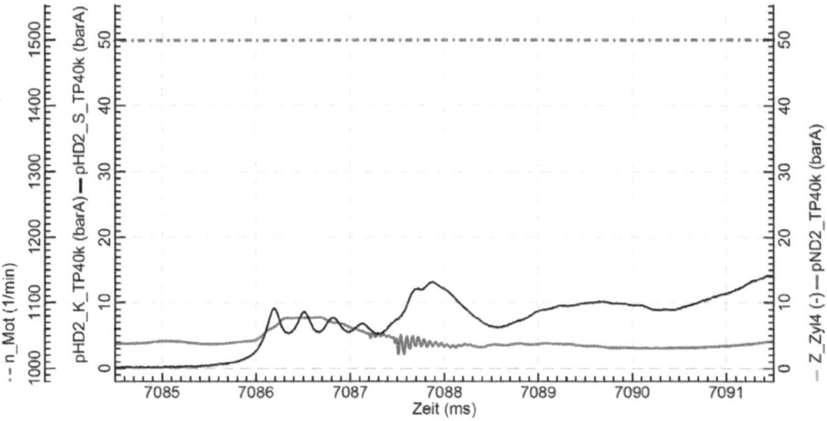

Abbildung 2.19: Detailansicht der Drucksensorsignale des Kettenspanners. Signifikanter Verlauf der Druckpulsationen reduziert sich ab 7087,2 ms und verschwindet hier ab 7091,1 ms.

Weitere Eckwerte und deren Verlauf sind Abbildung 2.20 zu entnehmen.

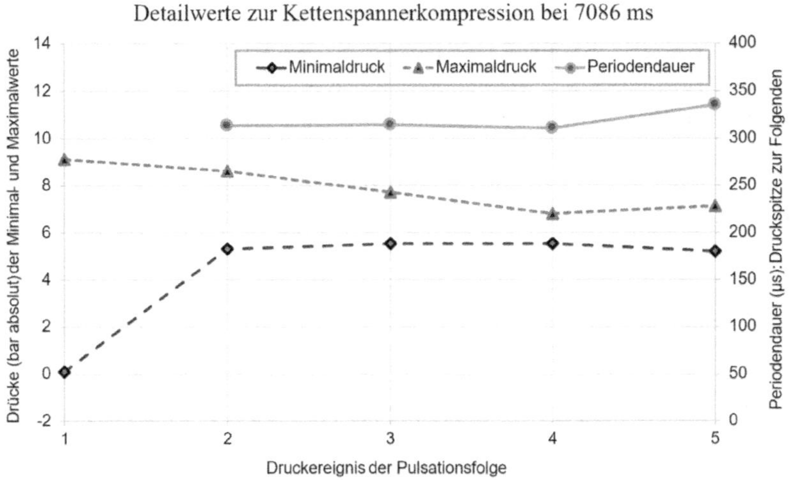

Abbildung 2.20: Details zu Druckextrema und Periodendauern im Dämpferraum ab 7086,2 ms, Analyse zu Abbildung 2.19.

Hier ist auch die geringe Varianz der Pulsation und die nahezu konstante Periodendauer gut erkennbar. Die Graphen enden hier bereits mit dem fünften Wert, da die Pulsation unmittelbar nach dem Schließen des Rückschlagventils zum Erliegen kommt.

Ein genauer Blick in die zu Beginn des Abschnittes vorgestellten Druckmessungen auf einem Elektropulser überrascht mit einer großen Ähnlichkeit in deren Signalform zu den zuvor beschriebenen des Vollmotors. In Abbildung 2.21 gut erkennbar sind die ebenfalls spitz zulaufenden Druckmaxima, deren weich ausgeformte Druckminima sowie die unterschiedlichen Phasenlagen von 30,0 ° zu 46,6 ° dieser Pulsationen relativ zur Beschleunigung. Hier werfen der Phasenversatz und die Amplitudendifferenz von 1,6 bar zwischen den beiden Sensoren, die am gleichen System verbaut sind, ebenfalls Fragen nach der Ursache dieses Verhaltens auf. Darüber hinaus sticht der Unterschied im Kurvenverlauf des radial verbauten Sensors (p_rad_N, Hellgrau) durch seine deutlich asymmetrische Form um die Minima zu dem nahezu symmetrischen Verlauf des axial verbauten Sensors (p_ax_K, Schwarz) in diesen Punkten ins Auge. In [23] werden ähnliche Druckanomalien in anderem Kontext beobachtet, aber auch nicht ursächlich der Anwesenheit von ungelöster Luft zugeschrieben.

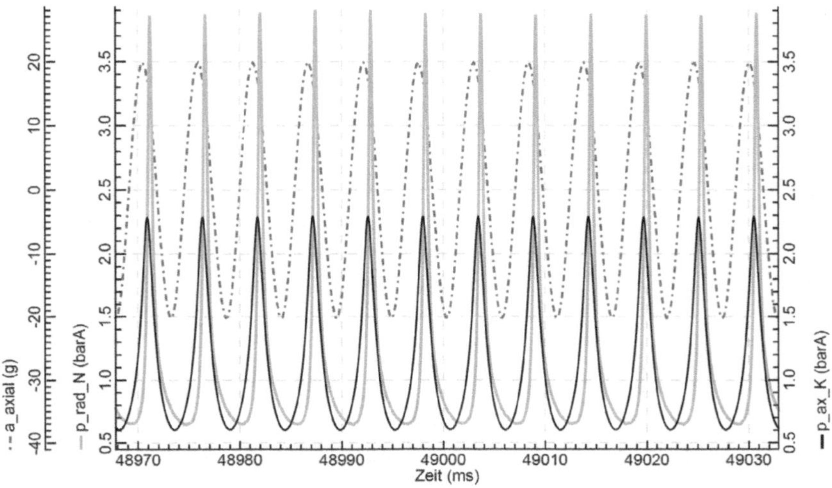

Abbildung 2.21: Drucksensorsignale zweier Sensoren (p_rad_N, p_ax_K) in Korrelation zur anregenden Beschleunigung des Systems zeitlich vor dem Resonanzpunkt bei 185 Hz bei 20 g.

2.5.2 Veränderungen im Frequenzverhalten und der Phasenlage von Drucksensorsignalen in einem hydraulischen System

Wie in Abbildung 2.21 visualisiert sind bei Druckmessungen in hydraulischen Systemen nicht nur Abweichungen der erfassten Amplituden zu erkennen, selbst wenn diese in der Regel am auffälligsten sind, sondern auch in der Phasenlage oder dem zeitlichen Bezug von Messsignalen, der für die Bewertung des Systemverhaltens meist relevanter ist. Nicht nur bei der Beseitigung von Systemauffälligkeiten im Bereich dynamischer Vorgänge, explizit bei der Auslegung und Optimierung von Regelkreisen, ist das Wissen bezüglich des Zeitverhaltens und Latenzen essenziell.

Aufbauend zu obigen Ausführungen werden die Unterschiede eines zweiten parallel im Kettenspanner verbauten Drucksensors (pHD2_K) besprochen, der wie die Sensoren im Elektropulserversuch ein individuelles Verhalten zeigt. Explizit zu berücksichtigen ist in den Verbindungsleitungslängen ein Versatz von 1 : 2,5 (pHD2_K : pHD2_S) durch die Position der jeweiligen Messzelle. Anhand der Schallgeschwindigkeit von Mineralöl folgt hiermit ein zu erwartender Laufzeitunterschied von 11 μs zwischen diesen Signalen.

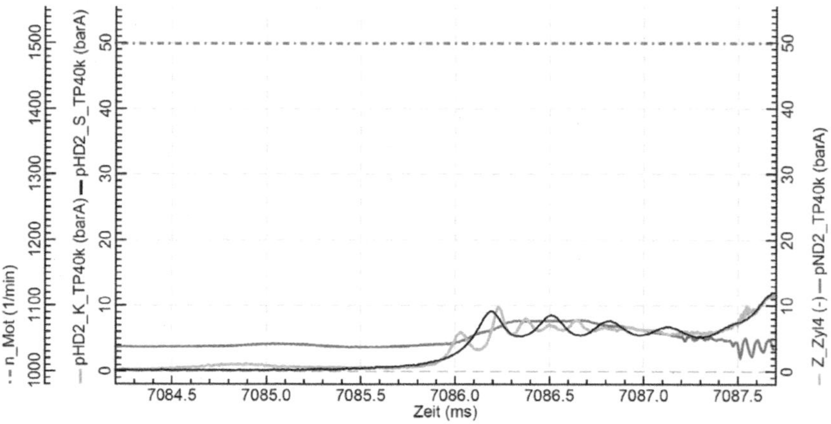

Abbildung 2.22: Drucksensorsignale beider Sensoren (schwarz, hellgrau) bei 7086 ms der Drehzahlrampe. Ab 7088,2 ms verlaufen die Signale deckungsgleich ohne eine überlagerte Schwingung.

Die genaue Analyse bei 7086 ms liefert jedoch ein vielschichtigeres Bild. Beginnend mit dem um das zweite Drucksignal erweiterte Diagramm aus Abbildung 2.19 scheint das Bild zunächst stimmig. Jedoch entspricht der Laufzeitversatz in Abbildung 2.22 mit 164 µs fast dem 15-fachen des Erwartungswerts, vergleichbares beschreibt [24] ebenfalls. Auch überrascht das veränderte Schwingungsverhalten, bei dem sich am zweiten Sensor eine Oszillation mit mehr als der doppelten Frequenz zeigt, die im Diagramm deutlich zu erkennen ist. Entgegen dem kontinuierlichen Abklingen der Schwingung des Sensors (pHD2_S) schwillt die Amplitude in der zweiten Periode an. Aufgrund des Frequenzverhältnisses fallen die Druckmaxima beim synchronen Zusammentreffen der Maxima am Sensor (pHD2_K) signifikant schwächer aus, wie die Zeitpunkte 7086,5 ms und 7086,8 ms belegen. Prinzipiell erinnert dieses Verhalten an ein resonanzbehaftetes System, das mittels Stoßes in seiner Eigenmode angeregt wird und ausschwingt. Jedoch scheint hier noch eine Interaktion der Systemteile vorzuliegen, da diese Wechselwirkung zumindest am Amplitudenverlauf im Signal sichtbar (pHD2_K) wird.

Abbildung 2.23 verdeutlicht das grundlegend abweichende Verhalten der Messstelle (pHD2_K), wobei die Periodendauer und der pulsierende Amplitudenverlauf besonders hervorstechen.

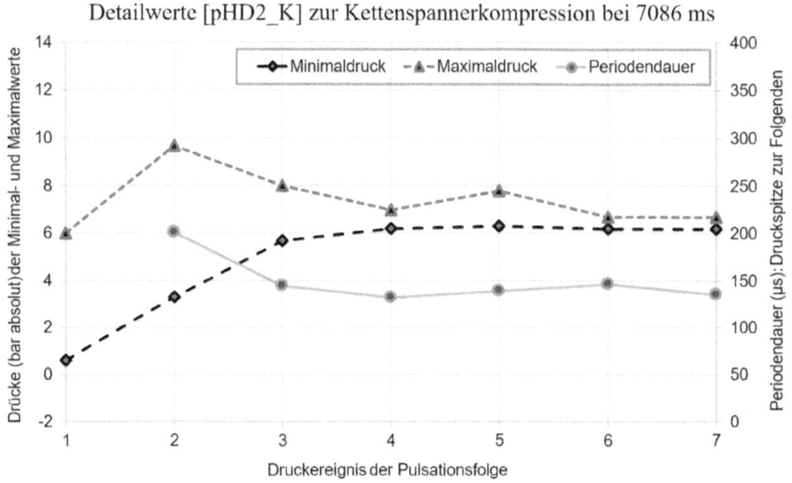

Abbildung 2.23: Details zu Druckextrema und Periodendauern für Messstelle (pHD2_K) ab 7086,2 ms aus Abbildung 2.22.

In Abbildung 2.24 lässt sich hingegen die umgekehrte Abfolge der Druckspitzen finden. Hier eilt der Drucksensor mit der 2,5-fachen längeren Adaption um 72 µs dem kürzer angebundenen Sensor voraus und zeigt ein niederfrequenteres Verhalten als in Abbildung 2.22.

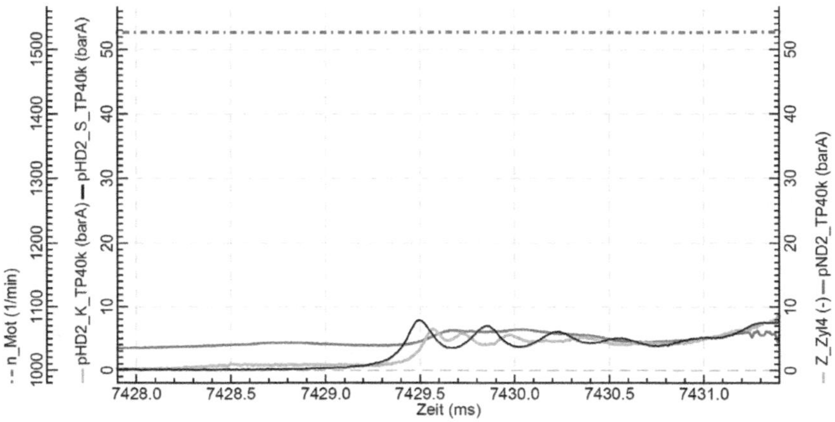

Abbildung 2.24: Drucksensorsignale aller Drucksensoren bei 7429,5 ms. Ab 7432,3 ms verlaufen die Hochdrucksignale deckungsgleich.

Ein Vergleich der Druckspitzen zwischen den beiden Ereignissen zeigt ein um 15 % niedrigeres Niveau im zweiten Fall und eine in gleichem Maße verlängerte Periodendauer an der Messstelle (p_HD2_S). Der andere Sensor spiegelt in seinen Spitzendrücken eine ähnliche Reduktion wider, zeigt allerdings für die erste Periode eine zum Ereignis bei 7086 ms identische Dauer. Im Nachgang gleicht es sich dem Verhalten der anderen Messstelle mit Periodendauern von über 300 µs an.

Die Signalverläufe aus Abbildung 2.25 irritieren wiederum, da sich hier alle vorherigen Annahmen und Vermutungen scheinbar auflösen. Die beiden Drucksignale weisen zu Beginn der Kompressionsphase wenig Übereinstimmungen auf und ein gleichzeitiger Verbau am selben Messobjekt lässt sich aus den Graphen kaum erschließen. Die Unterschiede im Frequenz- und Amplitudenverhalten als auch die Phasenlage mit einem Versatz von 401 µs, dem 36,5-fachen der Zeitdauer des Erwartungswerts, mehren grundsätzliche Zweifel an der Eignung dieser Messschriebe zum Erstellen eines plausiblen Systemverhaltens für den Kettenspanner. Wie kann ein System, das gleichzeitig von zwei Sensoren beobachtet wird in diesen Signalen so essenzielle Unterschiede im Verhalten aufweisen? Eine weitere Frage ergibt sich aus dem Druckverlauf auf der Versorgungsseite, der eine Korrelation zu den Pulsationen im Dämpferraum zu besitzen scheint, welches die sprunghaften Anstiege bei 7403,5 ms und 7403,9 ms nahelegen und Fragen hinterlässt.

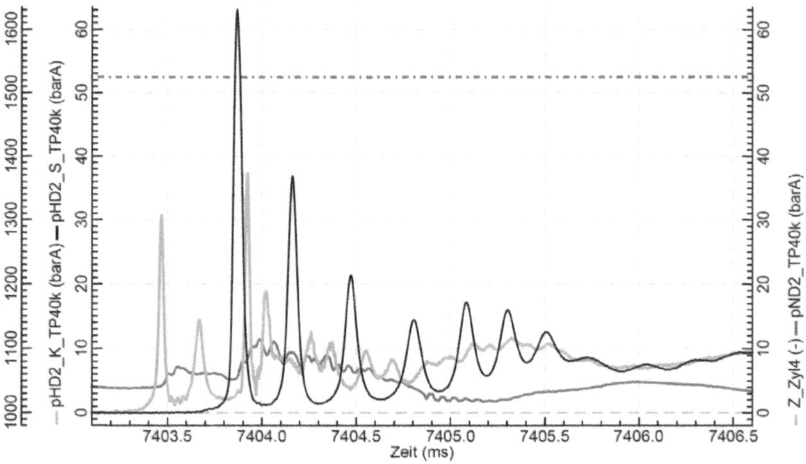

Abbildung 2.25: Drucksensorsignale aller Drucksensoren bei 7403,5 ms. Ab 7408,3 ms verlaufen die Hochdrucksignale deckungsgleich.

Auf eine detaillierte Gegenüberstellung aller Eckwerte wird verzichtet, da diese grundsätzlichen Unterschiede, genauer deren Ursachen, sowie Rück- und Wechselwirkungen auf und mit dem System oder den Messstellen untereinander in Betracht zu ziehen wären. Folglich sind Schlussfolgerungen zum Systemverhalten ohne die Kenntnis der Quelle sowie des Mechanismus unmöglich. Jedoch führte der hervorstechende Spitzendruck ursächlich zur Wahl dieses Ereignisses und somit werden diese als Reihe über den einzelnen Drucksensoren in Tabelle 2.1 aufgelistet. In dieser Form der Darstellung sind die einzelnen Periodendauern aus den Zeitpunkten vergleichbar.

Tabelle 2.1: Übersicht der Druckmaxima und Zeitpunkte (7400 ms + x,xx ms aus der Kopfzeile über den Spalten) des Auftretens.

7400 ms +	**3,47**	**3,67**	**3,87**	**3,92**	**4,02**	**4,16**	**4,47**	**4,81 ms**
pHD2_K barA	30,8	14,5	--,-	**37,1**	18,8	--,-	--,-	--,- barA
pHD2_S barA	--,-	--,-	**63,1**	--,-	--,-	36,9	21,4	18,4 barA

Bemerkenswert ist die Entwicklung der Druckmaxima des pHD2_K-Drucksensors, denn hier tritt der höchste Wert erst im Nachgang des initialen Druckpeaks des zweiten Sensors auf. Dieses Verhalten setzt sich beständig an diesem Kompressionsereignis fort und konnte über den folgenden 30 Arbeitsspielen in gleicher Weise beobachtet werden.

Die Vielzahl an Auffälligkeiten und unerklärlichen Beobachtungen in einer sehr begrenzten Anzahl von Messungen muss einem oder mehreren unentdeckten beziehungsweise nicht verstandenen Mechanismen zuzuordnen sein, da sich diese Signalverläufe zwar zyklisch abwechseln, jedoch reproduzieren lassen. Das Besondere der hier diskutierten Ergebnisse ist, ein dynamisches System mit zwei parallel verbauten Drucksensoren beobachtet, genauer gemessen zu haben. Dabei lieferten die beiden Messstellen teilweise nahezu identische und zum Teil stark differierende Signalverläufe. Allerdings sind die Beobachtungen zu reproduzierbar, um dies ausschließlich mit einer stochastischen Störung zu erklären. Wie eingangs ausgeführt, sind die Einflussfaktoren sehr vielfältig, die in einem Messsignal zusammenfließen und dessen Verlauf ergeben, wie zu Beginn in Kapitel 4 beleuchtet.

2.5.3 Vergleichbar signifikante Signalverläufe in der Fachliteratur

M. Müller [25] untersuchte das Förderverhalten von Kolbenpumpen und setzte auf Messstellen entlang des Strömungswegs. Abbildung 2.26 zeigt einen Messschrieb, der auf den Druckbereich bis 20 bar fokussiert sowie die Beziehung zwischen Zulauf (PS1) und Förderkammer (PA2) ausweist. Die Ausführung der Messstellen deutet auf ein Systemverhalten als Ursache für die Druckverläufe hin und korreliert mit eigenen Untersuchungen an der harmonisch erregten Ölsäule sowie auftretenden Wechselwirkungen mit eingebrachten Luftblasen. Die Kurven besitzen eine grundsätzliche Ähnlichkeit zu den in Abbildung 2.25 dargestellten, allerdings ist durch die vollkommen verschiedene Geometrie und Wirkweise des Versuchsobjekts eine direkte Übertragbarkeit weder möglich noch sinnvoll.

Jedoch weist die spezifische Signalform der PS1-Messstelle eine außergewöhnliche Ähnlichkeit zum Graphen des p_rad_N-Sensors aus Abbildung 2.21 auf, explizit in der leichten Asymmetrie an der ersten fallenden Flanke gegen Ende der Ansaugphase (0,10 s, 0,34 s, 0,68 s und 0,82 s). Auch die Schwankungen in den Periodendauern finden sich in den obigen Messschrieben und sind im Übersichtsdiagramm Abbildung 2.18 belegt. Das Verhalten eines voreilenden Druckpeaks skizziert Abbildung 2.25 im pHD2_K-Signal ebenfalls und deutet so möglicherweise einen gemeinsamen physikalischen Mechanismus an. Auch die unscheinbare Druckwelle im ersten Druckminimum kann als Indiz für ein spezifisches physikalisches Phänomen genommen werden. Eine wie zu Abbildung 2.15 beschriebene Amplitudenschwankung lässt sich hier – in geringerem Umfang – zwischen 13,7 bar und 15,8 bar finden. Da die Zeitachse stark komprimiert ist, lassen sich auftretende Oberwellen leider nicht zweifelsfrei identifizieren.

Obige Details finden keine Erwähnung in den originalen Ausführungen, sind jedoch – wie sich zeigen wird – wesentlich zur Beurteilung der Rückwirkungsfreiheit von Messstellen und zur Eignung der Signale für eine Analyse des Systemverhaltens. Die Verschiebung der Frequenz von 40 Hz zu 65 Hz wird mit einer Änderung der Schallgeschwindigkeit der Flüssigkeit bei einer Drehzahlreduktion von 250 U/min auf 130 U/min begründet.

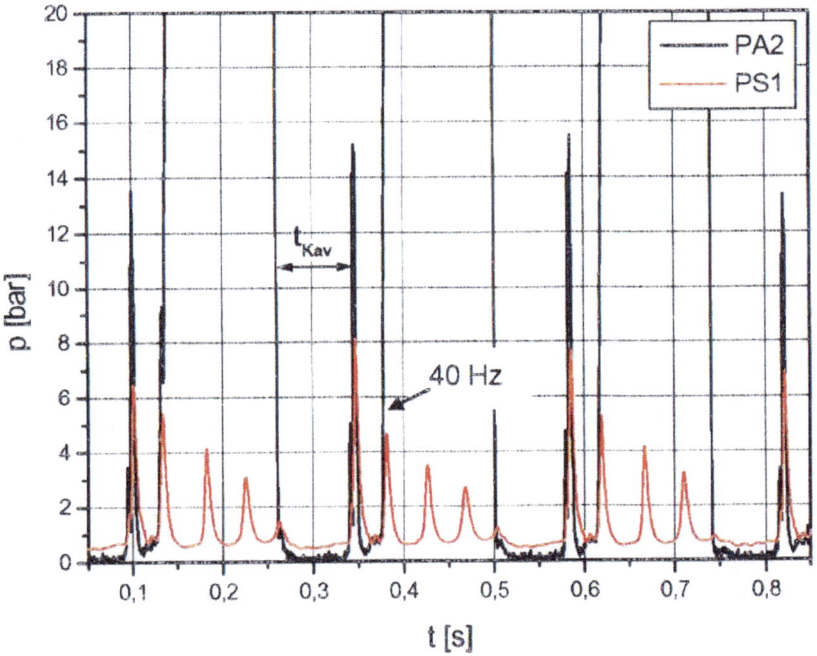

Abbildung 2.26: Manifold-Schwingungen (PS1) und Kavitation in der Pumpkammer (PA2) einer Simplex-Kolbenpumpe [25].

Die aufgeführten Druckverläufe von O. Schade [26] in Abbildung 2.27 enthalten einige bereits beschriebene Merkmale. Zunächst besitzt der Druck im „Arbeitsraum" ab 0,213 s in seinen Maxima die spezifische Form aus schmalen und steilen Spitzen gefolgt von mit bauchig weichen Minima. Dieser Verlauf findet sich nahezu identisch auch im „Arbeitsraumdruck Saugventil", bis auf leicht geringere Spitzendrücke, wieder. Im Detail liegt hier, vergleichbar zur vorherigen Ausarbeitung, eine leicht zu übersehende Druckerhöhung bei 0,219 s vor, die sich vom Signal des „Arbeitsraums" abhebt. Des Weiteren fallen im Signal „Druck am Saugflansch" sprunghafte Anstiege um 1,8 bar bei 0,215 s und 1,2 bar bei 0,223 s ins Auge. Diese lassen sich mit den zuvor auftretenden Druckspitzen von 9,5 bar und 6,2 bar linear korrelieren. Dabei scheinen sie einem Zusammenhang von 5 : 1 aus Ursache : Wirkung zu gehorchen, zumindest für diese einzelnen Werte in der betrachteten Stichprobe.

Vergleichbare Sprünge finden sich im Druckverlauf der Ölversorgung (pND2) als Reaktion auf die initialen Druckpulse der einzelnen Messstellen (pHD2_N) und (pHD2_K). Aus einer Korrelation ergibt sich in Abbildung 2.25 eine Druckerhöhung in der Ölversorgung von 3,2 bar nach einem ersten Druckpeak mit 31 bar und eine weitere um 6,2 bar als Folge eines Peaks von 63 bar. So gehorchen Ursache : Wirkung aus den eigenen Messungen einem Zusammenhang von 10 : 1.

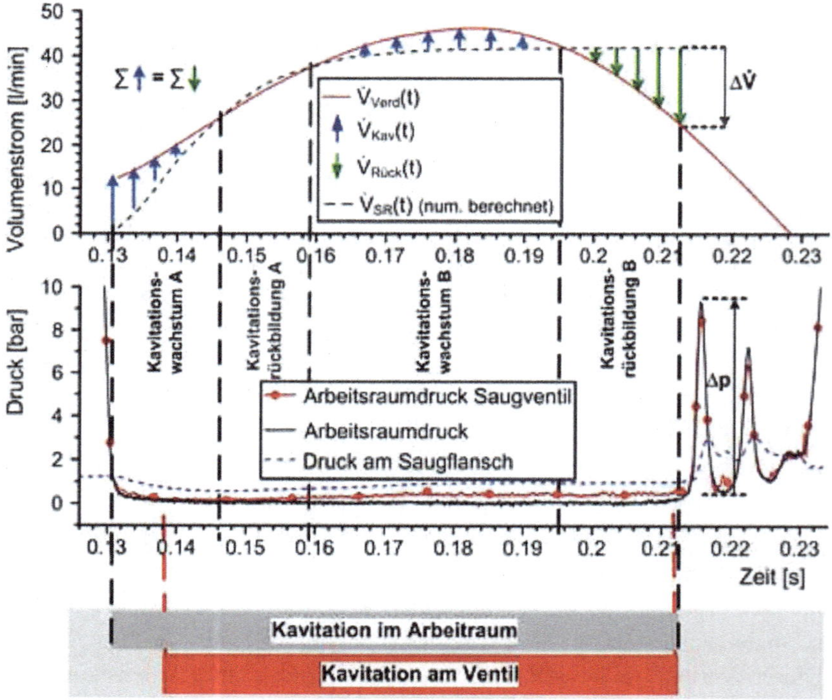

Abbildung 2.27: Verläufe ausgeprägter Teilkavitation Simplex-Plungerpumpe [26].

Ein anderes Schwingungsphänomen beschreibt Ismaier [27], wie Abbildung 2.28 belegt, am Drucksignal (**M**ess**S**telle **S**chnell**S**chluss**V**entil). Hier fällt eine voreilende und signifikant geformte Druckspitze mit einer Amplitude von 8,3 bar, einem Maximalwert von 13,0 bar und einer Periodendauer von 0,74 ms (1350 Hz) ins Auge. Mit steigendem Systemdruck (über 15 bar) stabilisiert sich die Periodendauer und mündet in eine Frequenz von 3,4 kHz.

Ihr zeitlicher Verlauf kann als unerwartet bezeichnet werden, da ab 0,363 ms die Schwingung zunächst über eine Dauer von 15 ms ausschwingt, dann aber nach 10 ms Pause bei 0,3892 ms erneut mit einer Amplitude von 2 bar auftritt und erst nach weiteren 20 ms abklingt.

A. Ismaier ermittelt aus der Geometrie und der Gehäusesteifigkeit der Kavität des Schnellschlussventilgehäuses zwei Eigenfrequenzen von 3452 Hz und 4833 Hz. Erstere entspricht hierbei einer Längswelle innerhalb des Ventilgehäuses und liefert eine belastbare Erklärung des obigen Schwingungsphänomens bei 3,4 kHz. Eine Diskussion des Fehlens dieses Signalanteils an der etwas stromaufwärts platzierten Messstelle MS 4.4 erfolgte nicht.

Letztere Messstelle MS 4.4 detektiert mit einem zeitlichen Versatz von 0,48 ms zum beschriebenen Initialereignis ebenfalls einen Druckpuls. Dieser fällt mit 3,6 bar schwächer aus und besitzt mit 0,65 ms (1540 Hz) eine kürzere Periodendauer. Auch hier stabilisiert sich – über einem Systemdruck von 15 bar – eine Schwingung mit einer Frequenz von 5,3 kHz. Diese klingt bereits nach weniger als 4 ms ab. Ein Vergleich der in Abbildung 2.28 in direkter Beziehung stehenden Drucksignale führen ebenfalls zur bereits gestellten Frage:
Wie können in einem System an zwei in räumlicher Nähe befindlichen Messstellen verschiedene Frequenzen eines Systems erfasst werden?

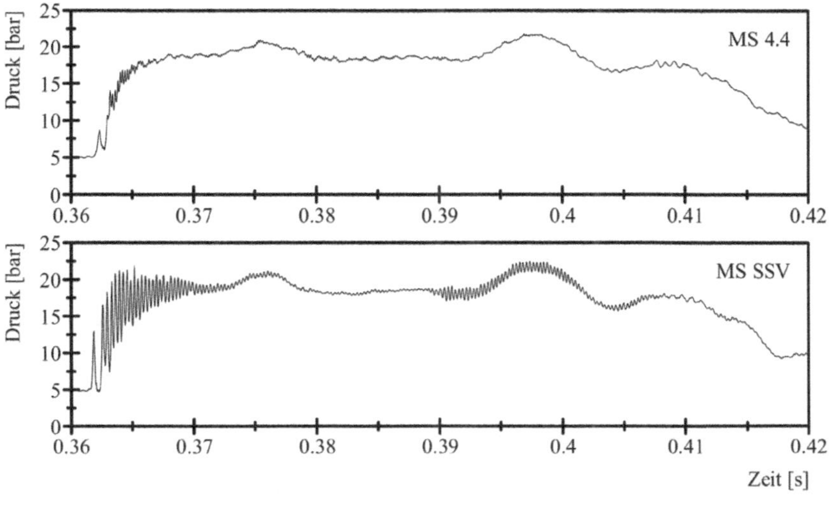

Abbildung 2.28: Reflexionswirkung des Ventilgehäuses [27].

Dieses Verhalten eines initialen Druckpeaks und eine sich stabilisierende Eigenschwingung trat ebenfalls in eigenen Messungen auf und ist bereits unter [28] publiziert worden sowie in Abbildung 2.29 belegt. Zur Verdeutlichung wurde ein bisher unveröffentlichter Zeitabschnitt des Messschriebs ausgewählt, in dem die sich entwickelnde Eigenschwingung der Messstelle im Hochdruck / Dämpferraum des Kettenspanners (pHP_TCT_Type_A) länger anhält und besonders hervorsticht. Erwähnenswert ist das Verhalten der parallelen Messstelle (pHP_TCT_Type_B), die mit Drucksprüngen auf die Pulse des voreilenden Signals zu reagieren scheint. Allerdings ergibt ein detaillierter Vergleich zwischen Amplitude des Druckpulses am ersten Sensor und folgendem Drucksprung am zweiten mit den Wertepaaren von 12,8 : 3,6, 20,2 : 3,8 und 13,9 : 2,6 keinen konstanten Faktor, so dass dieses Verhalten hier weiterer Einflussfaktoren unterliegen muss. Unter (pLP_TCT) ist der Druck der Ölversorgung / Niederdruck des Kettenspanners im Diagramm enthalten. Eine Analyse der Pulsationsfrequenz im Druckbereich oberhalb von 14 % des maximalen Systemdrucks liefert eine Frequenz von 14,1 kHz und im Hochpunkt um 168,3 ms sogar 15,0 kHz, also das 4,4-fache des Werts aus dem Versuchsaufbau von A. Ismaier.

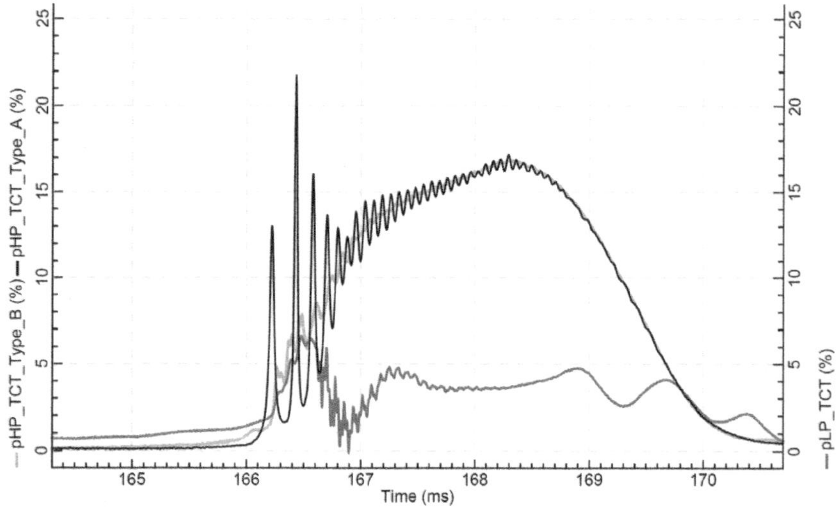

Abbildung 2.29: Druckverläufe zweier Drucksensoren des Dämpferraums und in der Ölversorgung des Kettenspanners am Hydropulser-Komponentenprüfstand bei einer Erregerfrequenz von 100 Hz und mit ±0,4 mm Wegamplitude [28].

2.5.4 Allgemeine Schlussfolgerungen und zentrale Frage

Die Anzahl der Veröffentlichungen lässt sich problemlos erweitern und untermauert die beobachteten Auffälligkeiten. Gleichfalls vergrößern sich der bisherige Umfang an Fragen, wobei die Notwendigkeit nach Erkenntnis über die zusammentreffenden und -wirkenden physikalischen Effekte und vorherrschenden Randbedingungen oder Wechselwirkungen jetzt bereits überdeutlich ist.

Druckmessungen sind Stand der Technik und werden in der Regel kaum hinterfragt, ob ein Sensorsignal tatsächlich das alleinige Verhalten des untersuchten Systems wiedergibt. Üblicherweise scheint mit der Auswahl eines „geeigneten“ Sensors für die Messaufgabe jedes weitere Problem vermieden. Gerade diese Annahme verlangt nach einer akribischen Prüfung, ob Effekte, Betriebszustände und Randbedingungen oder unvermutete Rückwirkungen einer Messstelle auftreten können, die ein Signal überlagern, verändern und somit für eine darauf basierende Analyse vollkommen unbrauchbar machen können.

Wie die Erfahrung aus Tausenden Messungen mit mehreren Millionen Ereignissen an Dutzenden Versuchsaufbauten mit unterschiedlichsten Betriebsstoffen und Randbedingungen, den verschiedensten Signalkonditionierungen und Erfassungssystemen belegen, sind Druckmessungen in hydraulischen Systemen sehr herausfordernd und deutlich vielschichtiger als angenommen.

Gerade hierbei verhindert mangelnde Expertise eine effiziente Analyse des Systemverhaltens, erschwert so den Weg zur robusten und performanten Auslegung und führt schlimmstenfalls zum Verbleib von Schwachstellen oder Defiziten in einem System. Wie Abbildung 4.1 und die nachfolgende Aufzählung umreißt, bedarf es für aussagekräftige und belastbare Druckmessungen in hydraulischen Systemen mehr als die Wahl eines grundsätzlich für die Messaufgabe „geeigneten“ Drucksensors.

3 Theoretische Grundlagen

3.1 Stoffwerte, -eigenschaften von Fluiden

Flüssigkeiten und Gase verfügen durch lose Bindungskräfte über mehr Freiheitsgrade als Feststoffe und können im Rahmen der hier untersuchten Vorgänge: Komprimieren und Expandieren, Verdampfen und Kondensieren sowie „in Lösung gehen" oder „Ausgasen". Darüber hinaus reagieren Gase und Flüssigkeiten deutlicher auf Änderungen von Temperatur und Druck sowohl direkt als auch über die Änderung von Gleichgewichtszuständen wie dem Sättigungsverhalten.

3.1.1 Dichte

Die Dichte ρ folgt aus dem Verhältnis von Masse *m* zu Volumen *V* wie [29]:

$$\rho = \frac{m}{V} \quad \left(\frac{kg}{m^3}\right). \qquad \text{Gl. 3.1}$$

Die Dichte eines Öls bestimmt im Wesentlichen das verwendete Basisöl sowie die Additivierung. Ein höherer Kohlenstoffanteil bedingt meistens größere Dichte; als praxisnaher Richtwert im Fall von Hydraulikölen gilt 900 kg/m³. Steigt die Temperatur, nehmen die molekularen Bewegungen zu, das Volumen vergrößert sich und die Dichte sinkt. Das Dichte-Temperatur-Verhalten von Ölen gehorcht ausreichend gut dem linearen Zusammenhang:

$$\rho_\vartheta = \rho_{15} \cdot [1 - \alpha \cdot (\vartheta - 15)], \quad -\frac{\Delta\rho}{\rho} = \frac{\Delta V}{V} = \alpha \cdot \Delta\vartheta. \qquad \text{Gl. 3.2}$$

Hierbei steht *V* für das Volumen der Flüssigkeit, Δ*V* die Volumenänderung, ρ_ϑ Dichte bei Temperatur ϑ in °C, ρ_{15} Dichte bei Temperatur 15 °C und α als Dichteänderungskoeffizient (1 / K), für Mineralöl in der Größenordnung von $0{,}65 \cdot 10\ K^{-1}$.

T. A. Lenz, *Ganzheitliche Methodik zur Analyse und Validierung transienter hydraulischer Systeme*, Wissenschaftliche Reihe Fahrzeugtechnik Universität Stuttgart, https://doi.org/10.1007/978-3-658-53363-2_3

Bei steigendem Druck rücken die Teilchen enger zusammen. Das Volumen nimmt ab, die Dichte steigt. Das Dichte-Druck-Verhalten beziehungsweise die Kompressibilität kann näherungsweise beschrieben werden, wie in [29]:

$$-\frac{\Delta\rho}{\rho} = \frac{\Delta V}{V} = \alpha \cdot \Delta\vartheta, \; K = \frac{1}{\beta} = \frac{\Delta V}{V} \cdot \Delta p \qquad \text{Gl. 3.3}$$

Mit β als Kompressibilität oder Pressziffer (1/bar) und K der Kompressionsmodul oder der Elastizitätsmodul einer Druckflüssigkeit (bar, MPa) für Mineralöl liegt ein typischer Wert bei $1{,}4 \cdot 10^4$ bar.

3.1.2 Viskosität

Die Viskosität η leitet sich aus einem Experiment von Newton ab, bei dem ein Flüssigkeitsfilm der Höhe h zwischen zwei planparallelen Platten verbracht ist und eine von der Geschwindigkeit $v_x(y)$, Fläche A, Spalthöhe h und dem Proportionalitätsfaktor η der Flüssigkeit abhängigen Kraft F bestimmt werden kann und definiert die dynamische Viskosität η somit über:

$$\frac{F}{A} = \eta \, \frac{\mathrm{d}v_x(y)}{\mathrm{d}y}. \qquad \text{Gl. 3.4}$$

Die kinematische Viskosität folgt nach Maxwell aus dem Quotienten der dynamischen Viskosität η und der Dichte ρ einer Flüssigkeit aus:

$$\nu = \frac{\eta}{\rho}. \qquad \text{Gl. 3.5}$$

3.1.3 Oberflächenspannung und intermolekulare Kräfte

Wie in [30] beschrieben, werden Anziehungskräfte zwischen Stoffteilchen als Teilchenkräfte bezeichnet, bei Atomen oder Molekülen entsprechend als Atom- beziehungsweise Molekularkräfte. In Fluiden sind diese deutlich geringer als in Festkörpern, sodass keine feste Gitterstruktur entsteht. Teilchen in Flüssigkeiten und Gasen lassen sich daher leicht gegeneinander verschie-

ben. Fluide besitzen keine eigene Form, sondern nehmen die Form des Gefäßes an und geringste Kräfte verändern ihre Gestalt. Die Teilchenkräfte beeinflussen deren freie Fluidoberflächen. Hierbei werden unterschieden:
Kohäsionskräfte: unter gleichen Teilchen sowie bei ungleichen Teilchen:
Adhäsion: Wirkungen zwischen fest/fest und fest/flüssig und
Adsorption: Die Anlagerung von Gasen oder Dämpfen an Festkörperoberflächen.
Absorption: Die Aufnahme von Gasen oder Dämpfen in Flüssigkeiten oder Feststoffen. Nach Henry steigt die gelöste Gasmenge mit zunehmendem Druck und/oder sinkender Temperatur.

Kapillarität entsteht durch Grenzflächenkräfte. Hierbei sind:
- Kapillar- beziehungsweise Oberflächenspannung infolge von Kohäsion und
- Kapillarwirkung als Folge von Adhäsion.

Kapillarspannung σ auch **spezifische Grenzflächenenergie** $\sigma = dE / dA$ entsteht durch unausgeglichene Teilchenkräfte an der Fluidgrenze. Sie ist das Verhältnis der am Flüssigkeitsrand wirkenden Kraft F zur Randlänge l entsprechend Abbildung 3.1 (links). Aus dem Modellversuch folgt: $\sigma = F / l$ mit Kapillarspannung ≤ Kapillarwirkung. Wird hierbei der Rand um Δs verschoben, wächst die Oberfläche entsprechend $\Delta A = l \cdot \Delta s$.

Bei der **Kapillarwirkung** steigt oder sinkt eine Flüssigkeit im Rohr, visualisiert in Abbildung 3.1 (rechts), bis Kapillarkraft und Gewichtskraft der angehobenen beziehungsweise verdrängten Flüssigkeit wieder im Gleichgewicht stehen. Bei näherungsweise halbkugelförmiger, freier Oberfläche heben sich die Oberflächenspannung und die Kapillarwirkung auf und im Gleichgewicht gilt: Gewichtskraft = Kapillarkraft

$$\frac{D^2 \cdot \pi}{4} \cdot \bar{z} \cdot \rho \cdot g = \sigma \cdot D \cdot \pi \,. \qquad \text{Gl. 3.6}$$

Sowie für eine mittlere Anhebung beziehungsweise Absenkung $\bar{z}$:

$$\bar{z} = \frac{4 \cdot \sigma}{D \cdot \rho \cdot g} \,. \qquad \text{Gl. 3.7}$$

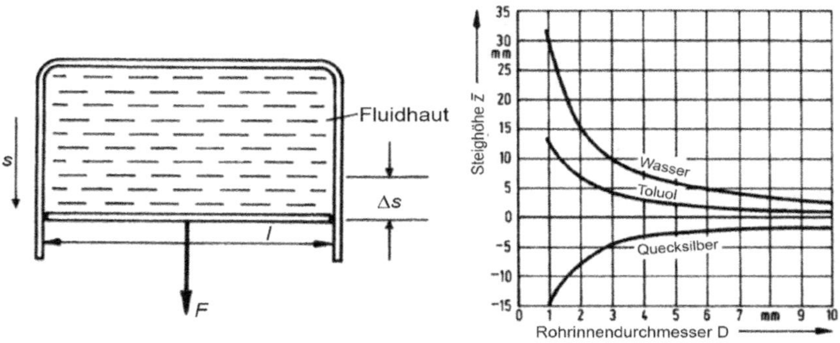

Abbildung 3.1: Visualisierung Modellversuch der Oberflächenspannung mit Kapillarspannung (links) und (rechts) Diagramm zur Kapillarwirkung über Materialpaarung und Geometrie [30].

Der Druck an einer gekrümmten Grenzfläche wird durch einen Überdruck auf der konkaven Seite ausgeglichen. Ein stabiler Zustand liegt vor, solange die Kapillarspannung des Mediums nicht überschritten wird. Dieser Überdruck wird als **Krümmungs-** oder **Kapillardruck** bezeichnet. Mit der Oberflächenspannung σ als spezifischer Grenzflächenenergie kann der Überdruck $p_ü$ in einem kugelförmig angenommenen Flüssigkeitstropfen oder in einer Gasblase mit Radius R bestimmt werden. Vergrößert der Überdruck die ursprüngliche Kugeloberfläche um dA_0, ist dafür die Grenzflächenenergie dE erforderlich. Auf die Anfangsfläche $A_0 = D_2 \cdot \pi = 4 \cdot R_2 \cdot \pi$ wirkt die Kraft $F = p_ü \cdot A_0 = p_ü \cdot 4 \cdot R_2 \cdot \pi$. Bei differentieller Änderung des Radius dR gilt $dE = F \cdot dR = p_ü \cdot 4 \cdot R_2 \cdot \pi \cdot dR$, übernommen aus [30]. Und es ergibt sich:

$$\sigma = \frac{\mathrm{d}E}{\mathrm{d}A_0} = \frac{p_ü \cdot 4 \cdot R^2 \cdot \pi \cdot \mathrm{d}R}{8 \cdot \pi \cdot R \cdot \mathrm{d}R} = p_ü \cdot \frac{R}{2}, \qquad \text{Gl. 3.8}$$

sowie ein in Tropfen und Blasen auftretender Überdruck zu:

$$p_ü = 2 \cdot \sigma / R. \qquad \text{Gl. 3.9}$$

3.1.4 Stoffgesetze für Fluide

AVOGADRO-Gesetz: Gleiche Volumina verschiedener Gase enthalten bei gleicher Temperatur und gleichem Druck gleich viele Moleküle. Grundlage ist die auf den Normzustand 0 °C und 1,0133 barA bezogene AVOGADRO-Zahl $N_A = 2{,}69 \cdot 10^{19}$ Moleküle je cm³ Gasvolumen ($6{,}022 \cdot 10^{23}$ mol^{-1}). Daraus folgt, dass Molekülmassen bei Gasen und unzersetzt verdampfenden Flüssigkeiten proportional zu den Massen gleicher Volumina sind. Für gleiche Zustände (p, T) besitzen alle Gase denselben Molraum. Im Normalzustand beträgt das Molvolumen 22,418 m³/ kmol somit hat dieses Volumen eine Masse in kg, die dem Zahlenwert der Molekularmasse des Gases entspricht.

DALTON-Gesetz: In einem Gasgemisch übt jedes Gas den Partialdruck aus, den es allein im gesamten Raum erzeugen würde. Der Gesamtdruck ist die Summe aller Partialdrücke des Gemischs.

GAY-LUSSAC-Gesetz: Bei konstantem Druck vergrößern ideale Gase ihr Volumen bei Erwärmung um denselben Anteil des Anfangsvolumens V_0. Der Volumenausdehnungskoeffizient aller (idealen) Gase beträgt $\beta = 1/273$ K^{-1}. Damit gilt $\Delta VT = V_0 \cdot \beta \cdot \Delta T$ mit $\Delta T = T - T_0$ und $V = V_0 + \Delta VT$. Bei konstantem Volumen folgt die Druckänderung $\Delta pT = p_0 \cdot \beta \cdot \Delta T$ und ergibt einen Systemdruck von $p = p_0 + \Delta pT$.

HENRY-Gesetz: Die Löslichkeit einzelner Komponenten eines Gasgemisches in einer Flüssigkeit ist bei gegebener Temperatur proportional zum jeweiligen Partialdruck. Das aufgenommene Gasvolumen hängt daher von Druck und Temperatur ab. Bis zur Sättigung ist das lösbare Gasvolumen bei konstanter Temperatur für jeden Druck gleich. Nach dem allgemeinen Gasgesetz steigt die absorbierte Gasmasse $m = (p \cdot V) / (\Re \cdot T)$ mit dem Druck und sinkt bei höherer Temperatur.

BOYLE-MARIOTTE-Gesetz: Aus der Gasgleichung $p \cdot v = R \cdot T$ folgt mit konstanter Gaskonstante R: $p \cdot v \cdot m = p \cdot V =$ konstant, also: $p \cdot V = p_0 \cdot V_0$ und ausgewertet: $p_0 \cdot \Delta V + \Delta p \cdot V_0 + \Delta p \cdot \Delta V = 0$. Das Produkt $\Delta p \cdot \Delta V$ kann gemäß [30] als Term 2. Ordnung vernachlässigt werden und führt zu:

$$\frac{\Delta V}{V_0} \approx -\frac{\Delta p}{p_0} = -\frac{1}{p_0} \cdot \Delta p \,. \qquad \text{Gl. 3.10}$$

Das Minuszeichen verdeutlicht den gegenläufigen Zusammenhang: Eine positive Volumenänderung ΔV tritt bei sinkendem Druck auf; bei Druckerhöhung nimmt das Volumen entsprechend ab (Δp negativ).

3.2 Kavitation und Kavitationsformen

Die klassische Kavitation besteht aus einem Verdampfen eines flüssigen Mediums aufgrund einer Druck- oder Temperaturänderung. In den hier untersuchten hydraulischen Systemen dominieren Druckänderungen bezüglich der Entstehung von Kavitationsphänomenen. Bedämpfend können hierbei Gasblasen wirken, durch die sprunghafte Druckänderung und Kavitationseffekte unterbunden werden. Um die Vorgänge und die Beobachtungen besser einzuordnen, werden auftretende Wechselwirkungen und begleitende Effekte beschrieben.

3.2.1 Pseudokavitation

Entgegen der Entstehung von Dampfblasen liegen bei der Pseudokavitation bereits hochdispergierte Blasen im Medium vor und „atmen", das heißt sie verändern ihre Größe druck- und temperaturabhängig. Dies umschreibt ein Phänomen, das in Pumpen zu einem ähnlichen Leistungsabfall führen kann. So wird eine Blase im Ansaugbereich durch die niedrigen Drücke anwachsen und während des Fördervorgangs über der Druckerhöhung an Volumen verlieren, wodurch sich die Förderleistung der Pumpe verringert [31], denn im Ansaugen füllt das große Gasvolumen einen überproportionalen Teil des potenziellen Fördervolumens aus, der nach der Druckerhöhung fehlt. So können diese Folgen vergleichbar denen echter Kavitation sein. Grundsätzlich wird vermutet, dass die zerstörerische Kraft der Micro-Jets ausschließlich kollabierenden Dampfblasen vorbehalten sei, jedoch wird in [32] ein vergleichbares Verhalten für Gasblasen in Scherströmungsfeldern beobachtetet. Abbildung 3.2 bietet die Korrelation von normiertem Druck zu normierter Blasengröße sowie den Deformationen einer Blase durch Druckwellen.

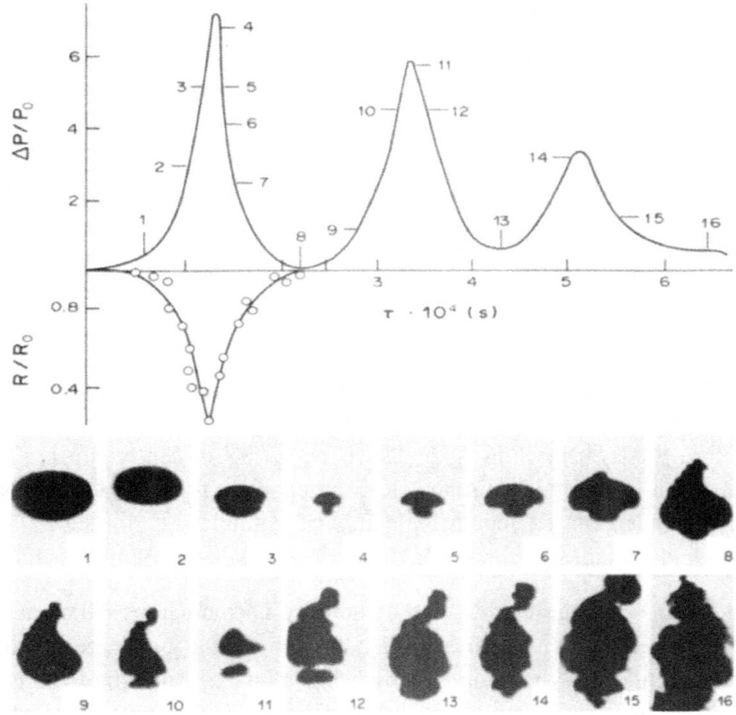

Abbildung 3.2: Bildfolge der Blasenausdehnung über der Druckpulsation mit Zuordnung zum Druckverlauf. Zwischen Bild 10 und 11 entsteht ein Micro-Jet bei der Teilung der Blase [32].

Die erste Kontraktion (Bild 4) löst das Teilen noch nicht aus, erst die zweite, nachdem die Blase bereits eine Deformation besitzt. Die wesentlich größere Fläche der Blase in der letzten Aufnahme, verglichen zur ersten, legt auch hier ein Dispergieren der initial 2,4 mm durchmessenden Blase nahe.

3.2.2 Gaskavitation

Dieses ist die Folge eines Ausgasens, das zum Bilden von Blasen des im Medium gelösten Gases führt. Diese tritt sowohl parallel zum Verdampfen einer Flüssigkeit auf als auch im Vorfeld. Sobald der Druck der Flüssigkeit unter den Sättigungsdruck fällt oder die Temperatur entsprechend steigt, besteht das Risiko einer Gasblasenbildung. Dies kann das zu den beschriebenen Störungen des Systems oder grundsätzlich eine Elastizität in das System einbringen und den beschriebenen Folgen führen. Folge ist die Zunahme der Kompressibilität der Flüssigkeit, da sich der Gasanteil vergleichbar zu dem eines idealen Gases verhält. Für Mineralöle liegt die Luftlöslichkeit bei Normdruck und 25 °C zwischen 0,08 und 0,09. Die druckabhängige Kompressibilität folgt nach [29] aus:

$$\Delta V(p) = \Delta V_F(p) + \Delta V_G(p)$$
$$= V_F \cdot \left[\frac{1}{K} + \frac{V_{G0}}{V_F \cdot p}\left[1 - \left(\frac{p_0}{p}\right)^{\frac{1}{\kappa}}\right]\right] \cdot p\,. \qquad \text{Gl. 3.11}$$

Auf der Saugseite von Pumpen begünstigen die Druckverhältnisse ein Ausdehnen der Gasblasen, die auf der Druckseite der Pumpe zur Implosion dieser führt. Schlagartige Flüssigkeitsbewegungen bis in den makroskopischen Bereich mit hohen mechanischen Beanspruchungen folgen meistens. Das an implodierenden Blasen angrenzende Öl wird zusätzlich stark erhitzt (Dieseleffekt) und bedingt somit eine vorzeitige Alterung des Mediums, nach [29].

Gerade die Vorgänge des Ausgasens und des Diffundierens laufen auf sehr unterschiedlichen Zeitskalen ab, weshalb sich einmal gebildete Luftblasen sehr viel schlechter wieder in Lösung bringen lassen. Auch die Bestimmung der beteiligten Stoffwerte (Bunsen-Koeffizient und weitere) ist ein häufig sehr aufwändiges Unterfangen, wie [33] und [34] ausführen.

3.2.3 Dampfkavitation

Die Dampfkavitation ist das Bilden einer Dampfphase, die nur eine sehr enge zeitliche und räumliche Existenz besitzt, denn sobald sich Druck oder Temperatur ändern, kollabiert die Dampfblase vollständig, falls nicht noch ein Gasanteil durch Ausgasen enthalten sein sollte. In [35] werden als kavitationsauslösende Formen folgende aufgeführt:

- *Hydrodynamische Kavitation*: Veränderung des Drucks im Strömungsfeld durch Geometrieeinflüsse,
- *Akustische Kavitation*: Einwirken von Schallwellen auf die Flüssigkeit,
- *Optische Kavitation*: Photonen hoher Intensität (Laser), welche die Flüssigkeit verdampfen,

- *Teilchenkavitation*: Elementarteilchen (Protonen), welche die Flüssigkeit zerreißen.

Für die Analyse der Strömungsvorgänge in hydraulischen Systemen werden primär hydrodynamische Auslöser dominieren, gerade durch die Beteiligung von Druckpulsationen, wobei unter Umständen auch akustische Phänomene einen Beitrag leisten können.

Der gefürchtete Fall eines Kollapses einer Dampfblase in Wandnähe unter Ausbildung eines materialschädigenden Micro-Jets wird aus [36] in Abbildung 3.3 gezeigt.

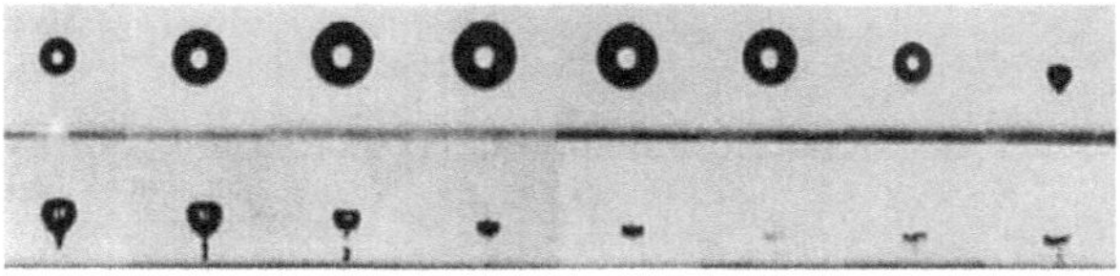

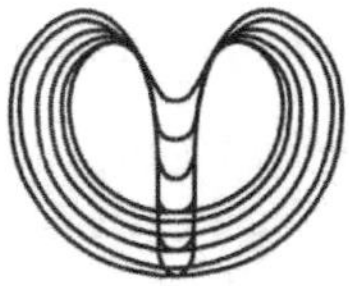

Abbildung 3.3: Kollaps einer Dampfblase in der Nähe einer festen Wand in der Phase der Strahlbildung in Richtung auf die Wand, links Experiment, rechts berechnete Blasenkonturen zur Bildung eines Micro-Jets nach [37].

3.3 Schallgeschwindigkeit in Fluiden

Die Schallgeschwindigkeit von Gasen ergibt sich aus dem folgenden Zusammenhang der thermischen Zustandsgleichung aus Isentropenexponent κ, der spezifischen R oder allgemeinen Gaskonstante $\Re$, der Molmasse M und der absoluten Temperatur T [29]:

$$a = \sqrt{\kappa\, R\, T} = \sqrt{\kappa\,\frac{\Re}{M}\,T} \quad \text{(für Luft bei 0 °C: 333 m/s)} \qquad \text{Gl. 3.12}$$

und für Flüssigkeiten, „inkompressible" Medien über den Kompressionsmodul K sowie der Dichte ρ und dem Druck p:

$$\frac{\Delta\rho}{\rho} = \frac{1}{K} \cdot \Delta p \quad \text{also} \quad \frac{K}{\rho} = \frac{\mathrm{d}p}{\mathrm{d}\rho} \quad \text{zu} \quad a = \sqrt{\frac{K}{\rho}}\,. \qquad \text{Gl. 3.13}$$

Gerade im Bereich von Flüssigkeiten trägt das Rohrmaterial entscheidend zur realen – in einem System herrschenden – Schallgeschwindigkeit bei. Die Nachgiebigkeit einer Rohrwand bestimmt somit grundlegend die tatsächliche Schallgeschwindigkeit, da diese in den Kompressionsmodul einfließt und es sich dadurch reduziert. Im Fall von Stahlrohen bleiben – bei korrekter Auslegung – 96 % der Schallgeschwindigkeit erhalten, bei Hochdruckschläuchen knapp 30 % und in Niederdruckschläuchen nicht einmal 5 % der Schallgeschwindigkeit der Flüssigkeit, laut [29].

Unerwartet für das Verhalten der Schallgeschwindigkeit einer Flüssigkeit ist deren gravierende Abhängigkeit von dem Verhältnis zwischen Gas- und Flüssigphase. Obwohl diese Abhängigkeit schon längere Zeit bekannt ist, sind alle Zusammenhänge noch nicht vollständig entschlüsselt. [38] liefert eine zugängliche Gleichung der Schallgeschwindigkeit für Gas und Flüssigkeitsgemische mit:

$$a^2 = \frac{1}{\left(\varepsilon \cdot \rho_g + (1-\varepsilon) \cdot \rho_l\right) \cdot \left(\frac{\varepsilon}{\rho_g a_g^2} + \frac{1-\varepsilon}{\rho_l a_l^2}\right)}\,. \qquad \text{Gl. 3.14}$$

Bemerkenswert ist, dass ab weniger Volumprozent an Gas und Flüssigkeit oder weniger Tröpfchen in der Gasphase die Schallgeschwindigkeit auf unter zehn Prozent einer reinen Gasphase oder weniger als drei Prozent der Flüssigkeit einbricht. In [39] werden numerische Untersuchungen für fluktuierende, kavitierende Rohrströmungen von Wasser und die Auswirkungen der entstehenden Dampfphase berücksichtigt sowie zusätzlich Effekte aus deren zyklischen Kollabierens. Eine umfassende Untersuchung stellen auch [40] in ihrer Arbeit vor, in der ein Einfluss reflektierter Wellen im Gas- und Flüssigkeitsgemisch auf Grundlage der Rankine-Hugoniot-Beziehungen berücksichtigt wird. Sehr eindrücklich deren Darstellung aus numerischen und experimentellen Ergebnissen in Abbildung 3.4. Hier liefert die vorderste Kurve den Verlauf der adiabaten Schallgeschwindigkeit für ein Luft-Wasser-Gemisch bei 1,25 barA und ist den Ergebnissen der Untersuchungen von [41] gegenübergestellt. Die hinteren Kurven entsprechen Dampf-Wasser-

Gemischen bei Drücken von 10 barA, 15 barA und 20 barA. Die durchgezogenen Linien geben jeweils Berechnungen auf Basis des Gleichgewichtszustands wieder, die strich-punktierte Linie eine unter Berücksichtigung von Kapillarkräften. Der Abgleich zu den Dämpfen erfolgt mittels Korrelation zu Messpunkten aus [42]. Eine Unsicherheit bezüglich der Übertragbarkeit der Ergebnisse auf Luft-Öl-Gemische besteht jedoch durch die stark differierenden Stoffwerte und einem gänzlich anderen Verdampfungsverhalten.

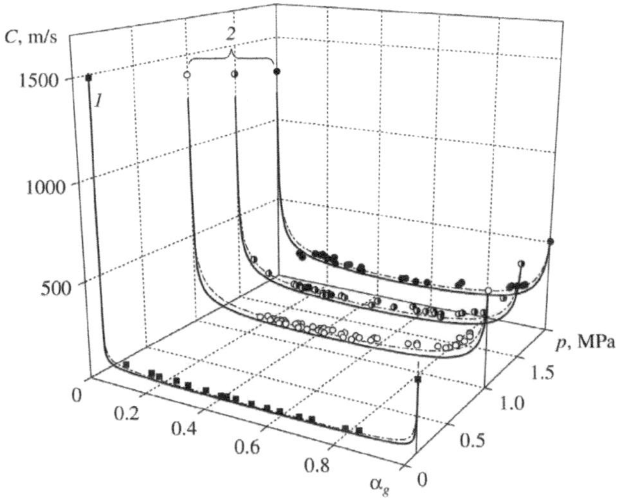

Abbildung 3.4: Abhängigkeiten der Schallgeschwindigkeit C von Wasser-Luft (1) und Wasser-Wasserdampf-Gemischen (2) bei unterschiedlichen Gasgehalten α_g und Drücken p.

3.4 Schwingungs- und Resonanzverhalten

Auslöser für weitergehende Untersuchungen waren unerklärliche Pulsationen in den Drucksensorsignalen, die eine Abhängigkeit zu den eingesetzten Sensoren zu besitzen scheinen. Die beobachteten Druckschwingungen in den Messungen zeigen in unterschiedlichsten Betriebspunkten ein Verhalten, das sowohl einem Abklingen aus einer Stoßanregung als auch der Interaktion mit einer äußeren, aufgeprägten, harmonischen oder allgemein periodischen Anregung entspricht.

3.4.1 Freie Schwingungen

Nach [43]: Die Bewegungsgleichung für die freien Schwingungen des Schwingers mit einem Freiheitsgrad lautet:

$$m\ddot{x} + b\dot{x} + kx = 0. \quad \text{Gl. 3.15}$$

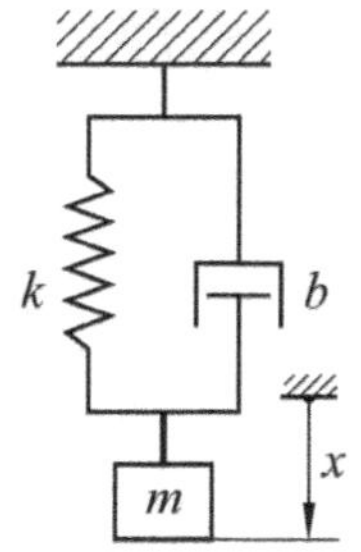

Abbildung 3.5: Feder-Masse-Dämpfer-Schwinger.

Dabei wird aus [43] die Bewegungsgleichung (3.15) als die eines Einmassenschwingers nach Abbildung 3.5 ohne Erregerkraft $F_e(t) = 0$ mit den Parametern: m – Trägheit, b – Dämpfungskoeffizient, k – Steifigkeit angesehen. In der Schwingungslehre dividiert man (3.15) durch m und setzt (für $k > 0$):

$$\frac{k}{m} = \omega_0^2, \ \frac{b}{m} = \frac{b}{m\,\omega_0}\,\omega_0 = 2\,D\,\omega_0, \quad \text{Gl. 3.16}$$

wobei ebenfalls gilt:

$$\omega_0 := \sqrt{\frac{k}{m}}, \ D := \frac{b}{2\sqrt{k\,m}}. \quad \text{Gl. 3.17}$$

So geht Gleichung (3.15) mit dem Lehr'schen Dämpfungsmaß D und der Kreisfrequenz ω_0 des ungedämpften Schwingers (mit b = 0) unmittelbar über in:

$$\ddot{x} + 2\,D\,\omega_0\,\dot{x} + \omega_0^2\,x = 0. \qquad \text{Gl. 3.18}$$

Als grobe Anhaltspunkte wird in [43] vorgeschlagen, $D > 1$ als Kriechfälle zu sehen, bei $D = 1$ entspricht es einer kritischen Dämpfung, für D zwischen 0,1 und 0,2 liegt eine mittlere, für $D =$ von 0,01 bis 0,1 eine schwache und für $D < 0{,}01$ eine sehr schwache Dämpfung vor.

3.4.2 Erzwungene Schwingung

Aus der Bewegungsgleichung eines Einmassenschwinger nach Abbildung 3.5 leitet sich mit der beliebigen Erregerkraft $F_e(t)$ eine (spezielle) Lösung für $x(t)$ aus (3.19) her und definiert die in Abbildung 3.6 skizzierte erzwungene Schwingung für eine beliebige Karft $F_e(t)$:

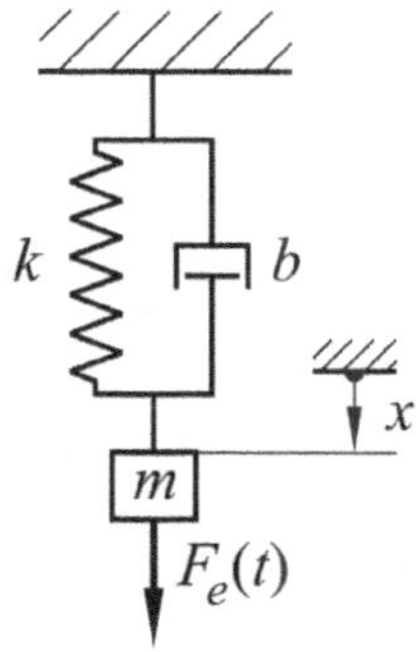

Abbildung 3.6: Einmassenschwinger [43].

$$m\ddot{x} + b\dot{x} + kx = F_e(t). \qquad \text{Gl. 3.19}$$

Je nachdem welche Form der Anregung gewählt wird, Stoß oder harmonisch, liefert das System eine entsprechende Antwort. Letztere ist in Abbildung 3.7 visualisiert und zeigt den zeitlichen Verlauf der Anregung $F_e(t)$ sowie eine mögliche Antwort des Systems $x_p(t)$.

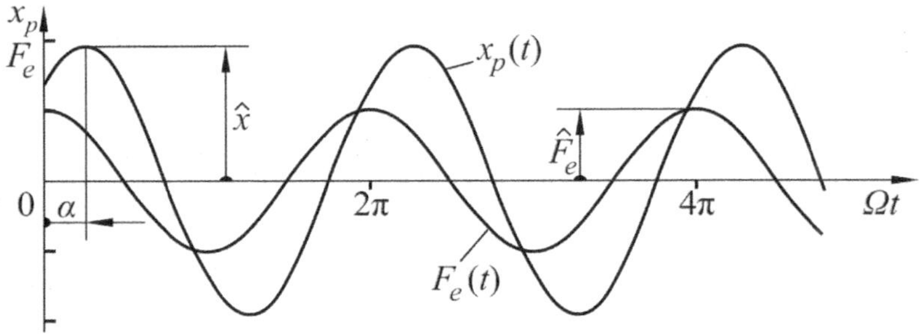

Abbildung 3.7: Zeitverläufe von $F_e(t)$ und $x_p(t)$ bei harmonischer Anregung, aus [43].

Da für die Beobachtungen der Einfluss der Dämpfung eine größere Bedeutung erlangt, zeigt Abbildung 3.8 dessen Auswirkungen.

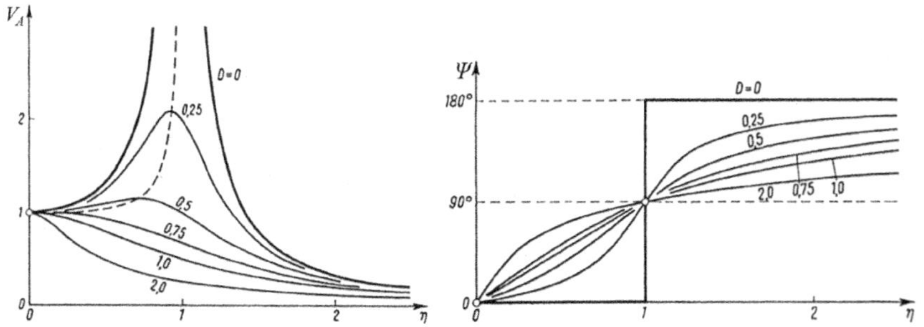

Abbildung 3.8: V_A Vergrößerungs- und Ψ Phasenfunktion für verschiedene Dämpfungen D der harmonischen Schwingung. Die gestrichelte Linie verdeutlicht hier eine Verschiebung des Amplitudenmaximums über dem Frequenzverhältnis η aus [44].

Somit ergibt sich für die Amplitudenüberhöhung V_A in Gleichung 3.20,

$$V_A = \frac{1}{\sqrt{(1-\eta^2)^2 + 4\,D^2\eta^2}}, \qquad \text{Gl. 3.20}$$

die Frequenz ω_D, welche unterhalb des Resonanzpunkts ω_0 des ungedämpften Systems auftritt aus Gleichung 3.21:

$$\eta = \sqrt{1 - D^2} \text{ oder } \omega_D = \omega_0 \sqrt{1 - D^2} \; mit \; \eta = \frac{\omega_D}{\omega_0}. \qquad \text{Gl. 3.21}$$

3.4.3 Stoßerregte Schwingungen

Da gerade in der dynamischen Kalibrierung von Drucksensoren eine stoßartige Anregung zum Einsatz kommt, seien die *Stoß-Übergangsfunktion* oder auch *Gewichtsfunktion* für unterschiedliche Dämpfungen ebenfalls noch ergänzt und mit Abbildung 3.9 aufgeführt.

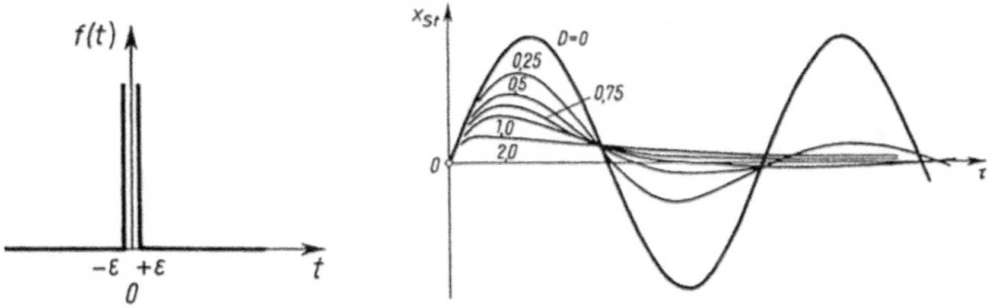

Abbildung 3.9: Die Stoßfunktion $f(t)$ (rechts) und die Systemantwort x_{St} (links) bei verschiedenen Werten der Dämpfung D aus [44].

Aus den Anfangsbedingungen $x(\tau = 0) = 0$ und $\dot{x}(\tau = 0) = v_0 \neq 0$ folgt für die verschiedenen Bereiche von D:

$$x_{St} = \frac{v_0 \, e^{-D\tau}}{\sqrt{1 - D^2}} \sin\sqrt{1 - D^2} \, \tau, \quad (D < 1), \qquad \text{Gl. 3.22}$$

$$x_{St} = v_0 \, \tau \, e^{-\tau}, \quad (D = 1), \qquad \text{Gl. 3.23}$$

$$x_{St} = \frac{v_0}{2\,k} \left[e^{-(D-k)\tau} - e^{-(D+k)\tau}\right], \quad (D > 1). \qquad \text{Gl. 3.24}$$

Die Intensität des Stoßes, genauer der Wert von v_0, hat keine Auswirkung auf die Form der Übergangsfunktion, sodass eine Beschränkung auf den Fall $v_0 = 1$ (lineare Systeme) ohne Einschränkung der Übertragbarkeit erlaubt ist, wie in [44] ausgeführt.

3.5 Blasendynamik

Der charakteristische Druckverlauf einer adiabat harmonisch komprimierten und entspannten Luftblase ist recht signifikant und fällt durch eine Druckanhebung auf das 15,2-fache im adiabaten und 7,0-fache im isothermen Fall mit der ausgeprägten Spitze und dem wannenförmigen Tiefpunkt sehr prägnant aus, so dass diese Form kaum unentdeckt bleibt, wie Abbildung 3.10 bestätigt. Diese Signalform, in einer Vielzahl von Messschrieben enthalten, verlangte nach einer Klärung des Mechanismus, wie es zur Bildung dieser Signalverläufe auch in mit einem Vordruck beaufschlagten mehrphasigen Fluidsystemen kommen kann.

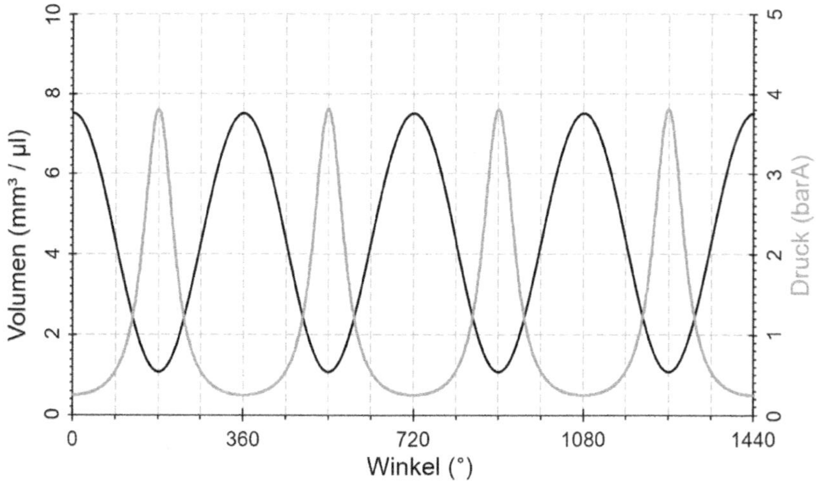

Abbildung 3.10: Druckverlauf einer Gasblase bei harmonischer adiabater Kompression mit einem Verdichtungsverhältnis von 7 : 1.

3.5.1 Thermodynamische Einflüsse

Gerade zu den Einflüssen des Isentropenexponenten κ auf die Blasendynamik hat sich [45] beschäftigt und damit ein polytropes Verhalten in den Untersuchungen gezeigt. Hierin oszillieren Luftblasen in Wasser mit 3,16 mm Durchmesser R_0 in Resonanz bei einer Frequenz von $\omega_0 = 2\pi \cdot 22{,}2$ kHz. Für das Verhältnis R_0 bezogen auf den Resonanzdurchmesser kleiner 0,1 isotherm und größer 0,6 adiabat, dazwischen polytrop. Abbildung 3.11 zeigt die Übereinstimmungen zwischen Experiment und Berechnung der Resonanzfrequenz ω_0 abhängig von der Flüssigkeitsdichte ρ, der Oberflächenspannung σ und dem Systemdruck p_∞ über:

$$\omega_0^2 = \frac{p_\infty}{\rho R_0^2}\left[3\kappa + (3\kappa - 1)\frac{2\sigma}{R_0 p_\infty}\right]. \qquad \text{Gl. 3.25}$$

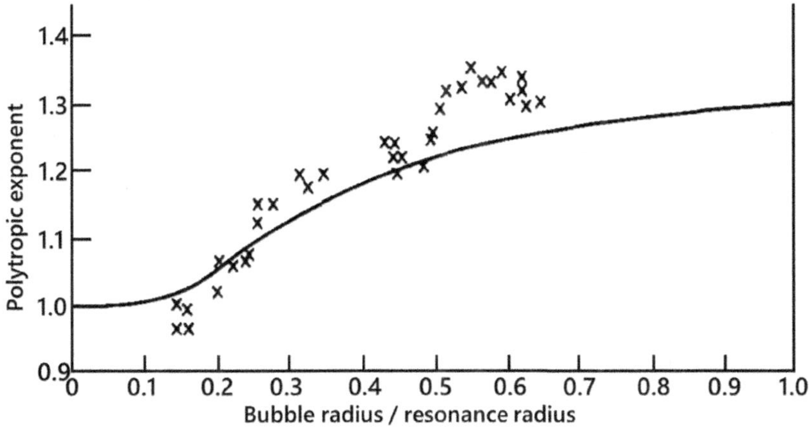

Abbildung 3.11: Versuchsergebnisse zum polytropen Verhalten der Resonanzfrequenz aus akustischer Anregung.

3.5.2 Volumen und Frequenzabhängigkeiten

Eine weitere Entdeckung zum Resonanzverhalten wird in [46] für Blasen kleiner 0,01 mm vorgestellt und in [47] aufgegriffen. Offenkundig ist ein visuell ähnlich nichtlineares Verhalten wie das des Frequenzhochlaufs mit einer Luftblase in der Ölsäule. Der Übertrag ist sicher nicht unproblematisch, da die Randbedingungen, das Medium und die Art der Stimulation verschieden sind. Dennoch liefert ein Vergleich im Resonanzpunkt Übereinstimmungen. Abbildung 3.12 zeigt die Ergebnisse über dem Frequenzverhältnis (Anregefrequenz / Eigenresonanz) im oberen und zur Blasengröße im unteren Teil des Diagramms, bezogen auf den normierten Blasenradius R_0.

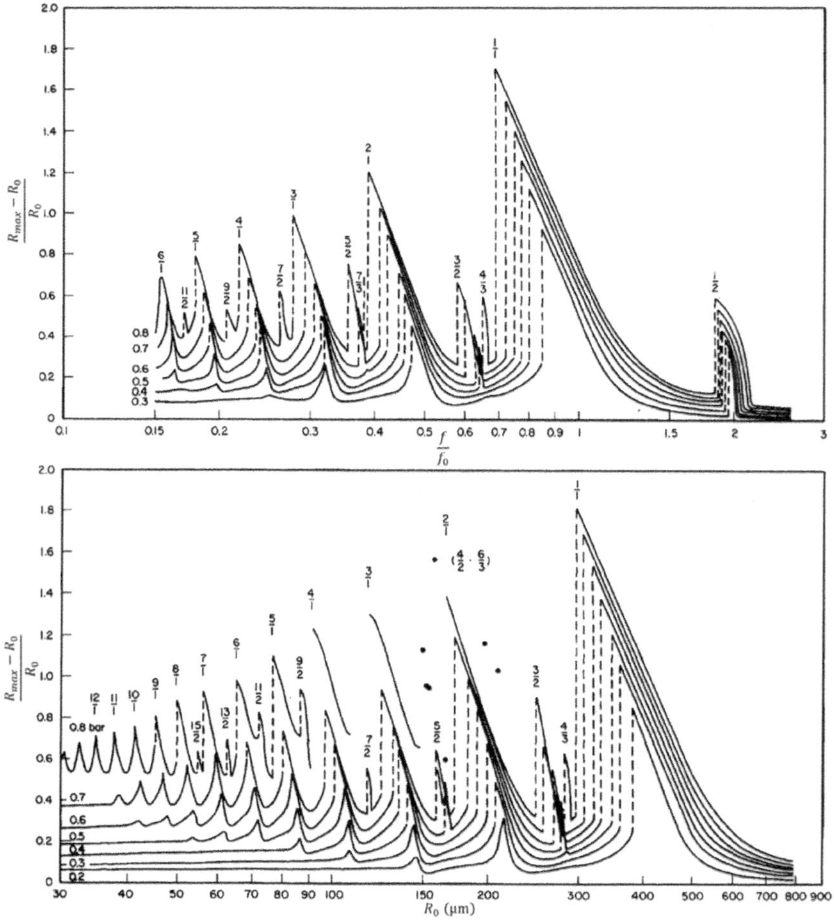

Abbildung 3.12: Oszillationsamplitude einer Blase bei akustischer Anregung über dem Frequenzverhältnis (oben) und über der Blasengröße (Blasengröße der Resonanzfrequenz 0,4385 mm). Linienparameter ist die Schalldruckamplitude in bar [46].

3.5.3 Radienabhängige Gewichtung der Dämpfungsanteile

In [47] und [48] sind die einzelnen Komponenten der Dämpfung von Oszillationen radienabhängig zur Eigenresonanzfrequenz einer Blase aufgetragen. Beginnend bei 10,0 mm Radius bis kleiner als 0,0005 mm, bezogen auf die effektive Viskosität μ_E. Diese entspricht dabei der Summe aus thermodynamischer μ_t, flüssigkeitsviskoser μ_L und akustischer Dämpfungsanteile μ_a. Gut erkennbar der Verlauf der thermischen Dämpfung μ_t, der bei Durchmessern von 0,020 mm bis 0,001 mm, den aus der Änderung des adiabaten hin zum isothermen Verhalten verdeutlicht. Die Überlegungen zur Abschätzung der Auswirkungen veränderter Blasengrößen aus Kapitel 5.3.5 entstanden in Anlehnung an die Ergebnisse dieses Diagramms. Ein Dispergieren von Blasen wird dort über dem Frequenzhochlauf durch die entstehenden Geschwindigkeitsgradienten initiiert und verändert schlagartig das Dämpfungsverhalten in der Nähe des Resonanzpunkts am Versuchsaufbau und legt ein grundsätzliches Auftreten dieses Verhaltens in Blasenkollektiven nahe.

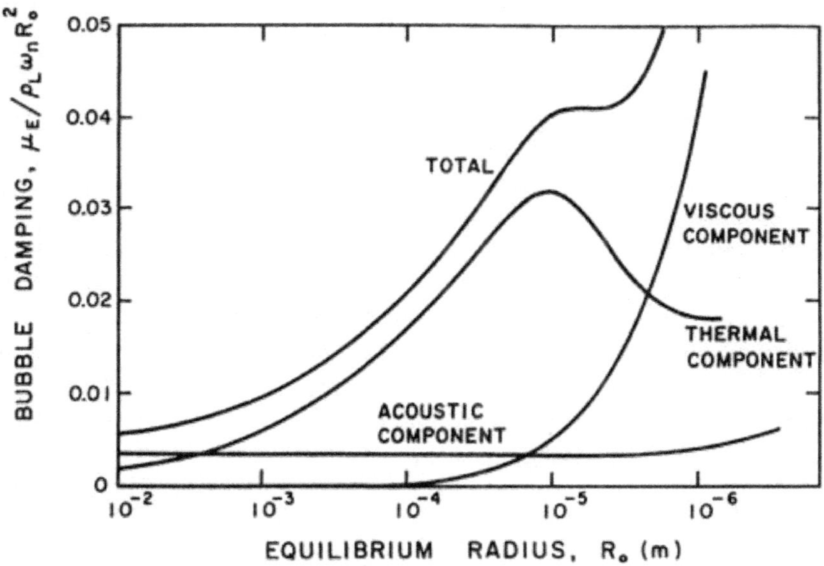

Abbildung 3.13: Komponenten der Blasendämpfung in Wasser zur effektiven Viskosität μ_E, im Original von [49].

3.5.4 Nichtlineare Effekte der Blasendynamik

Ein unerwartetes Verhalten ist, dass sich das Wachsen oder Schrumpfen einer Blase von der ausschließlichen Abhängigkeit zum Sättigungsgehalt des Mediums entkoppelt, wie [10] aus dem Henry-Dalton-Gesetz liefert:

$$V_G = V_F \cdot \alpha \cdot \frac{p_2}{p_1}. \qquad \text{Gl. 3.26}$$

Hierbei ist α der Bunsen-Koeffizient, aus dem sich für Mineralöl bis 300 bar ein linearer Zusammenhang des Lösungsverhaltens von 0,08 bis 0,09 pro 1,0 bar Überdruck ergibt. Aufgrund der Oberflächenspannung σ über die Young-Laplace-Gleichung folgt eine Druckerhöhung, die auf das Sättigungsverhalten rückwirkt:

$$\Delta p_\sigma = \frac{2\sigma}{R}. \qquad \text{Gl. 3.27}$$

Über eine Schallanregung, die zum Oszillieren der Blase führt, verändert diese ihre Größe trotz abweichender Sättigungsgehalte der umgebenden Flüssigkeit, welches im anglikanischen Sprachraum als „rectified diffusion“ bezeichnet wird. [50] beschreibt, wie eine Blase sowohl unter einer von außen induzierter Pulsation als auch durch einen abweichenden Innendruck vom Sättigungsgrad der umgebenden Flüssigkeit entkoppelt wird und unabhängig wachsen oder schrumpfen kann. Abbildung 3.14 bestätigt den Effekt einer langsamen Blasengrößenänderung in Abhängigkeit einer Pulsationsanregung und der überlagernden Oberflächenspannung. In Abbildung 3.15 führt alleinig der erhöhte Innendruck einer Blase zu einem veränderten Diffusions- und Ausgasungsverhalten.

Die beschriebenen spezifischen Wechselwirkungen und Einflüsse in der Blasendynamik sowie wie diese in den folgenden Aufbauten und Versuchsreihen mit allen sonstigen physikalischen Phänomenen zusammenwirken, lässt die Herausforderung zur Analyse der Abläufe in mehrphasigen hydraulischen Systemen erahnen. So konnten in diesem Einblick relevanter physikalischer Phänomene nicht alle Effekte aufgegriffen werden.

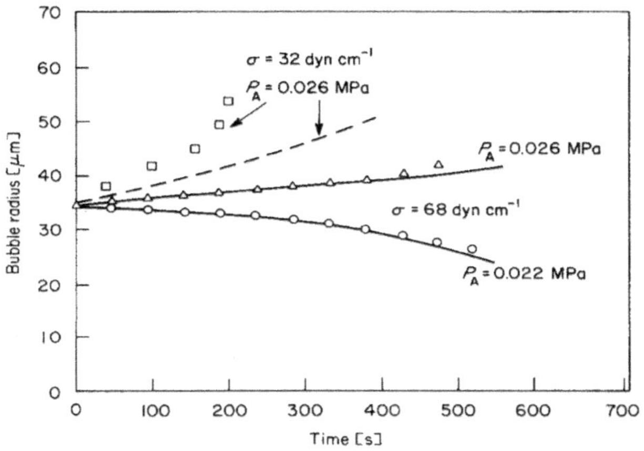

Abbildung 3.14: Amplituden- und Oberflächenspannungsabhängigkeit von Druckpulsationen für eine Blasengrößenänderung [50].

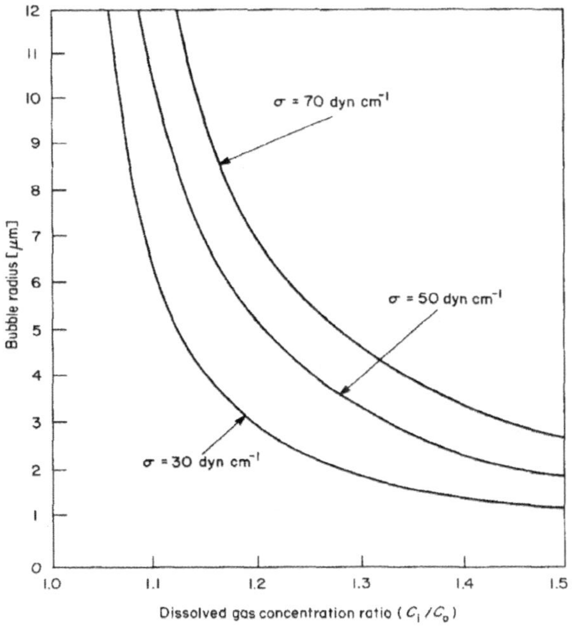

Abbildung 3.15: Einfluss des Gasgehalts zum Sättigungsgehalt auf eine Blasengrößenänderung. Blasenwachstum entsteht oberhalb und ein Auflösen unterhalb der jeweiligen Kurve [50].

3.5.5 Numerische Behandlung von Blasen durch die „Volume of Fluid“-Methode

Für die numerische Strömungssimulation mehrphasiger Systeme stehen zwei Ansätze zur Verfügung: einer, der die beiden Phasen als homogene Anteile eines Kontinuums mittels Euler-Euler-Ansatz behandelt und ein zweiter, der jeder Phase in einem separaten Gleichungssystem abbildet, dem Euler-Lagrange-Ansatz. Hierbei wird die Phase von geringerem volumetrischem Anteil über das Gleichungssystem nach Lagrange behandelt, wohingegen die andere Phase nach Euler berechnet wird. Hierbei wird die Phase mit dem geringeren volumetrischen Anteil vom Rechengitter aufgelöst und mitgeführt. Das bietet jedoch den Vorteil einer individuellen Positions-, Geschwindigkeit- und Temperaturbestimmung.

In den Bereichen, in denen keine eindeutige Trennung der Phasen möglich ist, werden volumetrische Mittelungen der Stoffwerte genutzt, um die Gleichungen in diesen Volumenelementen lösen zu können. Eine deutliche Verbesserung in der Auflösung und im Mitführen von Phasengrenzen entstand durch das High-Resolution-Interface-Capturing (HRIC) Verfahren. Dies reduziert die Auswirkungen des Upwind-Verfahrens, das den Transport der Phasenanteile über dem Rechengitter realisiert. Da das Upwind-Verfahren jedoch von der Strömungsgeschwindigkeit abhängt, können in Differenzialgleichungen höherer Ordnung aufgrund von Diskretisierungsfehlern größere Abweichungen entstehen, die das HRIC-Verfahren entscheidend reduzieren kann. Hierbei wird zur realistischeren Berücksichtigung der Oberflächenspannung die Navier-Stokes-Gleichung im Bereich der Volumenkräfte erweitert. Die Oberflächenspannung setzt sich dabei aus einem Teil senkrecht und einem Teil tangential zur Oberfläche zusammen sowie einem Koeffizienten der Intensität als auch der Krümmung der Oberfläche, wodurch eine Nachbildung der realen Blasendynamik deutlich Verbesserungen erfährt. Ohne diese Entwicklungen wären die Untersuchungen zur Blasendynamik wesentlich aufwändiger, wenn nicht gar unmöglich geworden.

4 Untersuchungsmethoden für mehrphasige Fluidsysteme

4.1 Druckmessungen an transienten hydraulischen Systemen

Druckmessungen stellen einen festen Bestandteil in der Entwicklung technischer Systeme sowie Schmierung, Kühlung, Medienversorgung und -transport, Hydraulik als auch weiteren dar. Hierbei ist zu beachten, dass ein gemessenes Signal immer die Summe aller auftretenden physikalischen Phänomene im untersuchten Gesamtsystem sowie der Messstelle selbst enthält. Insbesondere mögliche Effekte einer Messstelle, eventueller Auswirkungen durch geometrische Modifikationen am Gesamtsystem als auch der damit verbundenen Änderungen des dynamischen Verhaltens werden selten in Betracht gezogen oder erkannt.

Oft übersehen werden dabei Einflüsse der Betriebsstoffe, die häufig eine signifikante Abhängigkeit von den Betriebsbedingungen besitzen. Eine detaillierte Betrachtung auftretender Wechselwirkungen und Einflüsse im Signalverlauf von Drucksensoren stellen durch die Vielzahl konkurrierender und sich gegenseitig beeinflussender physikalischer Abhängigkeiten eine unerwartete Herausforderung dar. Diese Überlagerungen erschweren eine Analyse des Systemverhaltens deutlich und stellen gerade für die Entwicklung oder Optimierung ein großes und oft unterschätztes Risiko dar, da sie sich direkt auf die Qualität und Aussagekraft der Messwerte und darauf basierende Schlussfolgerungen auswirken.

Genau dieser Umstand führte zur Erstellung der Arbeit und beginnt mit einer grafischen Übersicht identifizierter Einflussfaktoren. Im dargestellten Netzdiagramm Abbildung 4.1 sind sowohl die Bereiche als auch deren spezifische Auswirkung oder deren Anteil am Messsignal enthalten:

T. A. Lenz, *Ganzheitliche Methodik zur Analyse und Validierung transienter hydraulischer Systeme*, Wissenschaftliche Reihe Fahrzeugtechnik Universität Stuttgart, https://doi.org/10.1007/978-3-658-53363-2_4

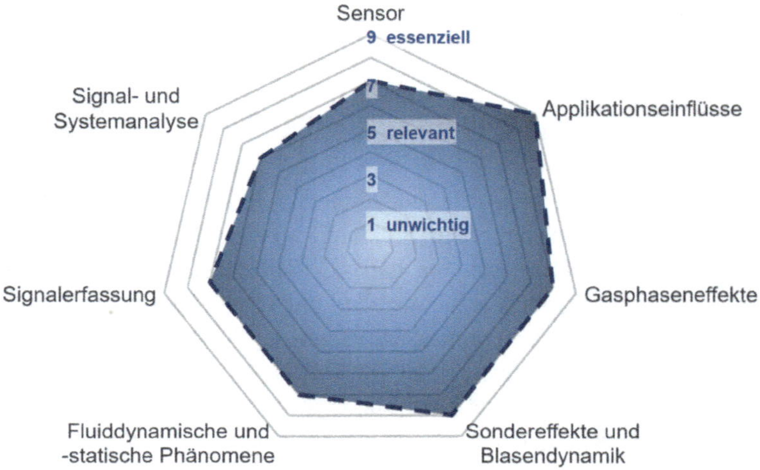

Abbildung 4.1: Übersicht der relevanten Signalanteile eines Drucksensors.

Die sieben Oberbegriffe leiten sich aus den aufgeführten Unterpunkten ab:

1. Sensorspezifische Effekte:
   a. Sensortyp und Bauform,
   b. statisches und dynamisches Sensorverhalten,
   c. Resonanzverhalten des Sensors,
   d. Elastizitäten in der Struktur und dem Aufbau / im Sensor.

2. Applikationseinflüsse:
   a. Sensoradaption,
   b. Strömungsquerschnitt und geometrische Abhängigkeiten,
   c. Amplituden- und Frequenzabhängigkeiten,
   d. freischwingend oder fremderregt,
   e. externe Beschleunigungseinflüsse bei nicht ortsfesten Systemen wie Fahr- und Flugzeuge.

3. Gasphaseneffekte:
   a. Elastizitäten im Medium (Einzelblasen / Schaum),
   b. Kompressibilität (isotherm / adiabat),
   c. Ausgasen und Luft- / Gaslösen,
   d. Kavitieren,
   e. Dieseleffekt.

4. Fluiddynamische und -statische Phänomene:
    a. Strömungseffekte und statischer Druck,
    b. Oberflächen- und Zugspannungen in Flüssigkeiten,
    c. Druckwellen und akustische Signalanteile,
    d. Temperatur und / oder Viskositätseinflüsse,
    e. Schallgeschwindigkeit in zweiphasigen Systemen.

5. Sondereffekte und Blasendynamik:
    a. Medieneinflüsse (Ölsorte, Ölbasis, Additivierung) inklusive rheologischem Verhalten,
    b. Kompressionsverhalten der Flüssigkeit (adiabat / isotherm),
    c. komplexes blasendynamisches Verhalten.

6. Signalerfassung:
    a. verwendete Signalkonditionierung, Verstärkerprinzipien und Filterung,
    b. Laufzeitverhalten der Messketten,
    c. benutzte Datenerfassung, Abtastraten und Filterung.

7. Signal- und Systemanalyse:
    a. Messprogramm zur Separierung der Einflussfaktoren, variable und fixe Randbedingungen und Abhängigkeiten von der Vorgeschichte,
    b. gezieltes Variieren einzelner Effekten in / an Komponentenversuchen,
    c. eingesetzte Datenanalysen.

Diese Übersicht zeigt den Umfang der Aufgabe schon in der Identifikation sowie der Bewertung beteiligter Effekte, die in ihrer Auswirkung zusätzlich von Systemverhalten bei variierenden Randbedingungen überlagert werden. Das hieraus resultierende nicht lineare, teilweise exponentiell reagierende, als auch von Ausreißern veränderte Messsignal kann mehr Fragen aufwerfen, als es beantwortet.

4.2 Untersuchungen an mehrphasigen Hydrauliksystemen

Wie obige Ausführungen nahelegen, enthalten Drucksensorsignale oft eine Vielzahl an physikalischen Effekten, die nicht ausschließlich dem beobachten System zuzuschreiben sind. Gerade die auffällig geformten Pulsationssignale aus Kapitel 2.5 mit ihren schmalen und spitzen Maxima sowie den bauchig weichen Minima aus Abbildung 2.21 des ersten Versuchsaufbaus einer Ölsäule auf einem Elektropulser eröffnen überraschende Einblicke und liefern sehr grundlegende Erkenntnisse. Zeitgleich traten bei Messungen am Kettenspanner unerklärlich deutliche Signalunterschiede beim Wechsel der Drucksensoren zwischen verschiedenen Herstellern und Technologien auf [24]. Hierdurch entstanden Fragen zum dynamischen Verhalten von Druckaufnehmern im Allgemeinen und wie sich diese zuverlässig und reproduzierbar bewerten lassen. Unklar ist, ob eine Untersuchung des dynamischen Verhaltens der Drucksensoren für hydraulische Anwendungen im gleichen Umfeld erfolgen muss. Auch hier schwingt die Unsicherheit mit, welche Einflüsse und Effekte sich an einem solchen Aufbau im Sensorsignal wiederfinden. Was ist bei einer Druckkammer mit Stoßanregung zur Beurteilung der dynamischen Eigenschaften eines Sensors zu beachten, und wie kann / muss eine Referenz für diese Beurteilung aussehen?

Wie lassen sich diese Einflüsse an Drucksensoren in realen Anwendungen einerseits identifizieren und andererseits separieren? Gibt es verstärkende oder reduzierende Einflussfaktoren und Randbedingungen? Welchen Beitrag leisten die Signalkonditionierung, Filterung und das Datenerfassungssystem? Spielen physikalisches Verhalten der Betriebsstoffe und thermische Randbedingungen eine Rolle und in welchem Ausmaß?

Um Klarheit zu finden, werden jeweils spezifische Versuchsaufbauten benötigt, die individuell Schwerpunkte setzen. Begleitend müssen technische Systeme mit ihrem vielschichtigen Verhalten analysiert werden, um keinen Mechanismus zu übersehen und gleichzeitig die notwendigen Begleitumstände für ein Auftreten oder Ausbleiben von Auffälligkeiten abzuleiten.

4.2.1 Druckschwingungen einer harmonisch angeregten Ölsäule

Abbildung 4.2 zeigt die transparente Ölsäule auf dem Elekropulser des zweiten Versuchsaufbaus, die zur Bewertung der Quereinflüsse aus gleichzeitig wirkenden Beschleunigungen an Drucksensoren genutzt wurde. In der Detailansicht sind die wechselbaren Sensoradaptionen für unterschiedliche Drucksensoren gut zu erkennen. Da der waagrechte Sensoradapter einige Male gewechselt wurde, hat sich hier etwas Öl hinter dem radial dichtenden O-Ring gesammelt. Die Luftzuführung und die senkrecht verbaute Adaption wurden einmalig vor dem Befüllen eingesetzt und blieben über der gesamten Versuchsreihe hinter deren O-Ringen trocken. Für die Luftzuführung ließ sich durch die Transparenz das Ende der Kapillaren sinnvoll ausrichten. Weitere Details sind im Anhang A1 und A5 zu finden.

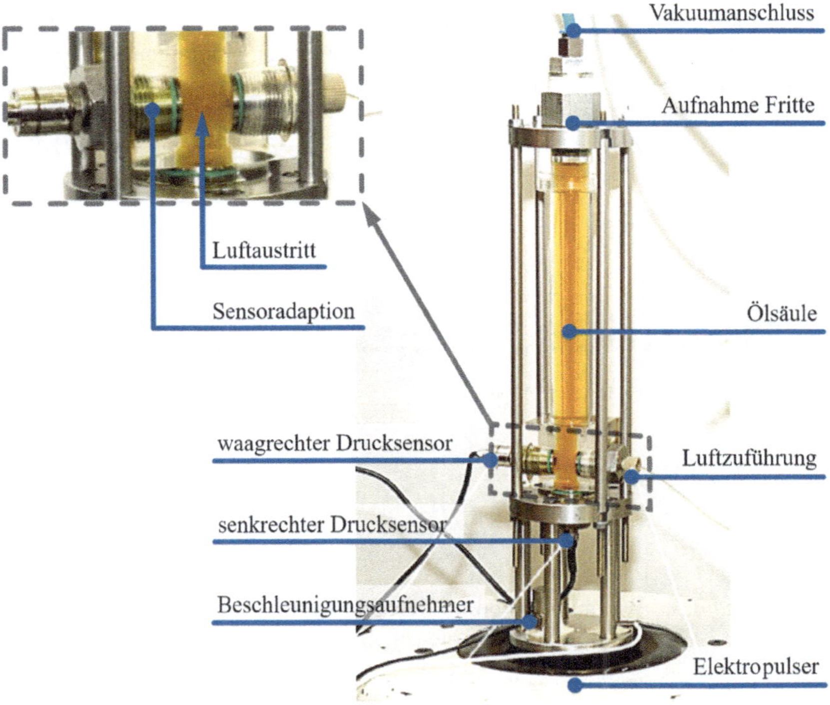

Abbildung 4.2: Zweiter Versuchsaufbau mit transparenter Ölsäule und seitlicher Luftzuführung auf dem elektrischen Schwingerreger sowie Detailansicht: Sensoradaption und Luftaustritt [51].

Bei diesem schlanken Versuchsobjekt bestand die Sorge eines ungewollten und eskalierenden seitlichen Aufschwingens während der Frequenzhochläufe. Um dieses Risiko abzuschätzen, werden mit dreier Lasertriangulations-

Wegaufnehmer die Bewegungen in allen Raumrichtungen überwacht. Wie in Abbildung 4.3 ersichtlich, baut sich die seitliche Bewegung nach einem Anschwellen durch das Anfahren der 20 g-Amplitude von knapp 0,4 mm nach wenigen Sekunden auf eine Amplitude von unter 0,1 mm in x- sowie y-Richtung ab. Die hierin erkennbaren Unterschiede resultieren aus den nicht rotationssymmetrisch verbauten Drucksensoren und der Sensoradaptionen. In z-Richtung ist die exponentielle Abnahme der Amplitude über dem gleichartigen Frequenzhochlauf gut erkennbar. Je nach Versuchssetup können seitliche Amplituden (Null-Peak) von maximal 0,55 mm auftreten, die sich allesamt nach wenigen Sekunden abbauen. Erwähnenswert ist, dass eine horizontale Schwingung auf die Dynamik innerhalb der Ölsäule zu reagieren scheint, da ein Versuchslauf mit geringeren Druckschwingungen auch geringere horizontale Bewegungen bedingt.

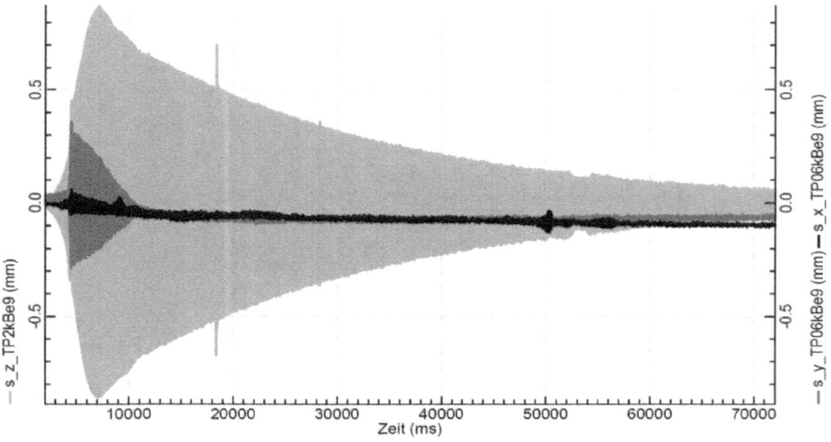

Abbildung 4.3: Wegamplituden an der Oberkante der Ölsäule in allen drei Raumrichtungen über dem Anfahren des Elektropulsers auf 20 g und einem anschließenden Frequenzhochlauf.

In den in Abbildung 2.13 vorgestellten Signalverläufen stechen außer den Resonanzpunkten mit ihren Amplitudenmaxima bei 46,5 s und 56,6 s auch sanft ausgebildete Amplitudenzunahmen um 25 s und 32 s hervor. Wie Abbildung 4.4 (rechts) belegt, besitzen die Graphen der Drucksensoren im Zeitpunkt um 25 s eine überraschend unerwartete Form. Diese verlaufen für eine harmonische Anregung ungewöhnlich und legen die Existenz eines schwingungsfähigen Subsystems nahe. Wie bereits in Kapitel 2.5.1 durch die

Beobachtung austretender Luftblasen ausgeführt, verbirgt sich hierin – mit hoher Wahrscheinlichkeit – der potenzielle Verursacher.

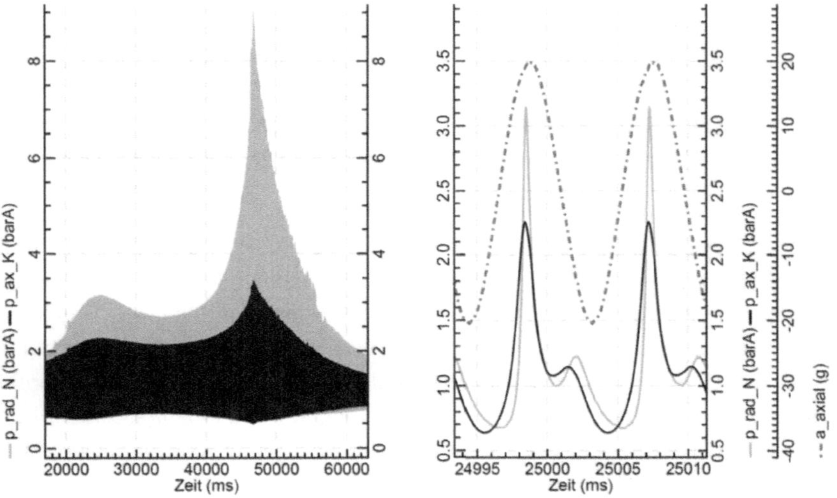

Abbildung 4.4: Drucksignale des waagrecht und senkrecht verbauten Sensors im nicht entlüfteten und oben offenen Versuchsaufbau.

Nachdem sich der erste Aufbau anfällig zeigt, Luftblasen in konstruktionsbedingten Hohlräumen, Sacklöchern und Hinterschnitten einzuschließen, die die Aussagekraft der Ergebnisse signifikant reduzierten, wurde ein zweiter mit folgenden Optimierungen und zusätzlichen Freiheitsgraden erstellt. Relevante Unterschiede zwischen den beiden Ausführungen sind:

- ein aus transparentem Material gefertigtes Gefäß / Ölsäule,
- die Möglichkeit der wiederholbaren Zugabe einer definierten Luftmasse,
- die Evakuierbarkeit des Gefäßes / der Ölsäule sowie
- eine externe Druckbeaufschlagung bis 1,2 bar Überdruck,
- Referenzsensor zur Erfassung des Systemverhaltens und
- höherfrequente Signalerfassung.

Obiges Setup erweitert und ergänzt die Untersuchungsmöglichkeiten zu Druckschwingungen in harmonisch erregten Ölvolumina mit veränderlichen elastischen Elementen unter verschiedenen Randbedingungen. Die Zumessung der Luft erfolgte mittels Komponenten aus der Gas- und Flüssigkeitsanalytik. Hierzu wurde Luft mittels einer gasdichten Spritze in eine ölbefüllte transparente Analysekapillare gezogen und nach Erreichen des Sollvolumens über ein L-Ventil in den Aufbau geleitet. Zur Ermittlung der Luftmasse / des Luftvolumens sind die Umgebungstemperatur und -druck gemessen worden. Das eingeschlossene Volumen lässt sich auf 0,1 µl aus den Herstellerangaben ermitteln und kann in Anhang A1, Abbildung A.3 nachgeschlagen werden.

Da eine Diskussion der Ergebnisse jedoch nur im Kontext aller zur Verfügung stehenden Versuchsaufbauten unter Berücksichtigung sämtlicher Randbedingungen zur Erstellung eines Gesamtbildes sinnvoll ist, werden hier die Untersuchungsmöglichkeiten tabellarisch aufgelistet und für die Ergebnisdiskussion auf das folgende Kapitel 5.3 verwiesen. Entscheidend hierbei ist, dass die eigenen Ergebnisse ebenfalls durch die bei den Versuchsdurchführungen noch unbekannten Wechselwirkungen und Abhängigkeiten überlagert wurden und die angestrebten Ergebnisse nicht wie geplant erzielt werden konnten, das Tabelle 4.1 verdeutlicht.

Tabelle 4.1: Untersuchungsmöglichkeiten an einer harmonisch erregten Ölsäule mit verschiedenen Aufbauvarianten und undefinierten sowie definierten Lufteinschlüssen (Gasfedern).

Versuch	**Ziel**	**Ergebnis**
Erster Aufbau intransparent: Frequenzhochläufe mit max. drei verschiedenen Drucksensoren bis 2 kHz.	Sensorspezifisches frequenz- und einbaulageabhängiges Drucksignal. Ermittlung des Übertragungsverhaltens und der Querempfindlichkeiten auf Beschleunigungen der Sensoren.	**1.** Massive Eigendynamik des Versuchsaufbaus durch **Lufteinschlüsse**. **2. Interaktion** zwischen den Adaptionen und Drucksensoren. **3. Probleme** in der Signalkonditionierung und Erfassung. **4. Fehlende Systemreferenz**, da keine Messstelle das Systemverhalten erfasst. **5. Defizite bei der Datenanalyse** aufgrund fehlenden phänomenologischen Wissens.

Versuch	Ziel	Ergebnis
Ölsäule an oberer Öffnung verschlossen.	Verständnis zum Sensorverhalten in geschlossenen Systemen.	**Unklare Systemantwort**, da unerwartete Änderungen zum offenen System entstanden sowie weiterhin die Einflüsse obiger Punkte wirken.
Beseitigung der Flüssigkeitsbewegung der Ölsäule.	Nachstellen eines geschlossenen Hydraulikkanals.	Beschleunigungsinduzierte Druckschwingung **verschwindet unerklärlicherweise** nahezu vollständig.
Zweiter Aufbau, transparent mit Modifikationen: Frequenzhochläufe mit definierten Luftmengen, Abbildung 4.2.	Verständnis zum dynamischen Schwingungsverhalten hydraulischer Systeme bei Änderungen der Systemelastizitäten.	**1.** Grundlegende Erkenntnisse zu den Auswirkungen von Luft- / Gasblasen in hydraulischen Systemen. **2.** Verständnis über Blasendynamik und Gaslöseverhalten **3.** Modell und Simulation zum Schwingungsverhalten.
Gezielte Luftzugabe bei stationärer Erregerfrequenz.	Erkenntnis zum Systemverhalten bei auftretenden Gasblasen.	Erkenntnisse zum Phasengang und der blaseninduzierten Schwingungsänderungen in den Teilsystemen.

Nachdem durch den modifizierten Aufbau erste Erkenntnisse zu auftretenden Wechselwirkungen und Erklärungen für die unerwarteten Signalverläufe gefunden und eine Querempfindlichkeit für Miniaturdruckaufnehmer ausgeschlossen werden konnten, rückt eine Bewertung des dynamischen Verhaltens der Drucksensoren für Drücke von mehreren Dutzend Megapascal in den Fokus.

4.2.2 Auffälligkeiten in Druckstößen eines Druckimpulsgenerators

Um die Druckniveaus und die Druckgradienten aus den Messungen am hydraulischen Dämpfer nachzustellen, ist eine harmonisch erregte Ölsäule ungeeignet. Klassische Methoden zur Stoßanregung sind Druckrohre und Druckimpulsgeneratoren (Abkürzung: DIG), die hohe Spitzendrücke bei einem steilen Gradienten ermöglichen. Ein Stoßrohr arbeitet mit gasförmigen Medien und wird primär zur Ermittlung oder Überprüfung von Eigenresonanzen der Messzelle benutzt. Druckimpulsgeneratoren halten inzwischen Einzug in der dynamischen Drucksensorkalibrierung. Wie eingangs erwähnt, bedarf es einer Klärung in welchem Umfang die Überprüfung der dynamischen Eigenschaften von Drucksensoren von der Wahl des Mediums für diese Überprüfung abhängt. Da in der Regel vergleichbare Randbedingungen eine bessere Übertragbarkeit von Ergebnissen liefern, erschien ein DIG sinnvoll. Durch die vielfältigen Einsatzfälle von Drucksensoren in hydraulischen Systemen werden Druckimpulsgeneratoren am Markt angeboten. Abbildung 4.5 skizziert den ersten Aufbau zur stoßförmigen Anregung von Drucksensoren mittels einzelner Komponenten des Kistler 6909 Druckimpulsgenerators. Die Skizze des Schnitts durch den DIG bestätigt den einfachen Aufbau und gibt eine Vorstellung der Sensoradaptionen (Druckkammerzugänge). Ein möglicher Flüssigkeitsraum des befüllten Aufbaus ist hier orange eingefärbt und variiert mit den verwendeten Sensoradaptionen.

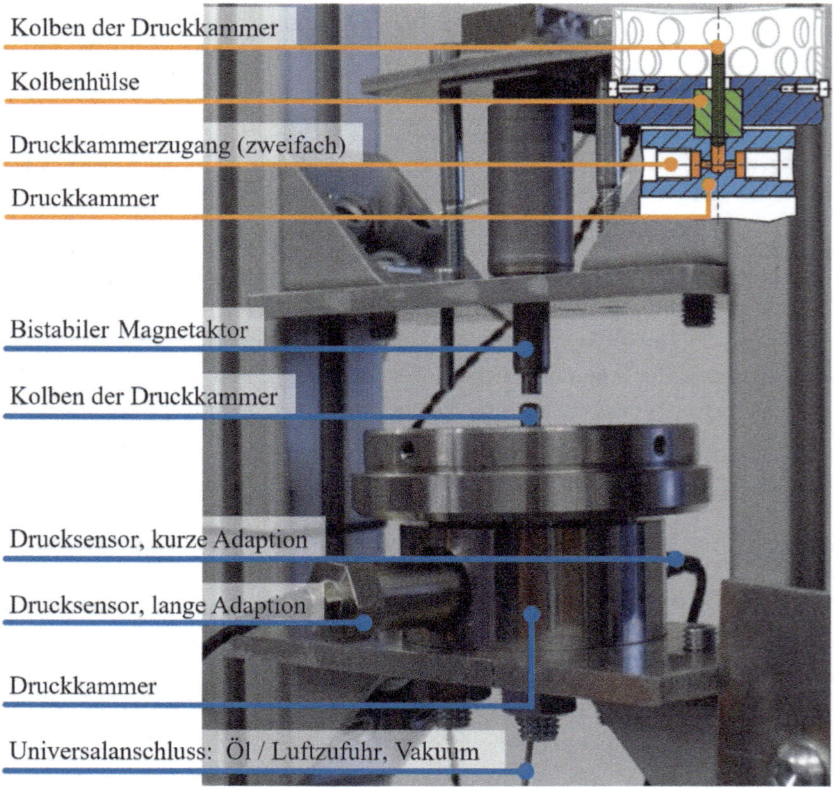

Abbildung 4.5: Druckimpulsgenerator (modifiziert) mit Evakuierungs- und Befüllmöglichkeit sowie zum Einbringen von Luft [52].

Die Entscheidung für dieses Produkt fiel aufgrund seines einfachen und modularen Aufbaus, der unkomplizierten Modifizierbarkeit sowie der Einsatzmöglichkeit zur Überprüfung von Druckaufnehmern und eingeschränkt auch zur Kalibrierung dieser. Das angebotene Fallgewicht zur Impulserzeugung wurde verworfen, da hiermit kaum Möglichkeiten einer Dosierung bestehen und von größeren Streuungen in der Anregung auszugehen ist. Ein bistabiler Magnetaktor beseitigte diesen Mangel durch seine reproduzierbare und fein justierbare Ansteuerung. Ebenfalls stellt dieser sicher, dass der Pin nach der Aktuierung von dem internen Permanentmagneten zuverlässig in seiner Startposition fixiert werden kann. Da Wechselwirkungen mit eingeschlossenen Luftblasen bereits nachgewiesen wurden, verfügt der Aufbau über eine Möglichkeit zur Evakuierung und einer anschließenden Ölbefüllung sowie dem reproduzierbaren Einbringen kleinster Luftvolumina.

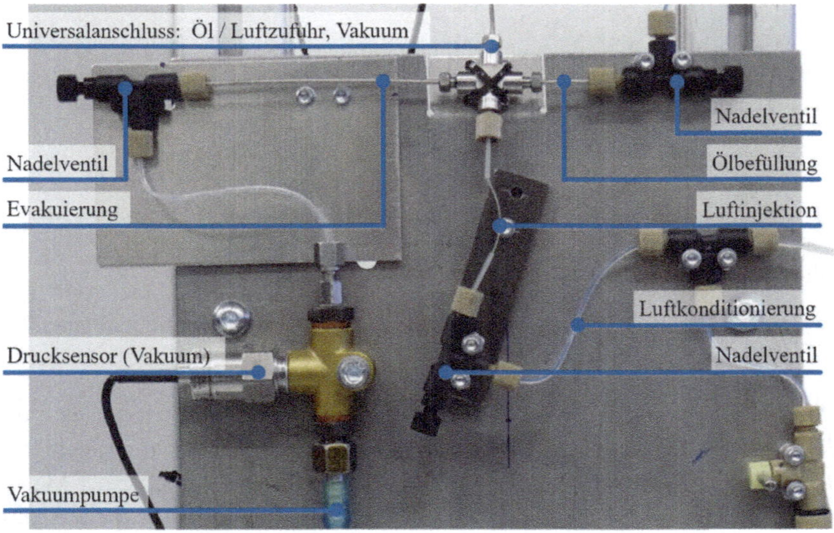

Abbildung 4.6: Mikrofluidikkomponenten zur Medienversorgung und Versuchsdurchführung am obigen Druckimpulsgenerator [52].

Abbildung 4.6 liefert einen Überblick der Medienversorgung des Druckimpulsgenerators. Über den Universalanschluss lässt sich bei verschlossenen Nadelventilen der Ölbefüllung (rechts) und Luftinjektion (unten, Mitte) ein Absolutdruck von kleiner 18 mbar anlegen. Nach einer Stabilisierungsphase des Unterdrucks wird dieses Nadelventil geschlossen und das der Ölbefüllung geöffnet. Jetzt kann über eine gasdichte Spritze die Ölfüllung in den Aufbau gedrückt werden. Wie aus dem erreichbaren Unterdruck nachvollziehbar befindet sich weniger als ein Fünfzigstel der ursprünglichen Luft im Aufbau. Allerdings sind deren Auswirkungen auf die Versuchsergebnisse zu Beginn nicht vorhergesehen worden. Ebenfalls unbekannt und somit unbeachtet blieben die Einflüsse und Wechselwirkungen des verwendeten Mediums auf die Versuchsergebnisse.

Aus Vollmotormessungen am Prüfstand wurden im Vorfeld wesentliche Randbedingungen abgeleitet und viskositätsseitig durch die Verwendung eines dünnflüssigeren Maschinenöls (8 mPas bei 20 °C) im Versuchsaufbau nachgestellt. Die in den Motormessungen erfassten Druckgradienten und -werte bieten eine Orientierung für die Untersuchungen am DIG:

- Maximaldruck: zwischen 50 und 200 bar,
- Druckgradient: mindestens 100 000 bar/s,
- Viskosität: vergleichbar mit Motoröl bei ≈100 °C,
- blasenfreies Befüllen,
- gezieltes Einbringen von Luftblasen,
- austausch- und anpassbare und Sensoradaptionen sowie
- einen Baukasten für die Nachbildung der Geometrie von innenliegenden Sensormesszellen.

Aus dem vorherigen Aufbau zeigten sich ungeahnte Auswirkungen von kleinsten Lufteinschlüssen auf das Systemverhalten und noch ausgeprägter auf die Signale der Drucksensoren. Hierbei scheint die Geometrie der Messzelle eines Druckaufnehmers einen relevanten Beitrag zu besitzen, weshalb die letzten drei Punkte in die geplanten Untersuchungsumfänge aufgenommen und berücksichtigt wurden. Abbildung 4.7 gewährt einen Blick in die Konstruktion zur Nachbildung von Messzellen und enthält einen Schnitt durch den inneren Aufbau der modifizierten Druckkammer. Dieser Aufbau und das definierte Versuchsprogramm leiten sich aus den erarbeiteten Erkenntnissen und bereits vorliegenden Fragen zu den Einflussfaktoren auf ein Drucksignal ab.

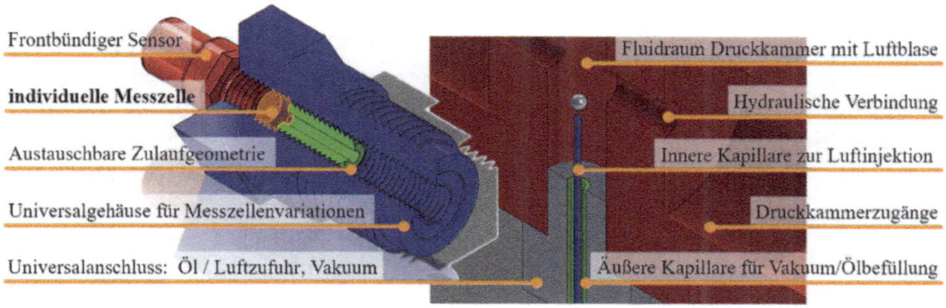

Abbildung 4.7: Individuell modifizierbares Sensorgehäuse und Blick in den Fluidraum der Druckkammer des Druckimpulsgenerators.

Aus begleitenden Messungen in verschiedensten Medienkreisen sowie Untersuchungen an Motorkomponenten ergaben sich weitere Fragen bezüglich der Auswirkungen analoger Signalkonditionierung, die ebenfalls in das Versuchsprogramm aufgenommen wurden.

Tabelle 4.2 enthält eine Übersicht des geplanten Versuchsprogramms mit der ersten Ausführung eines modifizierten DIGs und dessen Ergebnisse.

Tabelle 4.2: Versuchsprogramm des ersten Aufbaus eines Druckimpulsgenerators sowie identifizierte Wissenslücken und Fehlschlüsse.

Versuch	Ziel	Ergebnis
Erster Aufbau mit Magnetaktor: Ermittlung der Aktorbestromung zur Nachbildung innermotorischer Druckverläufe.	Erzeugung eines reproduzierbaren Druckpulses gemäß obiger Anforderungen an seine dynamischen Merkmale.	Definition der Ansteuerparameter des Aktors unter Berücksichtigung seines magnetischen Verhaltens. Leider erschwerten **fehlendes Wissen** der **Stoßübertragung** und fehlende Messgrößen die Bewertung.
Definition einer Druckreferenz für differentielle Messungen.	Wahl eines Drucksensors zur unverfälschten Erfassung des Systemdrucks.	Da die Summe der im Drucksignal enthaltenen Einflüsse nicht bekannt ist, lässt sich eine fehler- und rückwirkungsfreie Erfassung nicht erkennen und somit eine **Referenz nicht eindeutig definieren**.

Versuch	Ziel	Ergebnis
Vergleichsmessungen mit verschiedenen Sensoren, Adaptionen und Messzellen.	Bestimmung und Zuordnung von hydraulischen, elektronischen und sensorspezifischen Signalanteilen.	Die Auswirkungen von Restluft sowie des **Ausgasungs- und Luftlöseverhaltens waren unbekannt** und konnten in den erfassten Drucksignalen nicht korrekt berücksichtigt oder eliminiert werden.
Bewertung des Verhaltens unterschiedlicher Sensorkonzepte.	Ableiten von technologischen Zusammenhängen bei der Erfassung sensorspezifischer Signalanteile.	Überlagerung von **Einflüssen aus der Datenerfassung** und Unterschieden aus der Signalkonditionierung verschleierten klare Aussagen über die Zusammenhänge.
Identifikation der Auswirkungen von Änderungen in der Systemelastizität.	Identifikation der Änderungen des Systemverhaltens durch das Einbringen von Luftblasen im Vergleich zu vorherigen Versuchen.	Die Auswirkungen von Restluft sowie dem **Ausgasungs- und Luftlöseverhaltens waren unbekannt** und konnten in den erfassten Drucksignalen nicht korrekt berücksichtigt oder eliminiert werden.
Untersuchung der Auswirkungen von Unterschieden in der Signalkonditionierung.	Verdeutlichung der schaltungstechnischen Auswirkungen auf die erfassten Drucksensorsignale.	**Analoge Filterschaltungen** verursachen gravierende Veränderungen an den Signalverläufen, die eine Analyse des Systemverhaltens sehr erschweren oder verhindern.

Wie die anschließende Diskussion der Messergebnisse aus obigem Aufbau belegt, finden sich in den aufgezeichneten Druckverläufen nahezu alle aus Abbildung 4.1 aufgeführten Abhängigkeiten und Wechselwirkungen wieder. Da deren Abbild in den einzelnen Messschrieben unbekannt war, wurden zunächst fehlerhafte Schlussfolgerungen gezogen, die Großteils in unzutreffende Erklärungen zum Systemverhalten mündeten.

4.2.3 Messungen unter Berücksichtigung der Einflüsse des Mediums auf die Druckstöße eines überarbeiteten Druckimpulsgenerators

Wie in Tabelle 4.2 hervorgehoben ergaben sich im Nachgang aus neuen Erkenntnissen auch andere Deutungen als Erklärung der erfassten Signalverläufe. Um diese zu verifizieren, wurde der erste Aufbau der Druckkammer überarbeitet und weitere Schwerpunkte im Versuchsprogramm gesetzt. Als weiterer Einflussfaktor wurde der Betriebsstoff identifiziert, weshalb hier qualitative als auch quantitative Untersuchungen zum Luftlöse- und Ausgasungsverhalten folgten. Diese Ergebnisse lieferten tiefergehende Einblicke in das Zusammenspiel der Wechselwirkungen aus Elastizität des Aufbaus und sämtlicher Komponenten wie Kolben, Sensoradaptionen, -technologien als auch die Geometrien der Messzellen. Bisher wurden die Messergebnisse nicht kritisch genug hinterfragt, ob die Ursachen spezifischer Signalverläufe wirklich ausschließlich und alleinig den im Vorfeld im Fokus einer Untersuchung stehenden physikalischen Phänomen zugeschrieben werden können. Diese gedankliche Einschränkung verwehrte den Blick auf die gesamte Vielfalt möglicher Einflüsse, wie diese in Abbildung 4.1 und der verknüpften Liste aufgeführt sind.

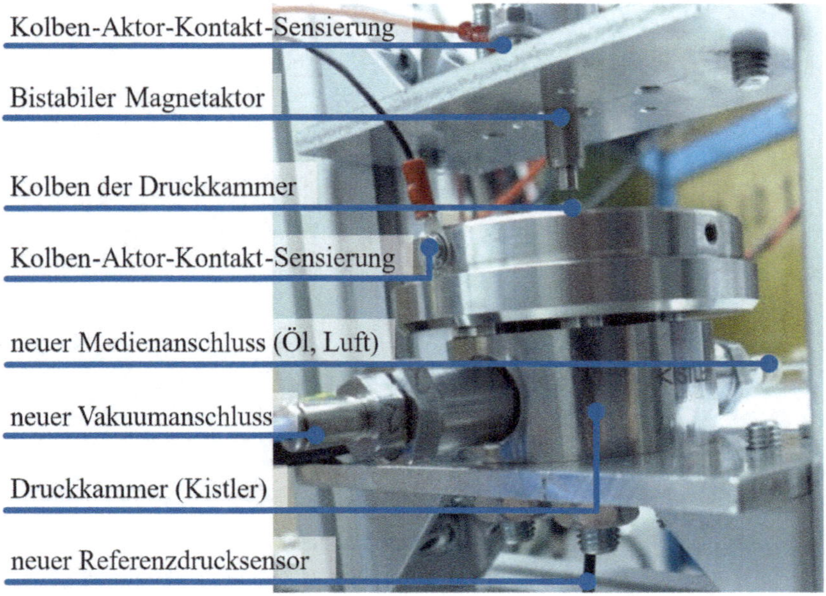

Abbildung 4.8: Druckimpulsgenerator (überarbeitet) mit neuer Medienversorgung und zentralem Referenzdrucksensor (unten).

Relevanter Unterschied nach der Überarbeitung ist der Wegfall eines zweiten Drucksensors und der alleinige Fokus auf den Druckverlauf im Kolbenraum und dessen Abhängigkeit von weiteren Einflüssen des verwendeten Mediums sowie dessen Eigenschaften und Luft-Sättigungsgrad. Durch das Versuchsprogramm ließen sich folgende Effekte besser verstehen:

- Das Entstehen und Absorbieren von Luftblasen,
- die Auswirkungen von Kavitationseffekten,
- Wechselwirkungen zum Luft-Sättigungsgrad des Mediums,
- Erkenntnisse zum Kompressionsverhalten von Flüssigkeiten,
- die Auswirkungen von Systemelastizitäten und -dynamik sowie
- der Impulsübertragung zwischen Aktor und Kolben oder auch Prellen.

Hierfür musste ein vollkommen neues Konzept der Medienzuführung erarbeitet und umgesetzt werden, wie Abbildung 4.9 verdeutlicht.

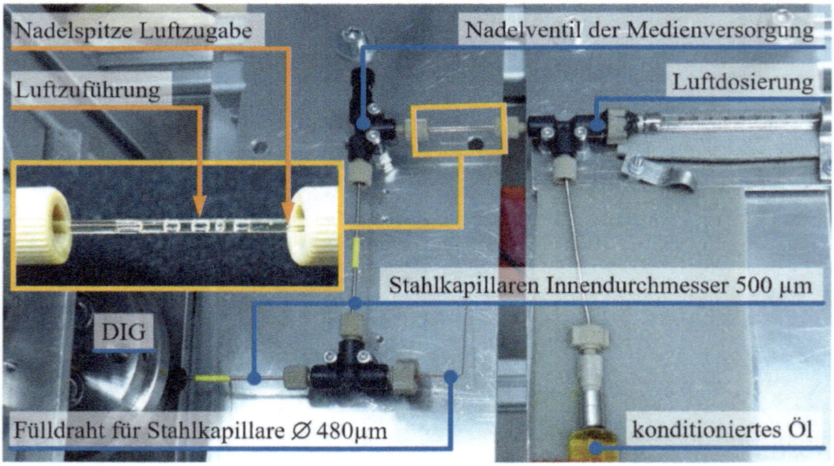

Abbildung 4.9: Medienversorgung (modifiziert) gezielter, dosierbarer Lufteinleitung und verschließbarer Zuleitungskapillaren [53].

Besonderes Augenmerk fiel dabei auf eine geringere Elastizität des Aufbaus, totvolumenfreie Sensoradaptionen und eine verfüllte Medienzufuhrkapillare. Der Anschluss zur Evakuierung wurde ebenfalls grundlegend überarbeitet, ebenfalls totvolumenfrei und deutlich steifer durch die ausschließliche Verwendung metallischer Dichtungen, die an bewegten Elementen ein Dichtkonzept mittels Halbkugel-Kegel-Sitz nutzen. Die signifikant gestiegene

Reproduzierbarkeit der Versuchsergebnisse bestätigt die Wirksamkeit aller ergriffenen Maßnahmen überdeutlich.

Als gleichbedeutend relevant erwiesen sich die Maßnahmen zur Konditionierung des Betriebsmediums und Kenntnis der jeweiligen Stoffwerte. In der Vorbereitung jedes Versuchs wurde das verwendete Medium über mindestens 24 Stunden bei einem Absolutdruck von 30 Pa entgast. Zusätzlich wurden verschiedene die Entgasung unterstützende Hilfsmittel bezüglich Aufwands, Nutzen sowie möglicher Wechsel- und Rückwirkungen bewertet. Einen ersten Eindruck liefert Abbildung 4.10 anhand der Fotografien zur Blasenbildung bei verschiedenen äußeren Anregungen. Im Augenblick des Aufschäumens reduziert sich der anliegende Innendruck schlagartig aufgrund der in die Gasphase übergegangenen Luft, baut sich jedoch nach dem Verschwinden der Blasen innerhalb weniger Minuten erneut vergleichbar auf.

Abbildung 4.10: Ausgasungsverhalten des Kistler Prüföls Typ 1053 (PDMS) nach vier Stunden Vakuum und stabilen 30 Pa Innendruck im Erlenmeyerkolben [53].

Leider ließen sich ausführungsbedingt die Verhältnisse von in realen hydraulischen Systemen eingebrachten Druckaufnehmern nur eingeschränkt nachstellen. Der Einsatz einer Druckkammer mit ausschließlich impulsartiger Anregung minimiert die Unterschiede der Einbausituation, schließt allerdings die Möglichkeit zur Nachbildung fahrzeug- oder motorspezifischer Druckverläufe aus. Ein Ansatz zur Beseitigung dieser Einschränkung besteht im Austausch des Magnetaktors durch einen piezoelektrischen Aktor mit frei definierbarem Bewegungsprofil. Da Piezoaktoren hinsichtlich der Wegamplituden bei Frequenzen im Kilohertzbereich sehr eingeschränkt sind, wäre hier der Einsatz ohne die elastizitätsreduzierenden Vorarbeiten nicht zielführend gewesen.

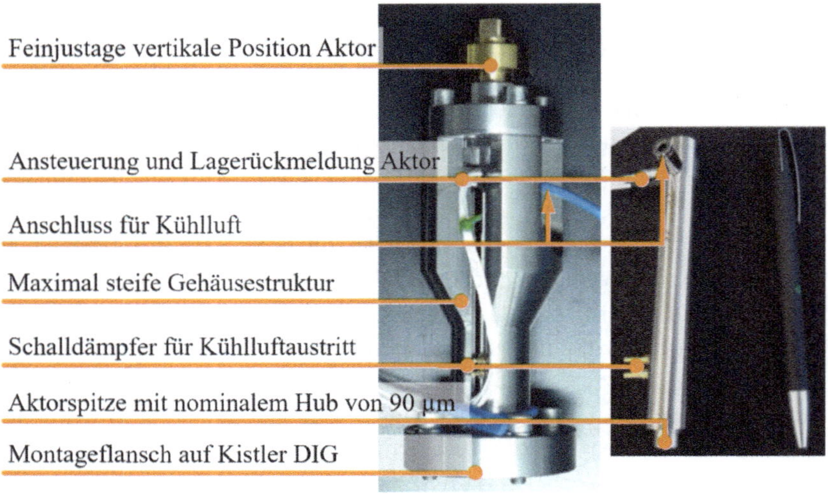

Abbildung 4.11: Piezoaktor P-845 K100 mit Montagegehäuse sowie unverbaut mit Größenvergleich zum Alltagsgegenstand [53].

Die folgende Tabelle 4.3 stellt das geplante Versuchsprogramm und die erreichten Ergebnisse vor. Ebenfalls aufgeführt sind unvorhergesehene Auffälligkeiten und erst im Nachgang entdeckte Fehleinschätzungen.

Tabelle 4.3: Versuchsprogramm des überarbeiteten Druckimpulsgenerators aus identifizierten Wissenslücken.

Versuch	**Ziel**	**Ergebnis**
Zweiter Aufbau mit Magnetaktor: Ermittlung der Aktorparameter zur Nachbildung innermotorischer Druckverläufe.	Erzeugung spezifischer Druckpulse gemäß obiger Anforderungen an dynamische Merkmale. Basis zur Bewertung der Sensorsignale.	Definition der Ansteuerung des Aktors unter Berücksichtigung der Stoßübertragung und Verhalten des Aufbaus. **Herausforderung** in der **Separierung** einzelner **Einflussfaktoren und Wechselwirkungen**.
Wegfall des Referenzsensors zur Reduzierung von Wechselwirkungen im Aufbau.	Ermittlung der Eigenschaften einzelner Drucksensoren unter sonst identischen Randbedingungen.	Unsicherheit zur Reproduzierbarkeit des Aufbaus, da **Systemreferenz fehlt**. Mögliche Einflüsse aus entstehenden Luftblasen und **Wechselwirkungen mit den Sensoren**.

Versuch	Ziel	Ergebnis
Einflüsse aus verschiedenen Füllhöhen des Kolbenraums.	Bewertung der Laufzeiten der Druckwellen und Abschätzung der Schallgeschwindigkeit.	**Defizite bei der Signalerfassung** und Probleme durch **Prellen in der Anregung** sowie **mangelndem Wissen der Stoffeigenschaften**.
Vergleichsmessungen mit verschiedenen Kolbenmassen und Dämpfern zur Ermittlung der Stoßübertragung.	Bestimmung des Einflusses des Prellens und des mehrfachen Berührens von Aktor und Kolben auf die Signalverläufe.	Die Auswirkungen von Restluft sowie des **Ausgasungs- und Luftlöseverhaltens waren unbekannt** und konnten in den erfassten Drucksignalen nicht korrekt erkannt oder eliminiert werden.
Untersuchungen zum Ausgasen und Luftlöseverhalten des Betriebsmediums und Auswirkungen auf den Signalverlauf.	Ableiten und Identifizieren von systemspezifischen Signalanteilen für das Vorhandenseins von freien Luftblasen.	Unklare Lokalisation und Größe der **Luftblasen** sowie **Rückwirkungen der Messzellen** erschweren die Interpretation der Ergebnisse. Ebenfalls unberücksichtigt blieben Auswirkungen der Leckage am Kolben.
Identifikation der Auswirkungen von Änderungen in der Systemelastizität, Dichtkonzepte, Verrohrung.	Welche messbaren Veränderungen ergeben sich für die Drucksignalverläufen durch diese Modifikationen?	**Elastische Anteile aus allen Verbindungselementen** blieben unbewertet und schränken die Qualität der abgeleiteten Schlussfolgerungen ein.
Zweiter Aufbau mit Piezoaktor: Untersuchung des Kompressionsverhaltens des Mediums mit und ohne freie Luft.	Bestimmung von Stoffwerten und Bewertung des Versuchssetups zur Ermittlung dieser Zusammenhänge.	**Unbekanntes thermisches Verhalten des Betriebsmediums** und dessen Auswirkungen auf das Systemverhalten. Aktorposition unklar, da **Elastizitäten in der Piezoaktoraufnahme unbekannt** sind.
Sinus-Anregung der Druckkammer mit und ohne freie Luft.	Identifikation der Auswirkung komprimierter Luft.	Aktorposition unklar, da **Elastizitäten in der Piezoaktoraufnahme unbekannt** sind.
Prinzipversuch zur Übertragung von Zugspannungen durch Flüssigkeiten	In evakuierter und mit entgastem Öl befüllten Druckkammer lassen sich Zugkräfte in Flüssigkeiten messen.	Nachweis zum Auftreten von Zugkräften in Flüssigkeiten und der Erklärung von negativen Absolutdrücken an Druckaufnehmern. Methode zum Nachweis von Luftblasen.

4.2.4 Eigenentwicklung einer multifunktionalen Druckkammer

Bisherige Erkenntnisse aus den umfangreichen Versuchen und dem intensiven Austausch innerhalb dieses Themenkomplexes mündeten in den Entwurf und die Realisierung einer Druckkammer, die sich mittels des vorhandenen Piezoaktors für Untersuchungen aus Einflüssen von:

- Drucksensoren unter Berücksichtigung des Messkonzepts, der Gehäusetechnologie, der Geometrie der Messzelle und des Dichtkonzepts,
- hydraulischen Adaptionen (Geometrie) der Drucksensoren am System,
- dynamischem Verhalten des Primärsystems (Druckkammer) sowie
- mechanischen und fluidischen Elastizitäten als auch deren geometrischer Lokalisation,
- Abhängigkeiten zur Art, Form und Dynamik der Stimulation sowie den
- Wechselwirkungen mit mechanischen, thermischen, fluidmechanischen Phänomenen sowie aus Effekten der Energieumwandlung und
- abschließend aus Messfehlern, Leckagen oder des Setzverhaltens eignet.

Ein wesentliches Anliegen besteht in der Möglichkeit einer visuellen Beobachtung des Verhaltens von Luftblasen sowie deren Dissipierens als auch Entstehens. Außerdem lassen sich das Anlagern an und Lösen von Oberflächen erkennen. Entscheidend hierfür ist eine vollständige Einsehbarkeit der Kammer, idealerweise noch aus verschiedenen Richtungen. Gerade für Objekte unterschiedlicher Dichte ergeben sich höhere Anforderungen an die Wahl und Ausrichtung der Lichtquelle, um ausreichenden Kontrast zu liefern ohne störende Reflexionen oder überbelichtete Bereiche zu erzeugen. Abbildung 4.12 zeigt den Schnitt durch die aus den Ergebnissen und Fragen der durchgeführten Untersuchungen abgeleiteten Druckkammer mit maximalen Freiheitsgraden zum Nachstellen identifizierter Randbedingungen, Medienzustände, synthetischer und realer Systemdynamiken mittels adaptierbarem und spezifisch ansteuerbarem Piezoaktors.

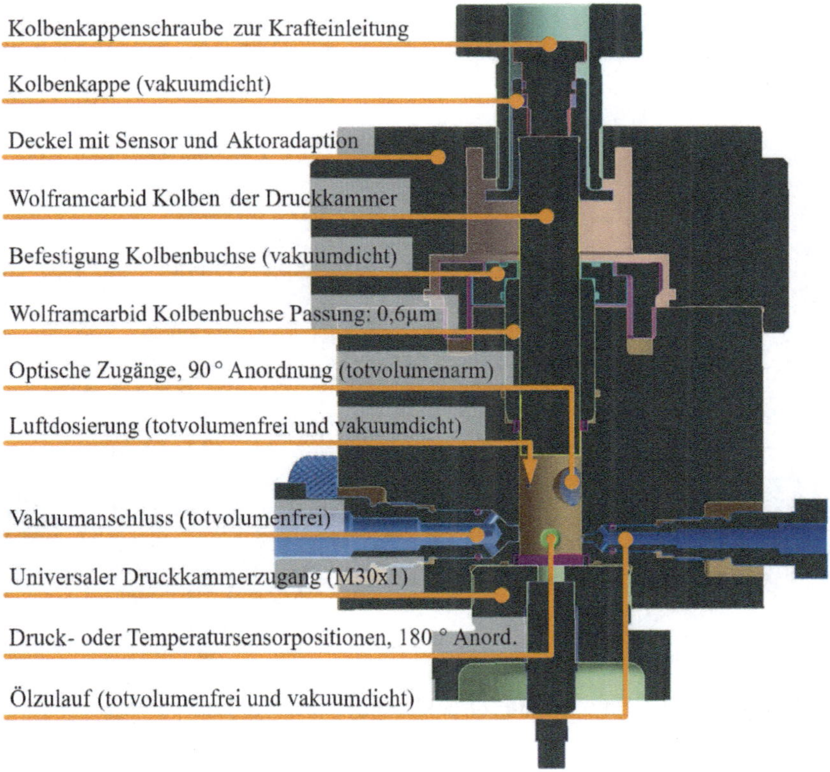

Abbildung 4.12: Entwickelte Druckkammer zur Untersuchung medienspezifischer und elastizitätsbedingter physikalischer Phänomene.

Besonderes Augenmerk ist auf eine nahezu ideale Kammergeometrie gelegt worden, um die beobachteten Auffälligkeiten aus sich bildenden Luftblasen zu vermeiden. Durch eine totvolumenfreie und gasdicht verschließbare Dosiereinheit lassen sich gezielt Aus- und Wechselwirkungen an variablen Elastizitäten aus Blasen bewerten und analysieren. Ebenfalls besitzt dieser Aufbau das Potential, geringste Änderungen im System im Betriebsmedium oder nichtlinearen Elastizitäten eines Sensors zu identifizieren und zuzuordnen. Da ein Schnittbild nur einen beschränkten Eindruck des Aufbaus ermöglicht, beseitigt Abbildung 4.13 dieses Defizit und enthält Vorder- sowie Rückansicht der Druckkammer mit sämtlichen Zugängen in halbtransparenter, isometrischer Darstellung. Die achteckige Grundform ermöglicht eine kompakte Anordnung aller definierten Komponenten bei geringer Bauhöhe.

Diese Anforderung ist dem geringen Hub von 90 µm des Piezoaktors geschuldet, weshalb ein zu großes Kammervolumen die erreichbaren Drücke nachteilig beschränken würde.

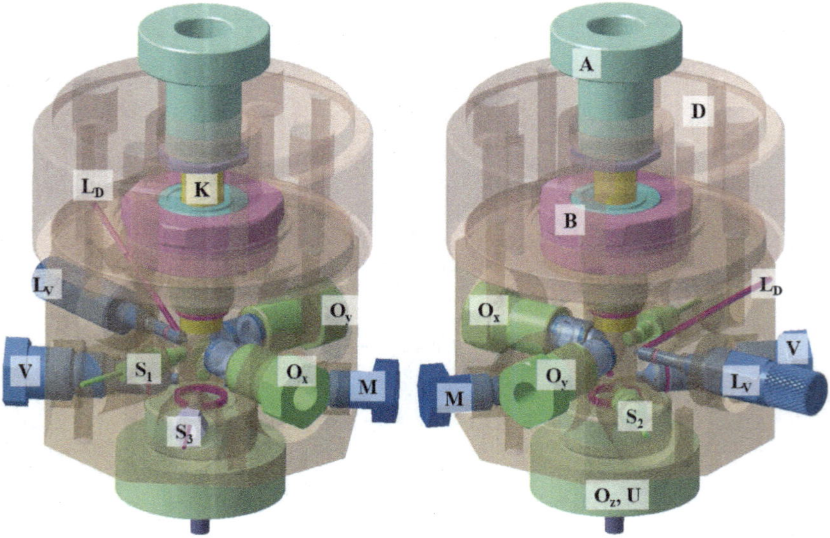

Abbildung 4.13: Entwickelte Druckkammer in halbtransparenter, isometrischer Darstellung mit allen Zugängen und Anschlüssen.

Die folgende Übersicht ordnet die jeweiligen Funktionen den einzelnen Elementen zu: **A** = Anschlag des Kolbens beim Befüllen, **B** = Befestigung der Kolbenhülse zusätzlich zum Leckspalt (gasdicht), **D** = Deckel mit Wegsensor- und Aktoradaption, **K** = Kolben mit Kappe, $\mathbf{L_D}$ = Luftzudosierung, $\mathbf{L_V}$ = totvolumenfreier Verschluss Luftzuführung, **M** = totvolumenfreie Medienzuführung, $\mathbf{S_{1,2}}$ = erster und zweiter Referenzdrucksensor, $\mathbf{S_3}$ = dritte Sensorposition für eine Temperatur- oder eine weitere Druckreferenz, $\mathbf{O_{x,y}}$ = optische Zugänge in x- und y-Richtung (totvolumenarm), $\mathbf{O_z}$, **U** = weiterer optischer Zugang in z-Richtung oder alternativ eine universelle Schnittstelle zur Sensoradaption, **V** = Anschluss für Vakuumpumpe.

Die Vakuumgüte zur Evakuierung der Druckkammer konnte mittels Drehschieberpumpe von 30 Pa absolut auf 0,3 Pa für einen trockenen Aufbau und 2,6 Pa (Dampfdruck des Betriebsmediums) für einen ölbenetzen Aufbau sinnvoll gesteigert werden. Ebenfalls zu berücksichtigen ist der angesaugte

Kolben des Aufbaus, wodurch sich das zu entlüftende Volumen halbiert und die Restluftmenge zusätzlich reduziert. Aus der Berücksichtigung aller bereits vorliegenden Erkenntnisse in der Konstruktion besteht die Erwartung ohne, Schwierigkeiten mit den Untersuchungen aus Tabelle 4.4 beginnen zu können. Eine genaue Kenntnis der exakten Ölvolumina in Druckkammer und Versuchsobjekt (Device on Test) liefert hierzu die Basis.

Die gewählte Formulierung legt nahe, dass unvorhergesehene physikalische Effekte eine Modifikation des Aufbaus verlangen, um die angestrebte Qualität der Aussagekraft zu erreichen. Eine unterschätze Sensibilität auf thermische Einflüsse offenbart folgende Beobachtung an der Druckkammer mit ihrem Durchmesser von 80 mm: Der Systemdruck steigert sich bereits um ein Bar, sobald man bei einer einheitlichen Aufbautemperatur von 20° C seine Hände im Abstand von zwei bis drei Zentimeter für knapp eine Minute um die Druckkammer platziert, ohne diese direkt zu berühren. Das bedeutet, aus der Strahlungswärme und der freien konvektiven Wärmeübertragung ändert sich die Temperatur des Stahls und des eingeschlossenen Flüssigkeitsvolumens um einen Betrag, durch den die Dichteänderung der Flüssigkeit über deren Volumenzunahme bei verspanntem, unbeweglichem Kolben zu einem signifikanten Druckanstieg führt. Diese Beobachtung eines Temperatureinflusses im Bereich von wenigen Millikelvin übertraf alle Annahmen deutlich und mündete nach bestätigten Messungen einerseits in detaillierten Untersuchungen der Auswirkungen auf das Systemverhalten und andererseits zu Überarbeitungen und Ergänzungen am Aufbau und Versuchsprogramm.

Abbildung 4.14 bildet die Modifizierungen an der Druckkammerhardware ab und wurde noch durch individuell entwickelte Regelkreise ergänzt, um bei Bedarf Randbedingungen konstant halten zu können. Besonders längere Versuchszeiträume profitieren davon, da die Anwesenheit von Bedienpersonen einen signifikanten Einfluss auf Temperaturstabilität des Versuchsaufbaus ausübt. Dieser ließ sich durch eine kontrollierte Anhebung von mindestens 2 K über der Raumtemperatur eliminieren. Da dieser Einflussfaktor erst während den Untersuchungen in seiner Relevanz auf die Ergebnisse deutlich wurde, ließen sich nicht alle Messungen wiederholen.

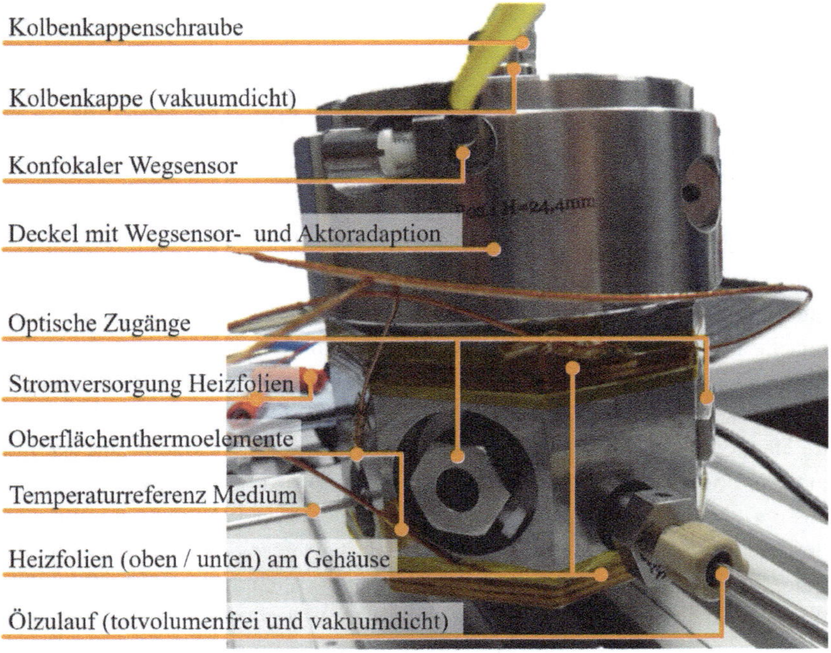

Abbildung 4.14: Entwickelte Druckkammer mit Ergänzungen zur Temperierung und Überwachung der absoluten Kolbenposition.

Der gut erkennbare konfokale Wegsensor besitzt eine Auflösung von 0,2 µm im dynamischen Einsatz sowie 0,06 µm unter statischem bei einer Abtastrate von 2 Hz, wodurch die Untersuchung thermischer Effekte erst möglich wurden. Hiermit lassen sich im Idealfall Dichteänderungen von 0,00027 % oder 2,7 ppm erkennen und ermöglichen ein leistungsfähiges Werkzeug zum Aufbau des Verständnisses dichte- beziehungsweise temperaturinduzierter Abhängigkeiten oder Wechselwirkungen. Gleichzeitig lassen sich die unvermeidlichen Systemelastizitäten präzise ermitteln und in den Versuchsergebnissen rechnerisch eliminieren. Gerade im Hinblick der Bestimmung des Kompressionsmoduls und dessen Variationen lieferte dieser Aufbau wertvolle Erkenntnisse. Da üblicherweise Flüssigkeiten für Berechnungen als „näherungsweise inkompressibel“ behandelt und somit Dichteänderungen vernachlässigt werden, fehlt das Verständnis, wann diese Vereinfachung unzulässig ist. Hierdurch kam es zu deutlichen Auswirkungen auf die Ergebnisqualität. Aufgrund des Umstands fehlender Messdaten bleiben die

Auswirkungen zwangsläufig unentdeckt, wie die bereits vorgestellten Versuchsaufbauten und deren Schwierigkeiten bei der Interpretation der Ergebnisse unterstreichen.

Tabelle 4.4: Übersicht der Untersuchungen an der eigenentwickelten Druckkammer zur Identifikation medienspezifischen Verhaltens inklusive Gasblaseneffekten sowie Einflüssen oder Wechselwirkungen aus sensorspezifischen Elastizitäten.

Versuch	Ziel	Ergebnis
Erster Aufbau ohne separate Kolbenwegerfassung: Kolbenposition aus integrierten DMS-Signal des Piezoaktors abgeleitet.	Bewertung von Elastizitäten und der Geometrien der Messzelle in Drucksensoren und die Auswirkung auf das dynamische Verhalten des Sensors.	Konstruktive Defizite im Erstaufbau der Druckkammer sowie **unklare Elastizitäten** im Bereich des Piezoaktors und **Rückwirkungen aus der Ansteuerung** erschwerten die Untersuchungen grundsätzlich. Folge: Ergebnisqualität unklar.
Inbetriebnahme der Druckkammer und Referenzmessungen	Validierung der integrierten DMS- Wegsensorik und Ermittlung der Leckage am Kolben.	Untersuchung am unbelasteten Aktor zur **Positioniergenauigkeit** erfolgreich aber **nicht aussagekräftig** und Bewertung der Kammerleckage bei Raumtemperatur möglich.
Bewertung thermischer Effekte und Wechselwirkungen in Flüssigkeiten.	Erkenntnis über Eigenerwärmung und deren Wechselwirkungen / Auswirkungen auf die Flüssigkeitsdichte.	Diese Versuche verlangen eine hohe Genauigkeit in der Bestimmung des Druckkammervolumens. Hierbei führten die **unerkannten Elastizitäten** zu Ungenauigkeiten.
Untersuchungen zum Kompressionsmodul von Flüssigkeiten	Entwicklung von Anregemustern zur Bestimmung von Einflussfaktoren auf den Kompressionsmodul.	Eindeutige Identifikation der Zusammenhänge von Systemdynamik und den thermischen Randbedingungen. **Aussagen nur qualitativ**, da Volumenbestimmung ungenau.
Vorversuche zur Ermittlung von hydraulischen Resonanzen an Druckaufnehmern.	Blasenfreie Befüllung der Druckkammer erfolgreich. Chirp-Ansteuersignal am Piezoaktor implementiert.	Erste Versuchsreihe zur Ermittlung einer hydraulischen Resonanz an einem Drucksensor größerer Bauform. **Keine Resonanz nachweisbar**, unerwartetes Ergebnis.

Versuch	Ziel	Ergebnis
Zweiter Aufbau mit Kolbenwegerfassung: Kolbenposition mittels konfokalem Wegsensor relativ zur Druckkammer erfasst.	Signifikante Verbesserung der Aussagekraft der Versuchsergebnisse, da das Kammervolumen und Änderungen messbar.	Eindeutige Korrelation der Dichte in Abhängigkeit von Temperatur und Druck. Analyse der Elastizitäten einzelner Komponenten des Aufbaus mit einer Auflösung des Kammervolumens von 5,9 nl.
Ermittlung des einsatzspezifischen Bewegungsverhaltens des Piezoaktors.	Bewertung der Aktor- und Halterelastizitäten durch eine absolute Volumenmessung.	Aufgrund des elastizitätsarmen Aufbaus gewinnen **unterschätzte thermische Einflüsse** an Relevanz und **überlagern die Ergebnisse**.
Identifikation ausführungsbedingter Systemelastizitäten.	Untersuchung der druckbedingten Bewegung der Schaugläser.	Identifikation des plastischen und des elastischen Anteils der Bewegung von Einzelkomponenten.
Überprüfung der temperatur- und druckbedingten Leckage am Kolben.	Zeitliche Volumenabnahme bei konstanter Temperatur und statischem Druck.	**Unsicherheit aus Leckspalten** und Volumenänderungen durch materialspezifische Wärmedehnungen.
Verifikation des adiabaten und des isothermen Kompressionsmoduls.	Analyse der Abhängigkeit von Druckgradient und Weg beim Druckaufbau in der Kammer.	Exakte Volumenbestimmung der Druckkammer und Berücksichtigung der **vorherrschenden thermischen Systemzustände**.
Validierung einer Messmethode zur Bestimmung von hydraulischen Resonanzen an Drucksensoren.	Ermittlung von hydraulischen Resonanzpunkten von Drucksensoren für den Serieneinsatz.	**Unvollständiges Verständnis** der wesentlichen **physikalischen Randbedingungen** in der Druckkammer für das **Entstehen von Sensorresonanzen** im Aufbau.
Analyse eines Seriendrucksensors mittels Auswertung der Änderungen des Systemverhaltens.	Identifikation der Resonanzpunkte von Drucksensoren. Bewertung: dynamisches Sensorverhalten.	**Unvollständiges Verständnis** der Wechselwirkungen des zusätzlichen Drucksensors auf das **Systemverhalten hinsichtlich Elastizität und Dämpfung**.

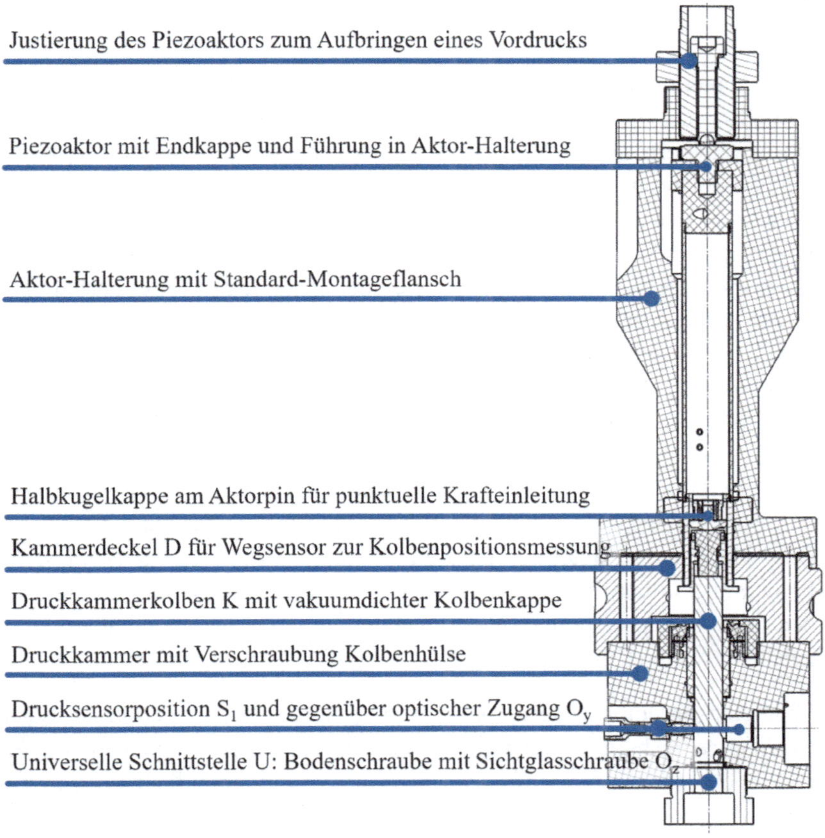

Abbildung 4.15: Finaler Aufbaustand der Druckkammer mit Piezoaktor und sämtlichen Modifikationen als auch Ausführungsoptionen.

Obige Abbildung 4.15 bietet Einblick in alle Komponenten des letzten Ausführungsstands der Druckkammer mit Piezoaktor und verdeutlicht das Dichtungskonzept, bei dem alle Elemente mit Medienkontakt aus metallischen Werkstoffen bestehen. Zur Sicherstellung der Vakuumdichtheit wurden an neuralgischen Punkten zusätzliche O-Ring Dichtungen nachgelagert, die ebenfalls als Backup der Primärdichtung dienen können. Erstmalig ermöglicht diese Schnittansicht auch den Einblick in die Piezoaktor-Aufnahme und dessen Möglichkeit zur Erzeugung eines statischen Vordrucks, wodurch trotz geringen Stellwegs des Piezostacks Versuche mit bis zu 985 N Gegenkraft oder ein mittlerer Druck von 100 bar am Kolben möglich sind.

4.2.5 Fazit zu den Ergebnissen der vorgestellten Versuchsaufbauten

Die Weiterentwicklung der Versuchsaufbauten zum dynamischen Verhalten von Drucksensoren verlief über eine harmonisch erregte Ölsäule zu einem am Markt verfügbaren Druckimpulsgenerator mit Fallgewicht von Kistler mit Modifikationen in der Aktuierung und der Medienbefüllung hin zu einer neuartigen Druckkammer. Trotz oder gerade wegen der Schwierigkeiten und Überraschungen in den Versuchsergebnissen offenbarten sich beteiligte, aber unerwartete, physikalische Phänomene und ermöglichten tiefergehende Einblicke in die Zusammenhänge und Wechselwirkungen in der Hydraulik. Gerade das Entstehen und Auflösen von Gasblasen, der Sättigungszustand des Mediums und die Dynamik im beobachteten System interagieren auf ungeahnte Weise miteinander und sind trotz allen Fortschritts in der Wissenschaft selten beleuchtet. Die im Anschluss der Versuchsaufbauten begleitenden Tabellen 4.1 bis 4.4 scheinen beim Blick in die rechte Spalte eine Sammlung von Rückschlägen und Irrtümern zu sein. Jedoch schärfte genau diese – aus dem Rückblick – erstellte Übersicht den klaren Blick auf unbeantwortete Fragen und offene Punkte. Zum Zeitpunkt der Versuchsdurchführung wurden diese durch unzureichende Annahmen und Vermutungen für irrelevant gehalten, wodurch eine grundlegende Analyse überflüssig erschien.

Ebenfalls verdeutlicht diese Spalte, welche Herausforderungen in der Beantwortung der sich ergebenden Fragen stecken und welche sich davon mit dem jeweils chronologisch nachfolgenden Aufbau beantworten ließen und in welchem Umfang. Denn bei vielschichtigen Fragestellungen oder Themen folgen aus Antworten meist neue Fragen, die ohne die gewonnene Antwort noch nicht offenbar waren. Die hier vorgestellten und beschriebenen Versuchsaufbauten liefern Erkenntnisse zum Systemverhalten und Auswirkungen auf ein Drucksensorsignal in „sehr kontrollierter Umgebung“. Auslöser für sämtliche Aufbauten und Versuche waren fragwürdige Drucksignalverläufe wie sie Kapitel 2.5.1 und folgende beschreibt. Diese Messergebisse gaben den Anstoß zur Analyse der beteiligten Phänomene in hydraulischen Systemen und deren Auswirkungen auf die erfassten Druckverläufe. Gerade der Abgleich mit realen Systemen wie ein Komponentenprüfstand, in denen alle Einflussfaktoren zusammenwirken, sind für das Erstellen eines Gesamtbilds unerlässlich. Denn hier lassen sich durch Variation von Versuchsparametern oder Randbedingungen einzelne Effekte gezielt variieren – meistens reduzieren – und sind so der ideale Gegenpart zum Laboraufbau, bei dem sich einzelne Effekte einbringen lassen. Aus diesem Zusammenspiel und einer akribischen Datenanalyse beginnt sich ein Gesamtbild zu formen, das mittels CFD-Simulation vervollständigt wird.

4.3 Kettenspanner am Hydropulser: Variation der Sensoren

Für Entwicklungen üblich werden neue oder weiterentwickelte Bauteile zunächst im Komplettsystem abgestimmt und auf einen befriedigenden Stand gebracht. Für Dauertests in frühen Entwicklungsphasen werden in der Regel Komponentenprüfstände benutzt, da diese eine der Bauteillebensdauer vergleichbare Belastung in kürzerer Zeit und zu deutlich geringeren Kosten aufbringen können. Im Fall des hier betrachteten Kettenspanners (Abbildung 4.16) kam ein hydraulischer Pulser, wie diesen Abbildung 4.17 zeigt, zum Einsatz. Dessen technische Daten sind im Anhang A2 zu finden. Hierbei kann bei verschiedenen Umgebungs- und Versorgungsöltemperaturen, unterschiedlichen Versorgungsöldrücken sowie variierenden Arbeitslängen dem Kettenspanner eine harmonische Bewegung mit bis zu einer Frequenz von 200 Hz bei maximal 0,8 mm Amplitude aufgeprägt werden. Ebenfalls bietet dieser Prüfstand bei iwis mobility systems (München) die Möglichkeit, einzelne Komponenten des Kettenspanners in Dauerläufen zu beurteilen als auch die in der Entwicklung eingesetzte Sensorik zu bewerten. Hierbei besteht der notwendige Vorteil in der präziseren Vorgabe von Betriebs- und Randbedingungen für die Versuchsreihen und der daraus resultierenden höheren Reproduzierbarkeit.

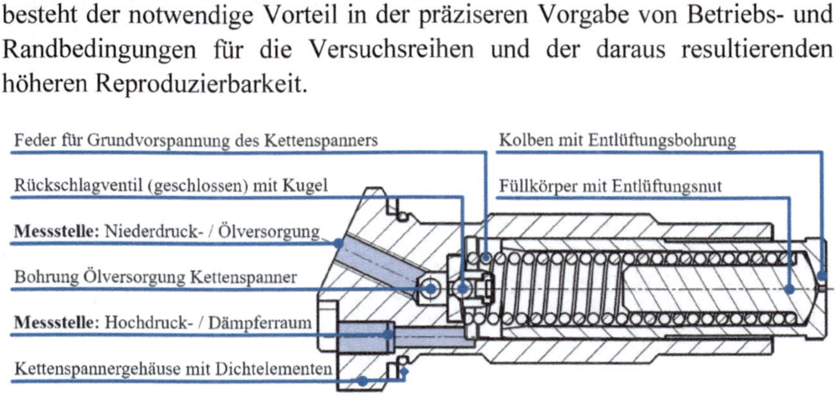

Abbildung 4.16: Innerer Aufbau des Kettenspanners mit Standardmessstellen für Ölversorgung (Niederdruck) und Dämpferraum (Hochdruck).

Essenziell bei jeder Komponentenuntersuchung ist eine genaue Betrachtung aller Auswirkungen aus dem geänderten Versuchsumfeld und der dadurch zu erwartenden Auswirkungen auf das Verhalten der analysierten Komponente. Direkt nachvollziehbar sind Änderungen durch die exklusive und pulsationsarme Ölversorgung des Versuchsobjekts sowie die aus einer harmonischen Anregung ohne direkte mechanische Kopplung von Kettenspanner, Nockenwelle und deren Steller über die Steuerkette und hydraulisch durch den gemeinsamen Ölkreis. Ebenfalls besitzen meterlange Stahlflexleitungen – in Abbildung 4.17 erkennbar – gänzlich andere Elastizitäten als kurze Bohrungen in metallischen Werkstoffen wie in Serienanwendungen üblich.

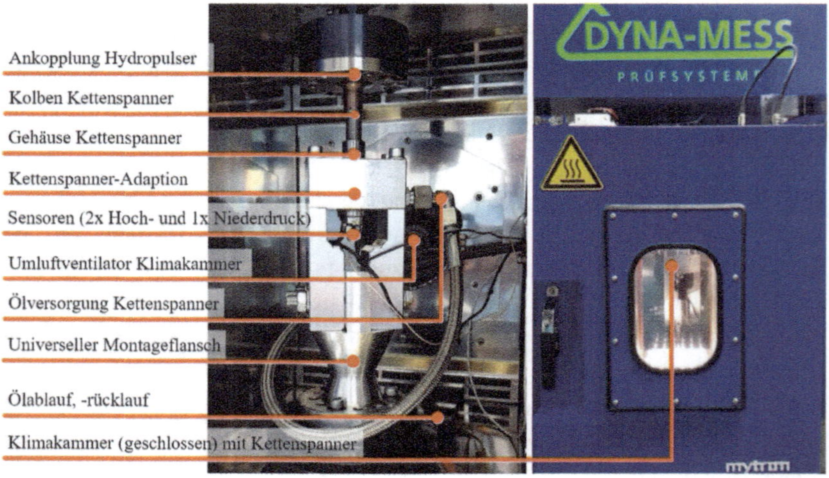

Abbildung 4.17: Aufbau für Komponententests des Kettenspanners und auch Dauerläufe, rechts: die geschlossene Klimakammer.

4.3.1 Erste Versuchsreihe mittels Multisensor-Kettenspannergehäuse

Da die Signalverläufe der Hochdruckmessstelle des obigen Kettenspanners in Motormessungen am Prüfstand eindeutige und reproduzierbare Indizien einer signifikanten Abhängigkeit von Sensor und Signalverlauf lieferten, waren weitere Untersuchungen zur Klärung des Sachverhalts unverzichtbar. Denn die Unterschiede zwischen verschiedenen Sensoren bewegten sich im unvorstellbaren Bereich von mehreren Hundert Prozent. Diese Größenordnung erinnert an die bereits vorgestellten Messungen der harmonisch erregten Ölsäule auf einem Elektropulser und den Druckmessungen im obigen Kettenspanner aus Abbildung 2.13 und den vier folgenden. Der naheliegenden Vermutung entsprechend wurden die Drucksensoren als Verursacher in den Fokus genommen. Da geometrische Unterschiede in der Adaption der Drucksensoren und geringe Modifikationen in der hydraulischen Kopplung der Sensoren am Messobjekt am realen Kettenspanner unvermeidbar waren, ermöglicht ein Komponentenprüfstand größere Freiheiten in der Gestaltung des Versuchsaufbaus. Abbildung 4.18 enthält die beiden Attrappen der Kolbenräume, die die Funktion des Kettenspannergehäuses übernehmen, jedoch sehr große Freiheiten zum Einbau von Drucksensoren bieten.

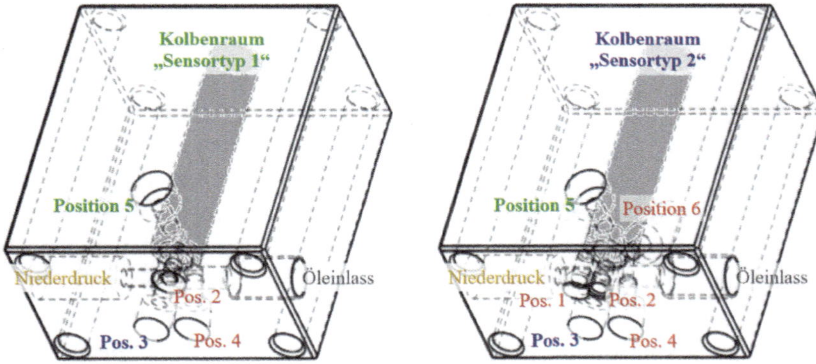

Abbildung 4.18: Multisensor-Kettenspannergehäuse zur Untersuchung von Einflüssen aus Sensor und hydraulischer Adaption bei harmonischer Anregung durch einen Hydropulser.

Der Kolbenraum „Sensortyp 1“ ermöglicht den Verbau von drei piezoresistiven Drucksensoren an den Positionen 2, 4 und 5. Hierbei ist letztere die Referenzmessstelle dieses Sensortyps und ebenfalls im Kolbenraum für „Sensortyp 2“ an identischer Position ausgeführt. Position 3 in beiden Gehäusen ist die Referenzmessstelle des piezoelektrischen Sensortyps, der im zweiten Gehäuse ebenfalls an den Positionen 1, 2, 4 und 6 eingesetzt wurde. Die ungleiche Anzahl an Sensorpositionen ergab sich aus dem vornehmlichen Einsatz der piezoelektrischen Sensoren in den entwicklungsbegleitenden Messungen und dem hieraus größeren Interesse an den Wechselwirkungen zum Verbau und möglicher Einflüsse der hydraulischen Adaption auf dessen Messsignal. Da diese Untersuchungen als nächste auf die des Elektropulsers folgten, fehlten wesentliche Erkenntnisse bezüglich der Anforderungen an die Signalkonditionierung und der Datenerfassungssysteme wie in Tabelle 4.1 und zum Teil auch in der folgenden besprochen. Unabhängig dieser Defizite lieferten diese Messergebnisse dennoch einen Beitrag, der sich in den Gesamtkontext aller Untersuchungen einfügt und das Bild in einzelnen Details entscheidend verfeinert.

4.3.2 Zweite Versuchsreihe zur Ermittlung der Messeigenschaften verschiedener Drucksensoren im Komponententest

Aus Erkenntnissen einer Kettenspannerabstimmung mit paralleler Drucksensoruntersuchung am Motorenprüfstand ergaben sich neue Ansätze zur Verifikation der Messeigenschaften und Messgüte von Drucksensoren. Aus der Verbindung der Ergebnisse aus den realen Prüfstandversuchen, wie im Kapitel 5.3.4 genauer beschrieben, und [24] reifte der Ansatz für einen Pulserversuch mit drei Referenzsensoren an den aus Abbildung 4.18 ersichtlichen Positionen 2, 3, und 4 sowie eines einfach zugänglichen Testsensors an Position 5. Aufgrund der geometrischen Gegebenheiten wurden hierbei alle drei Referenzsensoren um 15° aus der Symmetrieachse des Kettenspanners gekippt und mit minimal möglichem Rückversatz, also kleinstmöglichem Totvolumen verbaut. Der Referenzsensor an Position 2 kann mit seinem Durchmesser von weniger als 2 mm als Ultraminiatursensor bezeichnet werden. Somit ergab sich eine direkte Positionierung am Grund des Kolbenraums und eine totvolumenfreie Anbindung am Dämpferraum.

Die freie Position 1 des Aufbaus wurde als Kabelabgang des Wirbelstromwegsensors der Rückschlagventilkugel genutzt. Dieses Setup liefert einerseits die Basis zur Beurteilung der Signalgüte der drei Referenzsensoren sowie vermuteter Unterschiede in der Erfassung des Systemverhaltens und andererseits eine Analyse möglicher Wechselwirkungen der jeweiligen Testsensoren mit dem Dämpfungsverhalten, also auch der Dynamik des Rückschlagventils. Neu an diesem Ansatz ist der Einschätzung nachzugehen, dass bereits als unbedeutend erachtete geometrische Änderungen an der Kammergeometrie zu messbaren Rückwirkungen auf die Funktionsweise des Kettenspanners führen können. Eine weitere Auswirkung der optimal platzierten Referenzsensoren wurde zu diesem Zeitpunkt ausgeschlossen. Das Vorhaben, diesen Aufbau ohne Testsensor als auch die individuellen Einflüsse der fünf Sensortypen zu bewerten, lieferte einen weiteren Beitrag zum Verständnis beteiligter Effekte bei dynamischen Druckmessungen. Unglücklicherweise waren Interaktionen mit dem Betriebsmedium und die sich daraus ergebenden verteilten und volatilen Gruppierungen von Gasblasen nicht ausreichend verstanden und überlagerten die Messergebnisse.

4.3.3 Messreihen zur Identifikation von Auswirkungen der Ölverschäumung auf die Messgüte und das Dämpfungsverhalten

Nachdem sich die Abhängigkeiten zwischen Drucksensorsignalen und Verschäumungszustand des Betriebsmediums erhärteten, wurden die beiden folgenden Versuchsreihen am Hydropulser mit diesem Fokus geplant und realisiert. Der hier besprochene Aufbau konzentriert sich auf die Beobachtung des Ölzustands im Zulauf des Kettenspanners. Hierfür wurde ein zu Kapitel 4.3.1 vergleichbares Kettenspannergehäuse gefertigt, allerdings zweigeteilt und die Sensoraufnahmen mit der Ölversorgung aus einem transparenten Werkstoff. Abbildung 4.19 liefert einen Blick ins Innere dieses Aufbaus. Oberhalb des Rückschlagventils befindet sich die aus Aluminium gefertigte und angeflanschte Kolbenführung. Der transparent ausgeführte Bereich mit der Ölversorgung und den Sensorverschraubungen gibt die Sicht auf wesentliche Details der Sensoradaptionen frei. Gut erkennbar sind die auf ein Minimum reduzierten Totvolumina vor den Messzellen.

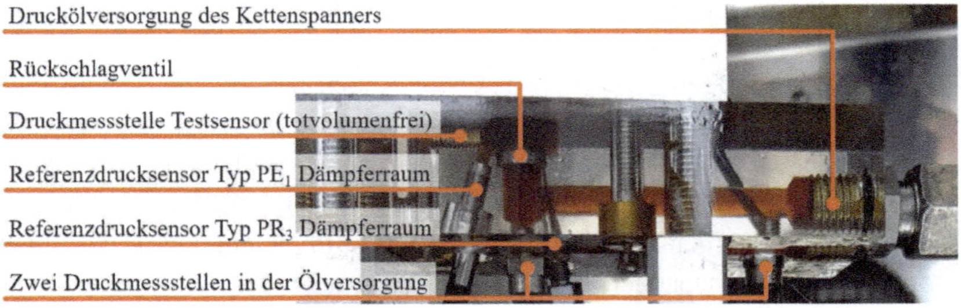

Abbildung 4.19: Detailansicht der transparenten Ölversorgung und Messstellen des Kettenspannergehäuses am Hydropulserprüfstand.

Die hier erkennbaren zwei Messstellen in der Ölversorgung sind frontbündig, das heißt ohne Totvolumen in die Zulaufleitung eingebracht, und die drei Sensoren am Dämpferraum sind bis auf den geringen Rückversatz des PE-Sensortyps ebenfalls frontbündig positioniert. Einschränkend auf die Versuchsdurchführung dieser Komponenten ist der signifikante Festigkeitsverlust über Temperatur des Plexiglases und die limitierte Dichtheit an der Fügestelle. Somit erfolgten die Versuche bei einer Öltemperatur von 60 °C und maximalen Kammerdrücken knapp 90 bar absolut, wodurch Kräfte inklusive der Federvorspannung von 1800 N im Bereich des Rückschlagventils am Plexiglaskörper angreifen.

Im Nachgang dieser Messkampagne wurde mittels einfachem Prinzipversuch bewertet, ab welcher Dimension sich Sacklöcher im Pulsationsverhalten des Dämpferraums identifizieren lassen und ob sich sensorspezifische Merkmale oder Unterschiede in deren signaltechnischer Abbildung finden lassen. Hierzu kamen zwei modifizierte Kettenspannergehäuse zum Einsatz, in denen jeweils nur einer der beiden Referenzsensortypen PE (piezoelektrisch) oder PR (piezoresistiv) verbaut ist, sowie eine Bohrung, die sich mittels variablem Füllkörper in der Tiefe verändern ließ. Auch in diesem Versuch verhinderte mangelndes Wissen um die Zusammenhänge von Systemdynamik und Abhängigkeiten vom Zustand des Betriebsmediums einen Erkenntnisgewinn aus der ersten Datensichtung. Nach Ausarbeitung eines umfangreicheren Modells ließen sich die Lücken schließen und die Ergebnisse in den Gesamtkontext widerspruchsfrei integrieren, wie Kapitel 5.2.2 belegt.

4.3.4 Erweiterte Messreihe zur Identifikation von Auswirkungen der Ölverschäumung mittels gesteuerter Beimengung von Luft

Aus den Erkenntnissen am transparenten Kettenspannergehäuse und einer nachweislich blasen- und schaumfreien Ölversorgung, die einerseits den thermischen und dynamischen Reglementierungen des Materials sowie andererseits der im Öltank bestehenden Entschäumung des Betriebsmediums zugeschrieben werden muss, war eine aktive Luftbeimengung in der Ölversorgung des Kettenspanners die logische Konsequenz für die folgende Messreihe.

Abbildung 4.20 stellt die Modifikationen mit allen Komponenten zur Einbringung von Luft vor und zeigt den in dieser Messreihe verwendeten instrumentierten Kettenspanner. Nach den ersten Anhaltspunkten des Prinzipversuchs aus Kapitel 4.3.3 sollten die Ergebnisse bestätigt werden. Das Ziel der Untersuchung lag in der Identifikation der Wechselwirkung aus geometrischen Modifikationen am Kettenspanner durch die Sensoradaptionen unter dem Einfluss variablen Gasgehalts im Betriebsmedium.

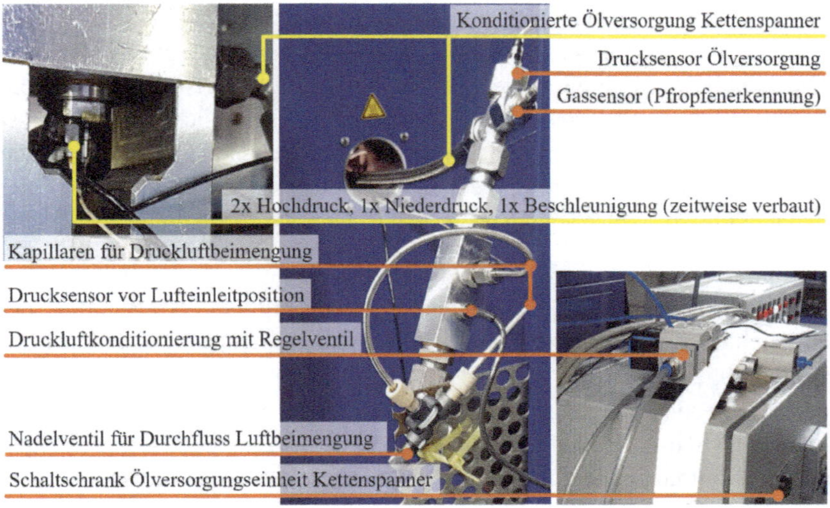

Abbildung 4.20: Aufbau für Komponententests am Kettenspanner mit Luftzudosierung zur gasblaseninduzierten Sensorsignalanalyse.

Besonderes Interesse lag hierbei auf den sich einstellenden fluktuierenden Elastizitäten zwischen Dämpferraum und den Messstellen beziehungsweise den Bohrungen zur hydraulischen Anbindung der Messmembran am Fluidkörper des Kettenspanners. Alle bisherigen Untersuchungsergebnisse weisen auf eine grundsätzliche Interaktion und gegenseitige Beeinflussung hin.

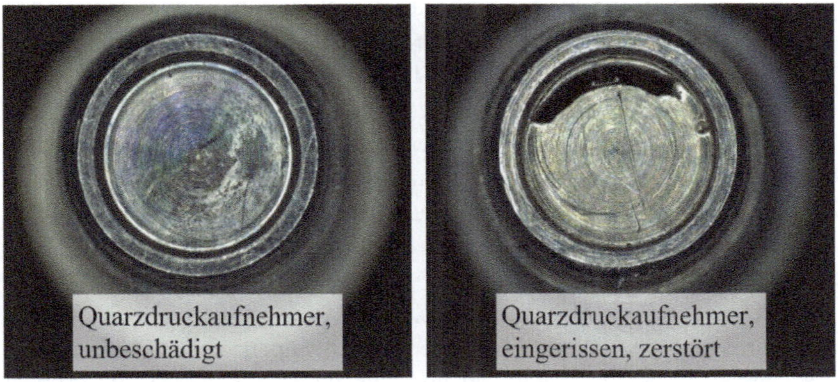

Abbildung 4.21: Detailansicht einer unbeschädigten und einer zerstörten Messmembran eines piezoelektrischen Quarzdrucksensors.

Gerade der in Abbildung 4.21 dokumentierte Ausfall eines Drucksensors mit einer lokal eingerissenen Sensormembran muss als eindeutiges Indiz einer Drucküberlastung gesehen werden und bestätigt zweifelsfrei, dass die zu Beginn des Kapitels beschriebenen Drucksignalverläufe nicht nur eine messtechnische Anomalie darstellen, sondern real herrschende Drücke mit einem entsprechenden Schädigungspotential widerspiegeln. Somit kommt den hier durchgeführten Versuchen ein weiterer und zentraler Aspekt hinzu:

Bestimmte Geometrien führen in hydraulischen Systemen zum Ausbilden von unerwarteten Drucküberhöhungen, die den mittleren Systemdruck um ein Vielfaches überschreiten können. Falls sich ein Drucksensor in einer dafür anfälligen Geometrie befindet, liefert dieser ein nahezu exaktes Abbild der auftretenden Vorgänge. Falls jedoch – wie an Systemkomponenten üblich – kein Sensor verbaut ist, werden die beschriebenen Drucküberhöhungen dennoch auftreten, allerdings unentdeckt bleiben, es sei denn diese führen zu Schäden und Ausfällen vergleichbar den am gezeigten Drucksensor. Somit soll durch diese Messreihe und die anschließende Datenanalyse bewertet werden, inwieweit sich ein Auftreten von Druckspitzen mit Zerstörungspotential an anderer Stelle im Gesamtsystem entdecken lässt und ob es eine Möglichkeit zur Klassierung der auftretenden Druckspitzen geben kann.

Im zweiten Teil des Messprogramms wurde noch ein Beschleunigungsaufnehmer am Gehäuse des Kettenspanners verklebt. Dieser ermöglicht das Erreichen der Endlagen der Rückschlagventilkugel zu detektieren, da die mit ausreichendem Impuls auftreffende Kugel ein messbares Körperschallereignis verursacht. Gegenüber eines mit Wirbelstromsensorik ausgestatteten Kettenspanners zur Kugelhubmessung ist eine genaue Beobachtung der Kugelposition nicht möglich, jedoch liefern die Zeitpunkte beim Erreichen der Endlagen relevante Anhaltspunkte für Rückschlüsse zur Beurteilung der Güte der Ölversorgung und dem erwartbaren Füllgrad des Dämpferraums. Gerade zur Analyse des Systemverhaltens und der Beurteilung von Wechselwirkungen aus veränderlichen Gasgehalten in der Ölversorgung, dem Dämpferraum und den Messstellen ist dieses Signal essenziell. Für jede Systemanalyse erweitert das Wissen um physikalische Phänomene und deren messtechnische Erfassung die Möglichkeiten zur detaillierten Identifikation des Verhaltens bis auf die Ebene der Einzelkomponenten. Gerade hierbei sind einfache oder bei Bedarf ad hoc applizierbare Sensoren von großem Vorteil für eine Analyse von Kausalitäten und eine Validierung der Aussagekraft dieses Messansatzes empfehlenswert.

4.4 Vollmotorprüfstand-Versuche

Auslöser vieler der vorgestellten Versuchsaufbauten und -reihen war eine unerklärliche Varianz in Messergebnissen bei der motorspezifischen Abstimmung der hydraulisch bedämpften Kettenspanner [24]. Hierbei wird eine Grundkraft mittels Feder vorgegeben. Die Abstimmung des Dämpfungsverhaltens erfolgt aus dem Zusammenspiel von Scherreibung im Leckspalt zwischen Kolben und Gehäuse sowie dem Entlüftungsverhalten durch die Nutgeometrie im Füllkörperkörper vor der Entlüftungsbohrung. Details siehe Abbildung 4.16 auf Seite 87. Ziel dieser Abstimmung sind:

- Die Begrenzung der Kräfte an der Steuerkette und
- die Reduzierung der Schwingwinkel der Nockenwellen, da diese im Zusammenhang mit Verbrennungsverhalten und Abgasreinigung stehen.

Die Skizze des Steuertriebs mit der Lage der Kettenspanner eines Sechszylinder-Boxermotors findet sich im Anhang A3. Die in [24] veröffentlichten und in Abbildung 4.22 dargestellten Unterschiede der drei Druckverläufe im Dämpferraum eines Kettenspanners unterstreichen den Bedarf einer Klärung. Hier liegt zwischen minimalem (rot) und maximalem (schwarz) Druckpeak ein Faktor von über 2,5 und belegt die Relevanz der Beseitigung dieser Unsicherheit.

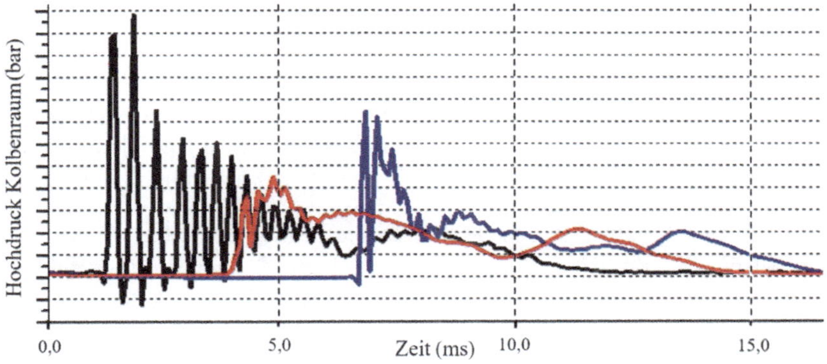

Abbildung 4.22: Druckverläufe im Dämpferraum eines Kettenspanners. Zur besseren Unterscheidung der Varianzen im Schwingungsverhalten sind die Signale zeitlich versetzt dargestellt [24].

Das entscheidende Detail für die äußerst anspruchsvolle Messaufgabe ergibt sich durch die große Spreizung des Druckbereichs. Das Dämpferelement ist öldurchspült, wodurch in der Ansaugphase Öldrücke im Bereich des absoluten Nullpunkts und in der Dämpfungsphase Druck von mehreren hundert bar entstehen. Dies allein stellt für Drucksensoren üblicherweise kein Problem dar, jedoch treten diese Vorgänge im Dämpfer mit hoher Dynamik auf und führen an den Messtellen zu Gradienten von über sechs Millionen bar pro Sekunde. Diese Gradienten liegen zwar nur Bruchteile von Millisekunden an und führen dennoch Drücke von über 1000 bar. Drei Fragen drängen sich aus den Signalverläufen unmittelbar auf:

- Kann in einem hydraulischen System eine solche Dynamik überhaupt auftreten?
- Wenn ja: Welche physikalischen Phänomene und / oder Wechselwirkungen am Sensor und im System bewirken diese?
- Inwieweit ist ein solches Messsignal für ein elektromechanisches Bauteil – den Drucksensor – überhaupt erfass- und abbildbar?

Zur Entstehung extremer Druckgradienten liefert folgende Überlegung einen Erklärungsansatz:

Die Ölversorgung ist beim Ausfahren des Kettenspanners nicht in der Lage, das freiwerdende Volumen im Kettenspanner vollständig mit Öl zu füllen. Somit fällt der Druck im Kettenspanner, bis Niedrigsieder des Motoröls zu kochen beginnen und sich Dampfblasen bilden, das System kavitiert. Nach der Bewegungsumkehr fährt der Kolben ein und komprimiert die entstandene Dampfblase. Beim Überschreiten des Sättigungsdrucks verflüssigt sich die Blase spontan und der Kolben schlägt mit seiner Geschwindigkeit auf eine inkompressible Flüssigkeit, wodurch die erfassten Druckwellen entstehen.

Falls dieser Ansatz den Sachverhalt ausreichend beschreibt, könnten verschiedene Drucksensoren Unterschiede in ihren Spitzenwerten aufweisen. Jedoch wirft das komplett abweichende Schwingungsverhalten der drei Drucksignale aus Abbildung 4.22 zusätzlich Fragen auf. Der Blick auf die eingesetzten Sensoren und deren spezifische Adaption am Kettenspanner wird in Abbildung 4.23 gegeben. Basis der obigen Signalverläufe sind der Sensor PR_1 entsprechend Teil 1 (unten) für den schwarzen Messschrieb, der Sensor PR_2 aus Teil 2 (unten) für den roten und der Sensor PE_1 aus Teil 1 oder 2 (jeweils oben) für den blauen. Hierbei besitzen die zwei Sensoren PR_2 sowie PE_1 frontbündige Messelemente und der Sensor PR_1 eine mittels Zulaufbohrung angebundene innenliegende Messzelle. Erstaunlicherweise liefert der piezoresistive Sensor (PR_1) einen Signalverlauf mit höheren Amplituden bei größerer Schwingungsanzahl als der piezoelektrische (PE_1).

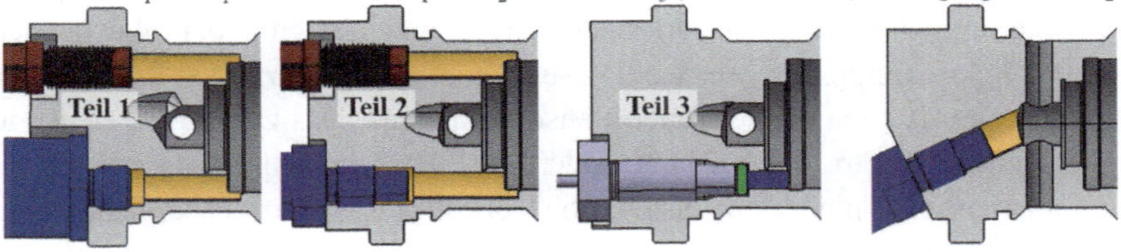

Abbildung 4.23: Auszug der Varianten an Kettenspanner mit Drucksensorkombinationen zur Validierung der Messeigenschaften verschiedener Sensoren inklusive der Technologien.

Eine Untersuchung zur Ergründung des Wirkmechanismus ist in einem so komplexen und vielschichtigen System wie einem Kettenspanner am Komplettmotor auf einem Prüfstand nicht zielführend. Allerdings eignet sich dieses Umfeld ideal zur Verifikation der gewonnenen Einzelerkenntnisse. In diesem Gesamtsystem unter Einwirkung aller zu berücksichtigten Wechselwirkungen und Randbedingungen in sämtlichen Ausprägungen offenbaren sich Unstimmigkeiten einer Hypothese oder Theorie unweigerlich.

4.4.1 Initiale Motormessungen am Kettenspanner

Im Nachgang der in Abbildung 4.22 vorgestellten Druckverläufe wurden diese gezielt zur Bestätigung wiederholt. Hierbei kamen entgegen der vorherigen Messung die in Abbildung 4.23 dargestellten Kettenspanner Teil eins und zwei zum Einsatz, da ein Umbau des Kettenspanners auf eine andere Sensorvariante immer die Unsicherheit birgt, unbemerkt abweichende Randbedingungen zu erhalten. In diesen ersten Messungen wurden ebenfalls die Hardware Anti-Aliasing-Filterschaltung der Erfassungsmodule in einzelnen Messungen überbrückt. Denn der Vorteil des hier genutzten Butterworth-Filters mit hoher Flankensteilheit wird durch eine frequenzabhängige Signallaufzeit erkauft. Für die hier durchgeführten Untersuchungen ist der Preis eindeutig inakzeptabel, wie in Kapitel 5.1.2 ausgeführt wird. Denn die sich ergebenden gravierenden und irreversiblen Verfremdungen im Signalschrieb bergen die Gefahr von Fehlinterpretationen. Über die einfache Bestätigung der gezeigten Ergebnisse konnten durch den parallelen Verbau der Sensoren eine aussagekräftigere Korrelation erzielt werden.

Für die zweite Motormessung stand ein V6-Turbomotor zur Verfügung und konnte im Rahmen einer Ursachenanalyse hinsichtlich einer akustischen Auffälligkeit mitgenutzt werden. Dieses Setup bot den perfekten Rahmen zur Bewertung des unterschiedlichen Sensorverhaltens. Das zu Grunde liegende Versuchsprogramm lief bei Drehzahlen bis 2000 U/min und geringen Drehmomenten, also niedrigen Lasten, ab. Vorteil dieses Betriebsbereiches sind kaum Ventilationen im Kurbelgehäuse und somit ein ruhiger Ölsumpf, mit der Folge einer vernachlässigbaren Ölverschäumung. Bei allen bereits vorgestellten Versuchsaufbauten und den großen Anstrengungen, reproduzierbare Messergebnisse zu erhalten, spielten freie Gas- oder Luftblasen stets eine zentrale Rolle. So bietet diese Messreihe eine Möglichkeit das System: Kettenspanner unter dieser eher unkritischen Versuchsbedingung zu analysieren.

4.4.2 Drucksignale aus Kettenspanneruntersuchungen am Vollmotor

Eine der umfangreichsten Messkampagnen gelang durch die Kombination einer Kettenspannerauslegung und der parallelen Bewertung des Messverhaltens von Drucksensoren im Dämpferraum der Kettenspanner eines Sechszylinder-Boxermotors. Die einmalige Gelegenheit ergab sich aufgrund der Unterstützung der Motorenentwicklungsabteilung, der Messungen und Erfahrungen des Zulieferers, ausreichendem Vorwissen zur dynamischen Druckmessung, eines vollumfänglich instrumentierten Motors sowie der Vollausstattung an State-of-the-Art Mess- und Erfassungssystemen und nicht zuletzt einer motivierten Prüfstandcrew. Das Messprogramm umfasste zwei Wochen und verfügte über die folgende Messtechnik:

- Sämtliche Drehzahlen mittels Feldplatten oder Induktivgeber an Kurbelwelle und aller vier Nockenwellen (vor und nach Nockenwellensteller),
- erprobte, berührungslose, hochdynamische und auf wenige Mikrometer genaue Wirbelstromwegmesstechnik eddy DT3300 von Mikro-Epsilon,

- der MGC*plus* mit ML10B-Analogverstärker von HBM für piezoresistive Drucksensoren,
- Kistler Charge Amplifier Type 5064C für piezoelektrische Sensoren,
- notwendige CAN-Bussignale aus der Motorsteuerung und CAN-Messsysteme für alle Bauteil-, Medientemperaturen sowie Statussignale,
- zur Datenerfassung mit Fokus Steuertriebdynamik: rotec, RAS fe12,
- zur Datenerfassung Drucksignalanalyse: Yokogawa, DL850,
- technische Daten der Messhardware sind in Anhang A8 aufgeführt.

Einen wenig repräsentativen Einblick lässt Abbildung 4.24 erahnen, da hier nur die Erfassungssysteme und Teile der Signalkonditionierung, nicht aber der Prüfling abgelichtet sind.

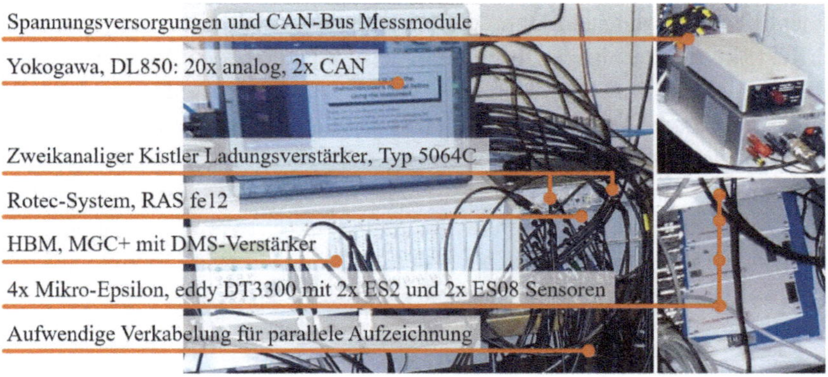

Abbildung 4.24: Aufbau am Vollmotorprüfstand zur parallelen Messung der Kettenspannerabstimmung und Drucksensoranalyse.

Das übliche Vorgehen zur Abstimmung eines Kettenspanners ist das langsame Durchfahren von Drehzahlrampen bei drei, meistens fünf Lastzuständen, um alle Resonanzpunkte des Steuertriebs zu identifizieren. Diese Versuche werden zunächst bei einer mittleren Öltemperatur durchgeführt und mit vielversprechenden Konfigurationen dann noch bei weiteren Öltemperaturen gegengeprüft. Der komplette Datensatz einer Auslegung dient als Input einer numerischen Simulation, die auftretende Kettenkräfte ableitet und eine Lebensdauerprognose erstellt. Der Vorteil dieses Messprogramms liegt in der großen Anzahl von Wiederholungen und der dadurch entstehenden Vielzahl an gleichwertigen Messreihen bei nahezu identischen Randbedingungen und gleichzeitig einer großen Spreizung an Belastungsfällen und dynamischen Beanspruchungen der verbauten Drucksensoren. Allerdings fehlte bei der Erstellung dieser Messreihen noch das notwendige Verständnis, um die Wechselwirkungen verschiedener (paralleler) Messstellen untereinander, mit dem Dämpferraum des Kettenspanners sowie des Rückschlagventils zu erkennen.

Als direkte Konsequenz schienen Teile der Daten widersprüchlich und schwer interpretierbar. Allerdings ließen sich diese Defizite durch die Summe der erarbeiteten Erkenntnisse aus den in Kapitel 4.2 und 4.3 vorgestellten Versuchseinrichtungen mit ihren Messreihen sowie der folgenden Kapitel zur dynamischen Kalibrierung von Drucksensoren und zur 3D CFD-Simulation beseitigen. Eine große Herausforderung besteht in der Vielzahl an Einflüssen, die zum Teil fast identische Signalverläufe bedingen, jedoch auf verschiedenen Auslösern beruhen und sich ohne fundiertes Detailwissen ihrer Identifikation entziehen. Ohne die Kenntnis der ursächlichen physikalische Effekte können technische Systeme weder verstanden noch simuliert werden. Häufig gehen mit fehlendem Systemverständnis Qualitätsmängel oder Leistungsdefizite einher und führen in letzter Konsequenz immer zu überraschenden und ungeplanten Kosten sowie Projektverzögerungen. Umso wertvoller sind die hier vorgestellten Ergebnisse aus Beobachtungen, Zusammenhängen und Analysemethoden im Bereich hydraulischer Systeme, da somit auf viele Fragen eine Antwort gefunden werden sollte und dieses Vorwissen direkt genutzt und angewandt werden konnte.

4.4.3 Spezifische Fragestellungen und Sonderversuche

Während der Bauteil- und Funktionsentwicklung ist Unvorhergesehenes und Unerwartetes die Regel. Diese Tatsache ist sowohl Teil der Lösung als auch des Problems. Der problembehaftete Teil ist bereits im obigen Absatz beschrieben, der Teil der Lösung ergibt sich aus folgenden Überlegungen:

- Probleme sind oft die Folge von unzureichendem Verständnis oder mangelndem Wissen.
- Benötigtes Verständnis lässt sich sinnvoll erarbeiten, wenn ein grober Anhaltspunkt zum Auslöser oder einer Ursache erahnt wird.

- Falls es keinerlei Anhaltspunkte gibt und auch keine konkrete Frage formuliert werden kann, helfen nur Zufallstreffer oder
- ein anderer Blickwinkel, der einen unvermuteten Zusammenhang aufzeigt und einen neuen Ansatz liefert, als Beispiel sei die Entdeckung des Penicillins und die Materialien für Hochtemperatursupraleitung erwähnt.

Das Resümee des obigen Gedankengangs verlangt ausnahmslos eine Antwort auf das: „Warum?“ Warum funktioniert ein Ansatz nicht, hier wird üblicherweise nach einer Abhilfe gesucht. Dann aber bleibt die relevante Frage unbeantwortet: „Warum funktioniert dieser Ansatz hier und unter welchen Randbedingungen?“. Diese Antwort kann womöglich „ein Teil der Lösung“ des nächsten Problems und die Erklärung zu obiger Überlegung liefern.

Druckmessungen im Kettenspanner mittels Indizierkerzen-Drucksensor

Nachdem Einflüsse spezifischer Geometrien in der hydraulischen Anbindung der Messzellen an Messobjekten nachgewiesen sind, blieb die Frage nach der genauen Art und Weise der Interaktion mit der Form der Kavität offen. Zur Klärung wurden zwei Messkettenspanner für jeweils zwei Druckaufnehmer angefertigt. Im Linken aus Abbildung 4.25 bestückt mit einem M5x0,5 Indizierdrucksensor PE_1 und dem Druckaufnehmer für Indizierkerzen PE_3 mit einem M3,5x0,6 Standardgewinde. Dabei sind die Messstellen so ausgeführt, dass beide Messzellen eine identische Länge der hydraulischen Verbindungsbohrung zum Dämpferraum besitzen. Aufgrund der unterschiedlichen Einschraubgewinde jedoch mit verschiedenen Adaptionsdurchmessern. Im rechten Gehäuse kamen der piezoresistive Ultraminiaturdrucksensor PR_3 mit einem Durchmesser kleiner 2,0 mm und der Indizierkerzen-Druckaufnehmer bei minimal möglicher Bohrungslänge zum Einsatz, um so die Anteile aus Bohrungsdurchmesser und -länge aufzeigen zu können.

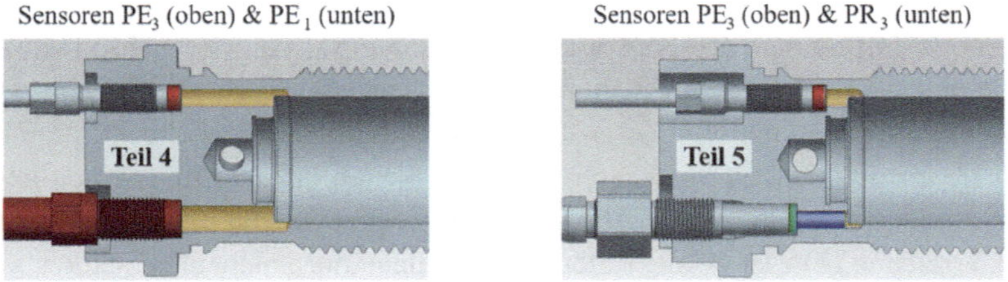

Abbildung 4.25: Zwei Messkettenspanner für Indizierkerzen-Druckaufnehmer PE_3 (piezoelektrisch) und Geometrievariationen.

Untersuchung möglicher Rückwirkungen auf das Systemverhalten durch den Verbau von Messtechnik

Wie Untersuchungen zum Kettenspanner belegen, können auch kleine, als unbedeutend eingestufte Modifikationen beim Verbau von Messtechnik zu messbaren Rückwirkungen auf das Systemverhalten und die Funktionsweise einzelner Komponenten führen. Gerade hydraulische Systeme reagieren sehr sensibel auf Änderungen von Kanalgeometrien und / oder Wandmaterialien. Für Messungen des Öldurchsatzes werden üblicherweise Verdrängungszähler oder Messturbinen verwendet. Diese Messeinrichtungen sind meist zu raumgreifend, um sie aggregatsnah zu verbauen. Dem Stand der Technik gemäß wird das Kanalsystem mittels Stahlflexleitungen erweitert, in die der entsprechende Sensor integriert und mit dem Versuchsträger verbunden wird. Im Zuge einer durchgeführten Ölvolumenstrommessung sind Teils des Versuchsprogramms ohne und mit beschriebener Durchflusssensorik vermessen worden, um gezielt die Auswirkungen dieser signifikanten Änderungen am Ölsystem hinsichtlich auftretender Rückwirkungen auf das Pulsationsverhalten bewerten zu können.

Einfluss der Ölverschäumung auf das Pulsationsverhalten im Schmiersystem eines Verbrennungsmotors

Der Gasgehalt oder der Verschäumungszustand des Betriebsmediums interagiert signifikant mit den Messstellen für Drucksensoren, sobald diese durch Verbindungsbohrungen im Hydrauliksystem verbaut werden. Aus diesem Wissen lässt sich schlussfolgern, dass Luft in jedem Bereich eines hydraulischen Systems zu messbaren Änderungen im Schwingungs- oder Pulsationsverhalten führt. So sollte ein nahezu blasenfreier Ölhaushalt ein anderes Pulsationsverhalten besitzen als ein normal oder stärker verschäumter. Die Erzeugung eines blasen- oder schaumfreien Ölhaushalts am Vollmotor stellt eine gewisse Herausforderung dar. Wie bereits erwähnt, ist der Gasgehalt keine beeinflussbare Größe, sondern eine Folge aus dem Betriebspunkt, der Öltemperatur, dem Motorölvolumen, dem Ölzustand und weiterer motorspezifischer Einflussfaktoren. Aus der Physik sind grundsätzliche Zusammenhänge zur Löslichkeit von Gasen in Flüssigkeiten bekannt und ermöglichen bei Berücksichtigung dieser Abhängigkeiten einen äußerst luftarmen Zustand zu erreichen. Dieser – als Referenz zu einem normalen oder stärker verschäumten Betriebsstoff – kann wertvolle Erkenntnisse zu hochdynamischen

Vorgängen im Schmiersystem eines Verbrennungsmotors oder auch anderer hydraulischer Systeme liefern.

4.5 Dynamische Kalibrierungen von Drucksensoren

Die Qualität der Abbildungstreue dynamischer Ereignisse aus hydraulischen Systemen an Drucksensoren wird seit Jahrzehnten im Bereich der Metrologie diskutiert und nach Methoden und Verfahren zu ihrer Bewertung geforscht. Diese Unsicherheit zur Abbildungstreue oder -qualität war der zentrale Auslöser für die umfangreichen und sehr tiefgreifenden Untersuchungen an verschiedensten Aufbauten und Systemen. Alle erzielten Ergebnisse entschlüsseln Abhängigkeiten und zeigen Wechselwirkungen zwischen einzelnen Bereichen eines hydraulischen Systems, dessen Geometrie, seiner Dynamik, dem Verschäumungsgrad bis hin zur Größe und Lokalisierung einzelner Gasblasen und vielem mehr. Eine quantitativ verlässliche Aussage zur Messgüte oder Abbildungsqualität einzelner Druckaufnehmer oder der verwendeten Messketten (elektrisch gewandeltes Drucksignal bis hin zum digitalen Messwert in einem Datenspeicher) lässt sich ohne einen Bezug zu rückführbaren Druckreferenzen nicht sicherstellen.

4.5.1 Analysen mittels dynamischem Kalibrator für Drucksensoren

Das in Kapitel 2.3 vorgestellte Prinzip und beschriebene Kalibrieraufbau verlangt im kommerziellen Einsatz validierte Abläufe zur Erstellung reproduzierbarer Kalibriervorgänge und umfassendes Verständnis über hierbei auftretende physikalische Phänomene. Aus diesen Anforderungen folgte eine Zusammenarbeit mit einem Kalibrierdienstleister, der eine passende Apparatur nutzt und einem gemeinsamen Wissensaufbau offen gegenübersteht. Da dieser Kalibrator eine interne Referenz als Bezugsnormal nutzt und sämtliche Kalibrierobjekte über drucksensorspezifische Adaptionen hydraulisch mit dem Druckraum verbunden werden, können viele der oben beschriebenen Effekte die einzelnen Drucksensorsignale individuell überlagern. Membranbasierte Drucksensoren erzeugen ein elektrisches Signal durch minimale Verformungen an ihrer Messzelle, die sensorspezifische Elastizitäten im Aufbau zur Folge haben. Diese Elastizitäten im Verbund mit dem Medium und der Geometrie bedingen oft eine Schwingungsfähigkeit und unter Umständen auch eine ungewollte Systemresonanz, die zu Überlagerungen in allen Drucksignalen führen kann. Falls diese Systemresonanz auf weitere volatile Elastizitäten aus stochastisch verteilten Luftblasen treffen, ist eine aussagekräftige und reproduzierbare Kalibrierung kaum zu gewährleisten.

Für eine hohe Wiederholgenauigkeit bei der Kalibrierung von Drucksensoren ist eine hohe Steifigkeit des Aufbaus sinnvoll, wie die Detailaufnahmen aus Abbildung 4.26 verdeutlichen. Das wohl relevanteste Detail ist eine blasenfreie Befüllung oder ein zuverlässiges und vollständiges Ausspülen von in den Sensoren oder deren Adaptionen gefangenen Luftblasen, da diese wie angedeutet und in Kapitel 5.4.1 folgend belegt zu ungeahnten, nicht korrigierbaren Überlagerungen im gesamten Aufbau führen. Die letzte essenzielle Komponente des Aufbaus ist der Aktor sowie dessen Ansteuerung [18].

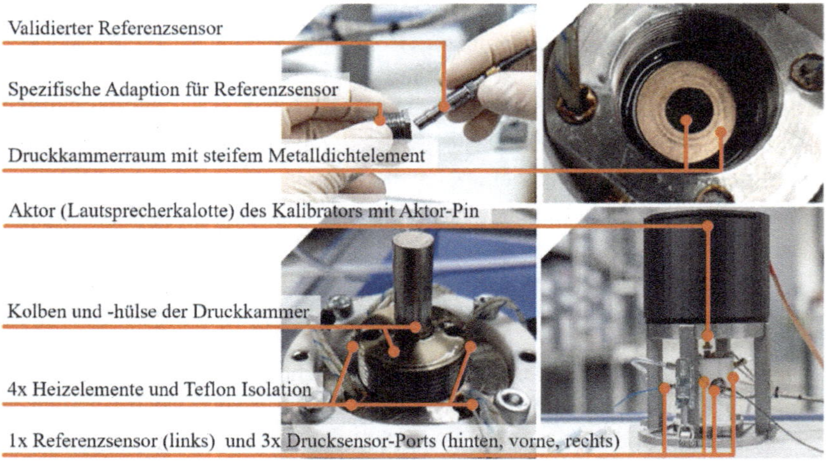

Abbildung 4.26: Gesamtaufbau und Details des Kalibrators für dynamische Drucksensorkalibrierung bis 200 bar und 150 °C.

Die einzelnen Stöße erzeugen Halbsinus-Impulse von außergewöhnlicher Reproduzierbarkeit, wie Abbildung 4.27 belegt, trotz einer Abtastrate von einem Megahertz und einem minimalen Entrauschen durch einen Bessel-Tiefpassfilter von 120 kHz. Dennoch lassen sich Druckverläufe aus drei Anregungen problemlos bis auf Strichstärke übereinanderlegen und kleinste Unterschiede wären nur in den Druckgradienten zu erkennen. Das erarbeitete

Verständnis zu physikalischen Phänomenen, deren Auftreten, ihren Wechselwirkungen und Abhängigkeiten liefert ebenfalls die Basis zur Optimierung der Kalibrierabläufe als auch zur Identifikation und Beseitigung von überlagernden oder störenden Effekten. Zusätzlich ermöglicht die Kenntnis der Analyse hydraulischer Systeme weitere Kennzahlen zu definieren, um das dynamische Verhalten eines Drucksensors detaillierter zu klassieren.

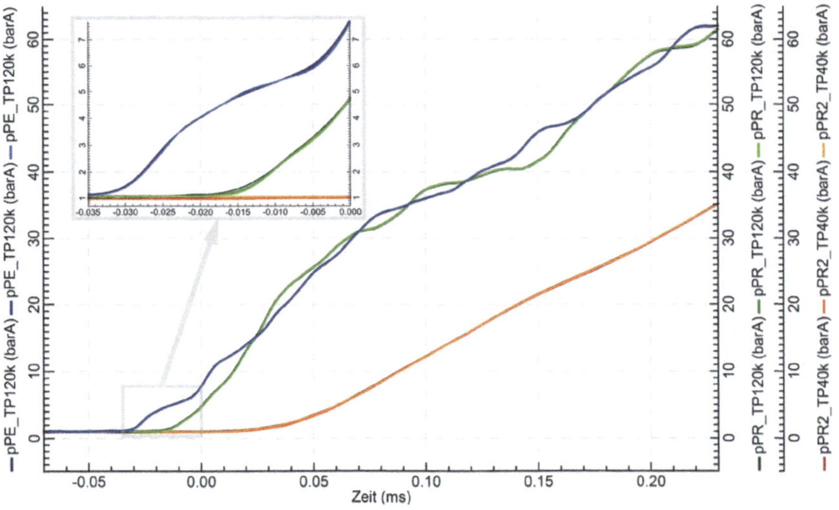

Abbildung 4.27: Details dreier Stoßanregungen (Farben: 1er hell, 2er mittel und 3er dunkel) von drei Drucksensoren (PE_3: in Blau, PR_2: in Grün, PR_{2TP}: in Rot) einer dynamischen Kalibrierung.

Alleinstellungsmerkmal dieses Aufbaus ist eine detaillierte Untersuchung kleinster Veränderungen des Aufbaus zwischen den einzelnen Kalibrierstößen und deren Abbildung im Drucksensorsignal. Spannend ist hier die Interaktion zwischen Ausgasen, Luftlösen, Dichte- und Volumenänderungen der Flüssigkeitsfüllung der Druckkammer. Ebenfalls erkennbar sind Viskositätsänderungen des Öls im Ringspalt von Kolben und Führungshülse, Elastizitäten von Sensoren an deren Messzellen sowie Wechselwirkungen durch die Übertragung von Zugkräften auf die Sensormembran und die Umwandlung verschiedener Energieformen für eine spezifische Kolbendynamik im Nachgang des initialen Stoßes. Die Vergrößerung besitzt in x-Richtung eine 3,3- und in y-Richtung eine 4,0-fache Auflösung, die verdeutlicht, dass sich die Drücke hierin um weniger als 0,21 bar oder 0,18 % unterscheiden.

4.5.2 Druckkammer zur Identifikation von Dichte-, Viskositäts- und Elastizitätseinflüssen

Mit dem in Kapitel 4.2.4 vorgestellten und modifizierten Aufbau, wie in Abbildung 4.15 auf Seite 85 im finalen Stand skizziert, sind verschiedene essenzielle Untersuchungen durchführbar, die grundlegende Zusammenhänge veranschaulichen. Durch den Einsatz eines für die Drucksensorkalibrierung optimierten Kolbens mit nominalem Ringspalt von 0,6 µm zwischen Kolben und dessen Führungslänge von 27,0 mm ergaben Untersuchungen bei 25 °C und 40,952 barA eine überdruckbedingte Leckage mit 10,08 µl / h. Diese bedingt zur Kompensation eine mittlere Geschwindigkeit von 1,71 µm / min beim Kolbendurchmesser mit 11,200 mm. Abbildung 4.28 liefert hingegen einen Wert von 2,00 µm / min zwischen 305 s und 365 s als Gradienten des roten Graphens im Signal des konfokalen Wegsensors. Diese Abweichung scheint zunächst unbedeutend und bei einem Absolutwert von 0,29 µm / min vernachlässigbar, jedoch liefert der Aufbau ab 790 s über 60 s nur einen Gradienten von 0,20 µm / s. Als Leckage beim Systemdruck von 20,954 barA überrascht dieser Wert jedoch, denn anstelle des Erwartungswerts von 1,00 µm / min fällt dieser mit 20 % auffällig gering aus. Wie bereits in Kapitel 4.2.4 angedeutet, führt eine temperaturbedingte Dichteänderung in Ölen zu deutlich messbaren Volumenänderungen. Unerwartet ist jedoch der Zusammenhang einer mittels Druckänderung induzierten Eigenerwärmung, aus der eine beobachtete Dichteänderung entsteht. So erklärt dieser physikalische Effekt das beobachtete Verhalten vollständig, denn beim Anfahren des Startdrucks von 40,954 barA befand sich der Aufbau bei 25 °C und Umgebungsdruck im thermodynamischen Gleichgewicht. Die Druckerhöhung von 40 bar führt zu einer Erwärmung der Flüssigkeit und über die druckbedingte Dichteänderung auch zu einer temperaturbedingten. Dieser Anteil reduziert sich kontinuierlich aufgrund eines Wärmeflusses aus dem erwärmten Öl in das Gehäuse, wodurch der Aktor mit einem Gradienten von 0,29 µm / min über der stationären Leckage gegenregelt. Beim stufenweisen Reduzieren des Kammerdrucks kehren sich die Verhältnisse um. Die im Aufbau gespeicherte Wärme fließt in das Öl zurück, womit sich dessen Dichte reduziert sowie das Volumen vergrößert und einen Teil der Kolbenleckage kompensiert, so dass die reale Kolbengeschwindigkeit von 20 % zur Aufrechterhaltung des Systemdrucks ausreicht. Eine vergleichbare Sensitivität im sehr engen Ringspalt ist auszuschließen, da hier das Oberflächen-Volumen-Verhältnis eine temperaturbedingte Änderung der Leckage verhindert. Bestätig werden diese Zusammenhänge ebenfalls durch den Verlauf der Öltemperatur am 2,0 mm durchmessenden PT100 im Ölvolumen. Wenn man vom Hochpunkt der Temperatur bei 280 s auf die Wegsensorsignale fluchtet, scheint man eine geringe Änderung der Steigung zu erahnen. Gemessen zwischen 190 s und 250 s bestätigt sich die Ahnung mit 1,69 µm / min in der Aktorbewegung bei einer erfassten Temperaturdifferenz von +0,019 K innerhalb dieser 60 s. Der steilere Gradient von 2,00 µm / min korreliert mit einer erfassten Temperaturabnahme von –0,010 K trotz dessen Wärmekapazität. Gut zu erkennen sind zu den Zeitpunkten der Druckreduktionen ebenfalls die sprunghaften Temperatureinbrüche. In der Druckstufe des Zeitbereichs zwischen 445 s und 475 s liegt ein stabiler Temperaturanstieg von +0,011 K vor, dessen Überlagerung die geringe Aktorbewegung von 0,88 µm / min bei 51 Prozent des Erwartungswerts erklärt. Als finalen Beleg sei die neuerliche Steigerung des Gradienten auf 1,02 µm / min oder 74 Prozent bei einer Temperaturänderung von hier nur +0,004 K über 30 s angeführt.

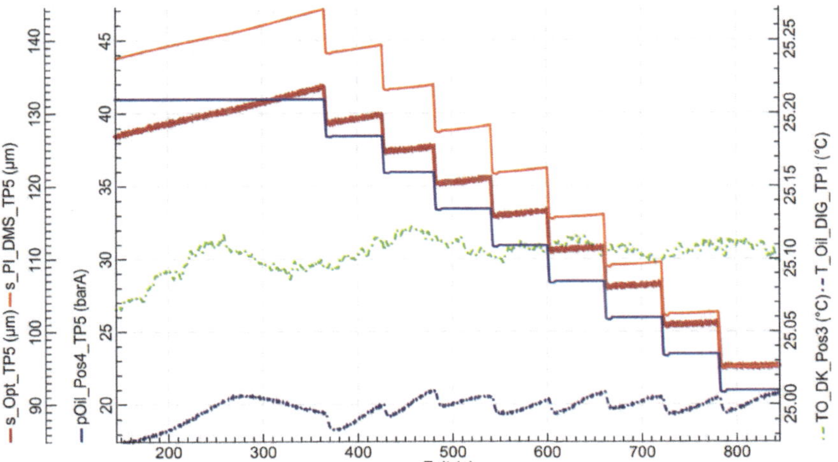

Abbildung 4.28: Leckage und Temperatureinflüsse an der eigenentwickelten Druckkammer mittels präziser Volumenüberwachung.

Zur Verdeutlichung einer weiteren Wechselwirkung im Aufbau wurden die Signale der beiden Wegmesssysteme zum Zeitpunkt 825 s auf 95,2 µm numerisch abgeglichen. Somit zeichnet sich der ähnlich verlaufende orangene Graph des internen DMS-Wegsensors bei 365 s mit einer absoluten Differenz von 10,5 µm vom dem des optisch erfassten Kolbenwegs ab. Diese

Abweichung ist jedoch keine Folge eines Messfehlers, sondern resultiert aus Elastizitäten der Aufnahme des Piezoaktors und einem leichten Setzen in den Fertigungstoleranzen, wodurch bei 394,1 N Gegenkraft aus den 40 bar Überdruck am Kolben nur 78,5 Prozent der Aktorbewegung in die Kolbenbewegung übergehen. In [54] werden ebenfalls druckbedingte Dichteänderungen vergleichbarer Größenordnung beschrieben.

Die beschriebenen Beobachtungen der signifikanten Auswirkungen kleinster Temperaturänderungen sowie selbst der Dichteänderungen aus der Eigenerwärmung eines Öls beim Komprimieren helfen beim Verständnis der Entwicklung einer dynamischen Drucksensorkalibriereinrichtung. Abbildung 4.29 offenbart die meist unterschätzen Kopplungen zwischen Druck, Temperatur, Dichte und Volumen eindrücklich beim Versuch, einen Solldruck trotz einer Temperaturschwankung im Bereich von Zentel-Kelvin aufrecht zu erhalten. Eine der auffälligsten Stellen liegt zwischen 1365 s und 1405 s, innerhalb derer der Kolben 2,27 µm ausfahren muss, um den Systemdruck trotz Ölverlust konstant zu halten. Der leckagebedingte Kolbenweg wäre eine entgegengesetzte Bewegung von 2,33 µm über diesem Zeitbereich gewesen, somit überkompensiert der Temperatureinfluss von 0,28 K einen mittleren Ölvolumenstrom von 0,344 µl / min bei 45 °C und 35,955 barA. Eine präzise Bestimmung des Kompressionsmoduls wird somit nahezu unmöglich.

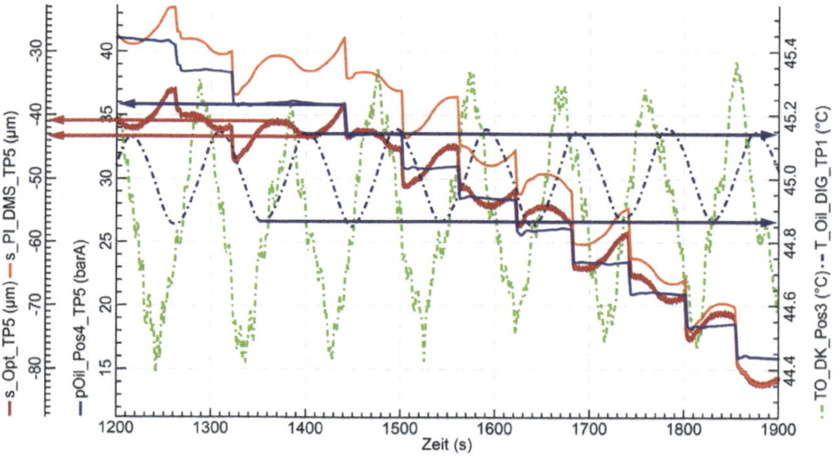

Abbildung 4.29: Druck- und temperaturabhängige Volumenüberwachung bei 45 °C und Überdrücken von 40 bar bis 15 bar über zehn Stufen und mit einer Schrittweite von 2,5 bar.

Diese hier entdeckten Empfindlichkeiten zeigen eine unerwartete Möglichkeit einer hochgenauen Temperaturermittlung auf sowie einen Ansatz zur Ermittlung von Wärmeübergängen inklusive der gekoppelten Wärme- beziehungsweise Temperaturleitung in Flüssigkeiten. Gerade die Sensibilität von wenigen Millikelvin wie sie Abbildung 4.28 hervorhebt, lassen sich mit kleineren Kolbendurchmessern sowie präziseren Wegmesssystemen noch detaillierter beobachten und ermöglichen unbekannte Einblicke in derartige physikalische Vorgänge. Weitere Details zur Messtechnik enthält Anhang A7.

4.5.3 Patent einer dynamischen Kalibriermethode von Drucksensoren

Aus den akribischen Beobachtungen und Identifikation auftretender physikalischer Phänomene folgte eine Methode zur dynamischen Kalibrierung von Drucksensoren, die in der Lage ist, sowohl die statischen Eigenschaften als auch das dynamische Verhalten eines Drucksensors parallel zu beurteilen. Den Kern [55] bildet eine Druckkammer (vergleichbar zu der in Kapitel 4.2.4 beschriebenen) mit einer Weg-, Geschwindigkeits- und Temperatursensorik sowie optional einer Druckreferenz. Wesentliche Neuerung ist die Umkehrung des Anregemechanismus, der nicht mittels ansteuerbaren Aktors oder Fallgewichts erfolgt, sondern über ein statisches Gewicht, das zu einem zum Kolbendurchmesser proportionalen und konstanten Systemdruck führt. Wie die obigen Beobachtungen belegen, reagieren hydraulische Systeme äußerst sensibel auf Druckänderungen und benötigen zum Teil Minuten, ihr thermisches Gleichgewicht zu erreichen. Ein statisches Gewicht ermöglicht diesen Zustand trotz unvermeidlicher Leckage stabil aufrecht zu erhalten und liefert somit den ersten Kalibrierpunkt. Nach Erreichen des thermodynamischen Gleichgewichts wird die kraftschlüssige Verbindung zwischen Kolben und Gewicht gelöst, wodurch die in der komprimierten Flüssigkeit gespeicherte Energie den Kolben beschleunigt und aufgrund seiner Masseträgheit zu einem Sprung über das Ruhevolumen der Flüssigkeit hinaus befähigt. Somit stellt sich ein Systemdruck nahe des Dampfdrucks der Flüssigkeit bei deren aktueller Temperatur ein und liegt über mehrere Millisekunden an. Dieses zweite Druckniveau ist wiederum physikalisch eindeutig definiert und liefert einen zweiten Kalibrierpunkt für den verbauten Drucksensor. Die aus druckverhältnis- und schwerkraftbedingter Umkehrung der Kolbenbewegung führt nun zu einem impulsförmigen Einschlag auf der Flüssigkeitsoberfläche und lässt sich aus der Kolbenmasse und Geschwindigkeit in einen Spitzendruck der Kammer umrechnen und liefert einen weiteren physikalisch definierten Kalibrierpunkt für den Drucksensor. Dieser Vorgang wiederholt sich mehrfach, wie Abbildung 4.30 eines Messschriebs des in Kapitel 4.2.3 vorgestellten Aufbaus verdeutlicht. Dieser Vorgang endet, sobald die kinetische Energie des Systems aufgrund der viskosen Reibung im Ringspalt um den Kolben dissipiert ist.

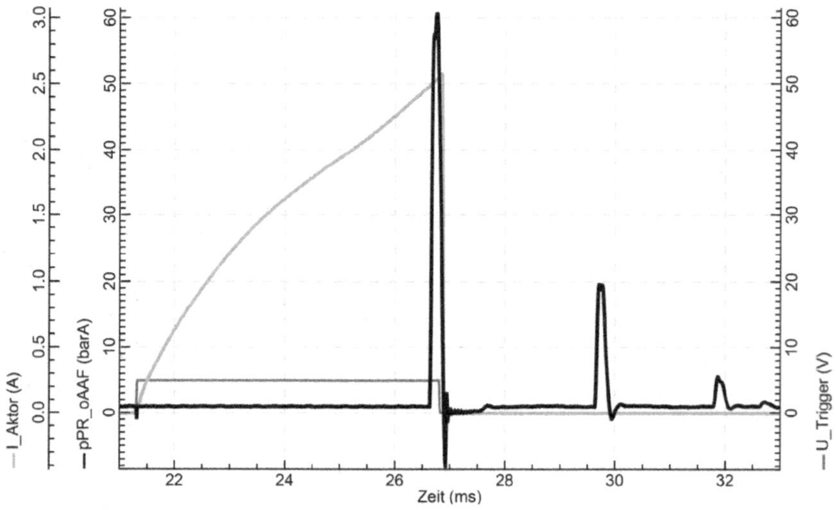

Abbildung 4.30: Druckpulse am DIG mit 25,0 V Bestromung und 1,65 mm Aktor-Kolben-Abstand. Mehrfache Druckpulse mit den Zeitdifferenzen von 3,0 ms, 2,2 ms und 0,9 ms aufgrund beschriebener Eigendynamik des Kolbens.

4.5.4 Zusammenfassung und Schlussfolgerung aus den dynamischen Drucksensorkalibrierungen

Im Bereich der Kalibriertechnik ist Reproduzierbarkeit eine der wichtigsten Eigenschaften eines Versuchsaufbaus. Gerade wie die Abbildungen 4.27 und 4.28 verdeutlichen, sind Kalibriereinrichtungen in der Lage, die Auswirkungen kleinster Variationen in den Randbedingungen oder geringste Einflüsse physikalischer Effekte sichtbar und somit bewertbar zu machen. Da in der Regel ein Kalibrieraufbau aus validierten und mehrfach geprüften Komponenten besteht, bestätigen die Messergebnisse dieses Verhalten und erlauben die Schlussfolgerung, dass Veränderungen im Messsignal immer auf einer physikalisch erklärbaren Änderung des Systemzustands fußen. Dieser Zusammenhang erweitert Nutzen und Einsatzmöglichkeiten von Kalibriereinrichtungen deutlich, da diese auch zur Bewertung und spezifischer Analyse beobachteter physikalischer Phänomene genutzt werden können, wie Abbildung 4.29 verdeutlicht. Zusätzlich zum Sensorverhalten und wirkender Physik lassen dynamisch arbeitende Kalibrieraufbauten auch Analysen von Messketten aus Sensor, Signalkonditionierung, analoger oder digitaler Filterung bis hin zur Digitalisierung zu. Denn gerade hierbei können Veränderungen in ein Messsignal eingebracht werden, die bei unklarer Herkunft schnell zu Fehlschlüssen in der Analyse führen können, wie in Kapitel 5.4 diskutiert.

Ein letztes und bisher nahezu ungenutztes Potenzial verbirgt sich im entwicklungsbegleitenden Einsatz einer Kalibriereinrichtung, um beispielsweise die innere Geometrie und hydraulische Anbindung eines Sensors auf dessen hydraulischen Verhalten oder möglicher Wechselwirkung mit einer untersuchten Komponente abzuschätzen. Im Vortrag zum internationalen Stuttgarter Symposium [28] belegten Messungen relevante Rückwirkungen aus einer Druckmessstelle auf das Dämpfungsverhalten des Kettenspanners. Die physikalische Ursache folgte aus entstehenden Eigenschwingungen der Messstelle in Abhängigkeit der Systemdynamik und herrschenden Randbedingungen. Als Folge dieser Druckschwingungen veränderte sich das Schließverhalten des Rückschlagventils am Kettenspanner, wodurch sich der Füllgrad des Dämpferraums änderte und somit messbar die komplette Steuertriebdynamik.

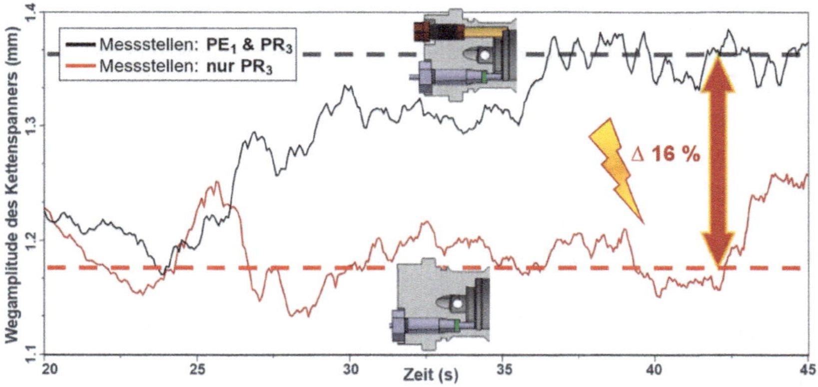

Abbildung 4.31: Messstellenbedingte Unterschiede im Kettenspannerweg über einem Drehzahlhochlauf bei Volllast, Vortrag zu [28].

4.6 Strömungsanalyse mittels transienter 3D CFD-Simulation

Die Abstimmung eines Steuertriebs und die Auslegung der Steuerkette basieren im Wesentlichen auf Messungen der Bewegung und der Dämpferkraft des Kettenspanners. Eine rückwirkungsfreie und präzise Erfassung der Kräfte und Wege ist hierfür zwingend erforderlich. Die Dämpferkraft summiert sich aus dem an der Kolbenfläche wirkenden Öldruck, der Federkraft zum aktuellen Arbeitspunkt und der geschwindigkeitsabhängigen Schubspannung über der Schaftlänge des Kolbens, abgeleitet aus den Geometriedaten des spezifischen Kettenspanners. Da der Steuertrieb überproportional zur Drehzahl an Dynamik gewinnt, ist die präzise zeitliche Korrelation aller Messgrößen unerlässlich, um belastbare Vorhersagen zu auftretenden Kettenkräften treffen zu können. Wie in Kapitel 2.5.2 aufgezeigt, überlagern weitere physikalische Effekte die sensorische Erfassung von Drucksignalen, aus denen fluktuierende zeitliche Verschiebungen in der Aufzeichnung von Drucksensorsignalen entstehen können. Diese wiederum reduzieren die Ergebnisgüte aller nachgeschalteter Analysen, Berechnungen und Simulationen nachhaltig. Wie in Kapitel 4.2.1 beleuchtet, führen Elastizitäten zu Veränderungen im Übertragungsverhalten von Schall- und Druckwellen in Flüssigkeiten. Hierfür können Elastizitäten im Kanalwandmaterial, Nachgiebigkeiten an Regel- und Steuerkomponenten oder in Dichtungselementen, an Sensormembranen als auch an einzelnen verteilten Gasblasen ursächlich sein. Über eine nachgewiesene Verringerung der Schallgeschwindigkeit hinaus sind verteilte Gasblasen ebenfalls in der Lage, einem System spezifische zu deren Lokalisation und räumlicher Ausprägung korrelierende Schwingungseigenschaften zu verleihen. Wie aus einer Vielzahl von Messungen abgeleitet, scheint die Annahme fluktuierender Gasblasen die einzig verbleibende Erklärung des in den Messschrieben erfassten Verhaltens zu sein. Da die messtechnische Detektion einzelner ursächlicher Luftblasen im vorliegenden Anwendungsfall ausgeschlossen werden musste, blieb nur eine transiente mehrphasige 3D CFD-Simulation („*Volume of Fluid*"-*Methode*) als Möglichkeit zur Bestätigung des vermuteten Wirkmechanismus.

Abbildung 4.32 liefert im oberen Diagramm für die piezoelektrische Hochdruck-Messstelle im Dämpferraum des Kettenspanners ab 18,3 ms eine Frequenz mit knapp 16,7 kHz bei einer maximalen Amplitude (Peak-Peak) von 7,1 % des maximalen Dämpferraumdrucks eines Kettenspanners. Das untere Diagramm hingegen weist im Zeitbereich ab 165,05 ms lediglich eine Amplitude von 1,2 % bei einer Frequenz von 15,7 kHz auf. Der Spitzendruck nimmt von 26,4 % auf 24,0 % zum unteren ab. Gerade die sich ergebenden hohen Frequenzen mit extremen Druckgradienten bilden für numerische Simulationen eine ungeahnte Herausforderung bezüglich der Stabilität und Konvergenz. Alle Drucksensorsignale wurden mit einem Bessel-Tiefpass neunter Ordnung entrauscht und belegen bei 17,3 ms ein Amplitudenverhältnis von 23,0 : 1,0 der Drucksignale (PE1_vs_PR3). Gut erkennbar ist die vergleichbare äußere Anregung im Weg und der Geschwindigkeit des Pulsers.

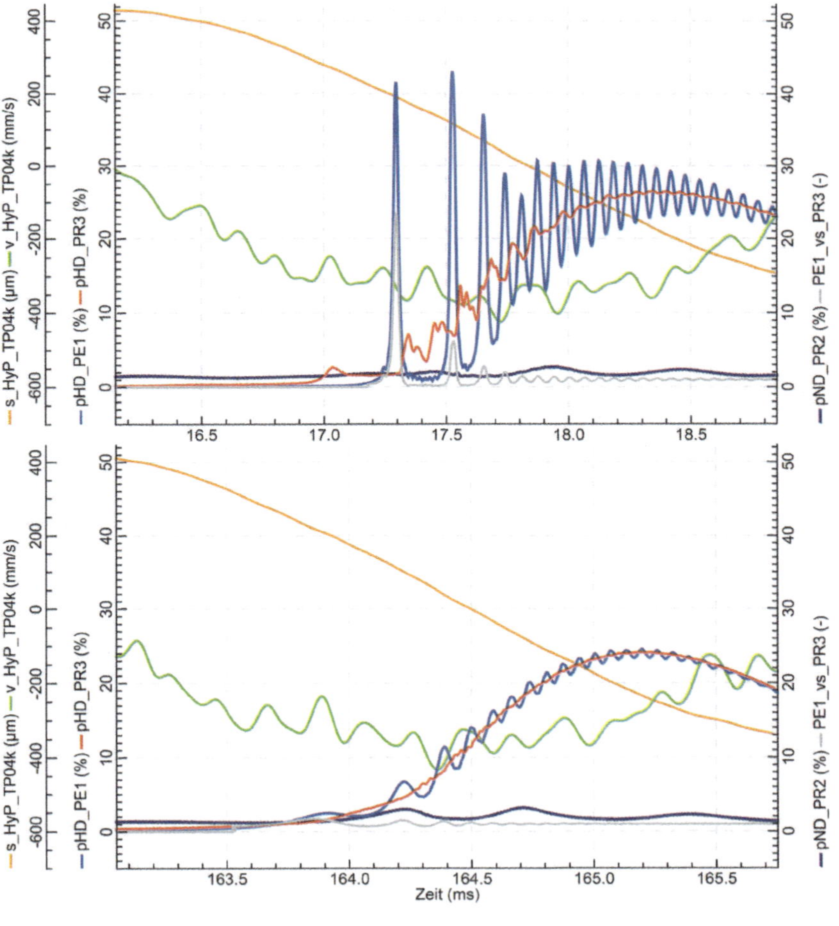

Abbildung 4.32: Dynamik der Druckmessstellen im Kettenspanner am Hydropulser innerhalb von 147 ms oder 22 Perioden.

Aufgrund der anspruchsvollen Simulation der fluiddynamischen Vorgänge im Kettenspanner empfiehlt es sich, ein weiteres System mit luftinduzierten Auffälligkeiten – allerdings geringerer Dynamik – numerisch nachzubilden. Hierfür liefert das auf Luftblasen rückführbare und messtechnisch ebenfalls umfassend analysierte Anwendungsbeispiel der harmonisch erregten Ölsäule auf einem Elektropulser die perfekte Basis. Der Vergleich von Messung und Simulation aus Abbildung 4.33 belegt das hohe Maß an Übereinstimmung zwischen Simulation und Messung. Hier unterscheiden sich ausschließlich die Frequenzen in der Gegenüberstellung, wobei die Amplituden überraschend gut getroffen werden konnten. Wie die Entschlüsselung des Wirkmechanismus zur Entstehung von Druckpulsationen in mehrphasigen Fluidsystemen offenlegt, liefern Volumina und Lokalisation von Gasblasen als auch weitere Systemelastizitäten den entscheidenden Beitrag und erklären die Unterschiede zur Simulation, die in [56] umfassend erarbeitet vorliegen.

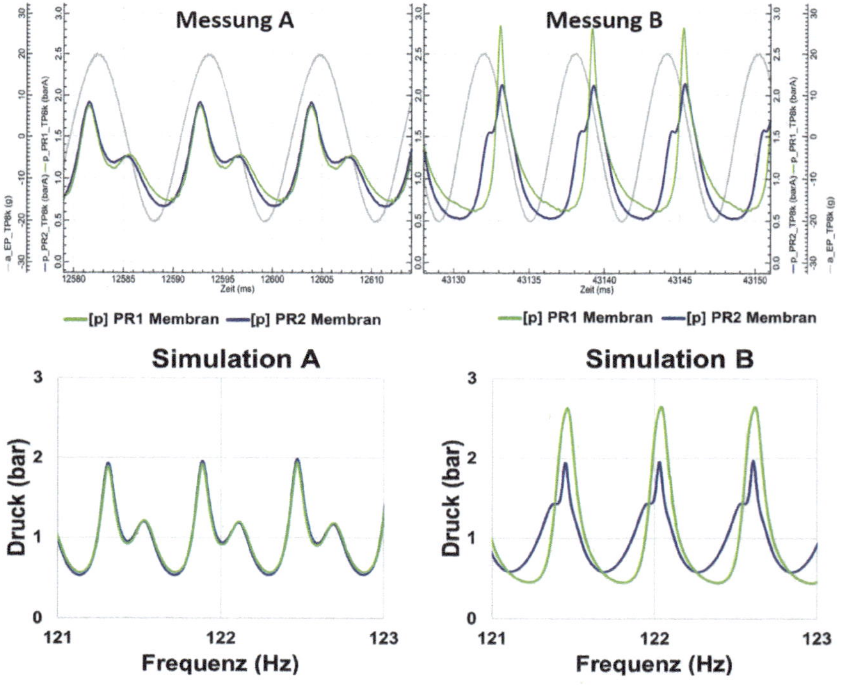

Abbildung 4.33: Gegenüberstellung von Messungen und dazu korrespondierenden Simulationen [56] der Ölsäule auf dem Elektropulser mit verschieden großen und lokalisierten Luftblasen.

4.6.1 Modellierung des Aufbaus der schwingenden Ölsäule

Die Geometrie des Modells wurde dem in Kapitel 4.2.1 vorgestellten Aufbau entnommen und mit einem piezoresistiven Sensor PR_1 (innenliegende Messzelle, weitere Beispiele im Anhang A9) am seitlichen Flansch sowie dem Sensor PR_2 am unteren bestückt. Die entsprechenden Messzellen der Sensoren sind ebenfalls im Fluidkörper nachgebildet sowie die freie Flüssigkeitsoberfläche des offenen Versuchsaufbaus, wie Abbildung 4.34 verdeutlicht.

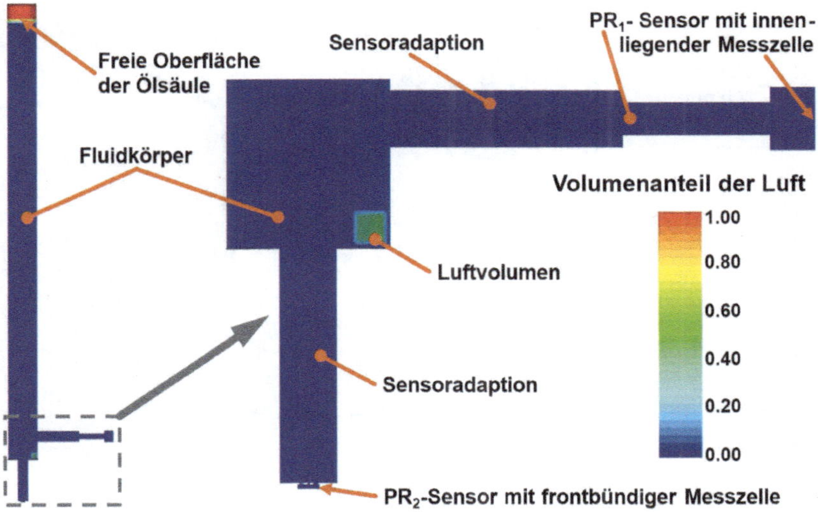

Abbildung 4.34: Fluidkörper mit Detailansicht der Sensoradaptionen und der Messzellen sowie des Luftvolumens für Simulation A [56].

Gerade in einer transienten mehrphasigen 3D CFD-Simulation ist die Vernetzung ein entscheidender Faktor für Stabilität und Qualität der Berechnung. Eine Schnittdarstellung des anforderungsgerechten Netzes enthält Abbildung 4.35. Um alle Vorgänge der „atmenden" Blase realistisch aufzulösen und die zu erwartenden Größenänderungen numerisch verlustfrei zu verarbeiten, ist der Bereich um die 1,5 mm bis 4,0 mm durchmessende initiale Luftblase mit hexaederförmigen Zellen der Dimension von 0,25 mm diskretisiert. In Vorversuchen erwies sich eine Maschenweite von 1,0 mm für die freie Oberfläche der Ölsäule als ausreichend. Besonderes Augenmerk verlangen die beiden Messstellen, die sowohl mit den kleinsten Strukturen als auch mit der höchsten Dynamik aufwarten. Hier ist der PR_1-Sensor mit seiner innenliegenden Messzelle und der 2,5 mm durchmessenden Verbindungsbohrung mit einem Netz von 0,25 mm modelliert, Details finden sich in Anhang A5. Der PR_2-Sensor ist mit seinem Schutzgitter aus Öffnungen einer Nennweite kleiner 0,2 mm mit Hexaedern der Kantenlänge 0,125 mm in die Simulation überführt. Der mittlere Bereich der Ölsäule ist aufgrund der Performanz lediglich mit Würfeln von 2,0 mm Abmessung berücksichtigt.

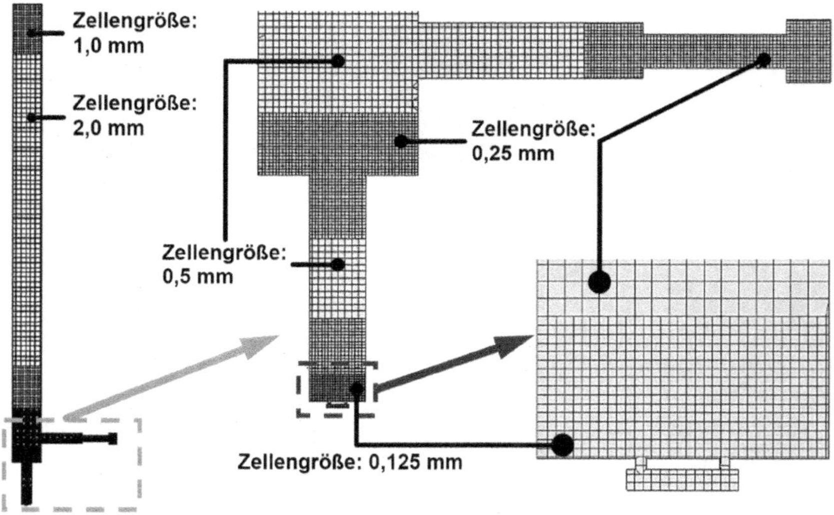

Abbildung 4.35: Übersicht des Netzaufbaus für die dynamische Simulation der harmonisch erregten Ölsäule [56].

Die Simulationen wurden mit einem Mineralöl aus der Datenbank von Star-CCM+ durchgeführt, da das herstellerspezifische Motoröl nicht eingepflegt war. Die Werte von Viskosität und Oberflächenspannung lagen jedoch nahe bei den im Versuch vorherrschenden. Als Parametervorgaben wurde eine maximale Zeitschrittweite von $5{,}0 \cdot 10^{-5}$ s definiert und über eine Kopplung an eine Courant-Zahl $CFL_{max} < 0{,}5$ adaptiv verkürzt. Die Relaxationsfaktoren sind beim Druck mit 0,1 und der Geschwindigkeit mit 0,5 vorgegeben nach Empfehlung [57], so liefern 25 Iterationen pro Zeitschritt gute Ergebnisse.

Ein Frequenzhochlauf in den Versuchsreihen erfolgte in der Größenordnung von 35 s bis 60 s abhängig des gewählten Frequenzbereichs. Diese Zeiten lassen sich simulativ nicht wirtschaftlich nachbilden und so ist die Dauer des beschleunigungsbasierten exponentiellen sinusförmigen Frequenzhochlaufs oder Frequenzchirps (*sFC*) zu denen des Versuchs durch die folgenden Gleichungen [58] überführt worden. Hierbei definieren ω_1 und ω_2 die Start- und Endfrequenz sowie T die Dauer des Chirps und $\omega(t)$ liefert die Frequenz zum jeweiligen Zeitpunkt. Da Star-CCM+ Bewegungen des Modells nur aus Weg- oder Geschwindigkeitsvorgaben verarbeiten kann, folgte dieser aus:

$$a_{eFC}(t) = a_{eFC} \cdot \sin\left(\frac{2\pi\,\omega_1 \mathrm{T}}{\mathrm{R}} \cdot \left(e^{\frac{tR}{\mathrm{T}}} - 1\right)\right) \quad \text{Gl. 4.1}$$

$$v_{eFC}(t) = -\frac{a_{eFC}}{2\pi\omega_1 \cdot \mathrm{e}^{\frac{tR}{\mathrm{T}}}} \cdot \cos\left(\frac{2\pi\,\omega_1 \mathrm{T}}{\mathrm{R}} \cdot \left(e^{\frac{tR}{\mathrm{T}}} - 1\right)\right) \quad \text{Gl. 4.2}$$

$$\mathrm{R} = \ln\left(\frac{\omega_2}{\omega_1}\right) \quad \text{Gl. 4.3}$$

$$\omega(t) = \omega_1 \cdot \left[\left(\frac{\omega_1}{\omega_2}\right)^{1/\mathrm{T}}\right]^t \quad \text{Gl. 4.4}$$

Eine Sichtung der Reynoldszahlen an neuralgischen Stellen des Modells lieferte keine Ergebnisse über 200 und so wurde auf ein Turbulenzmodell für die Berechnungen im Frequenzbereich von 50 Hz bis 800 Hz und der Vorgabe mit $a_{eFC} = 20 \cdot \mathrm{g}$ verzichtet.

4.6.2 Modellierung der Pulsationsvorgänge im Kettenspanner

Aus der ersten Untersuchung zu Wechselwirkungen zwischen Gas- / Luftblasen und Flüssigkeiten bei harmonischer Anregung konnten elementare Abhängigkeiten zwischen Netzgestaltung und Parametrierung abgeleitet werden, die den Einstieg in die zweite Simulation erleichtern. Ergänzend zur originalgetreuen Abbildung 4.16 des Kettenspanners verdeutlicht Abbildung 4.36 die für die Simulation getroffenen Vereinfachungen und Vorgaben. Ein Auszug von Stoffwerten und Parametern ist Anhang A6 zu entnehmen:

- Das Volumen des Fluidkörpers wird auf die reine Flüssigkeit ohne Festkörper aus den Volumina von Feder, Füllkörper und Rückschlagventil reduziert. Entsprechend vereinfacht sich, bedingt durch den Entfall der Feder, die Einströmsituation an den Drucksensorpositionen.
- Die Bewegung des Kolbens wird auf eine Bewegung der rechten Grenzfläche des Fluidvolumens unter Berücksichtigung der Flächenverhältnisse von 0,8 mm aus dem Pulserversuch auf nominal 1,46 mm überführt.
- Der Fluidkörper wird als geschlossen und starr, also ohne Medienaustausch mit der Umgebung und mit steifen Wänden, definiert.
- Ein Systemdruck von 0,2 barA (Absolutdruck) sowie eine homogene Systemtemperatur wird bei ausgefahrenem Kolben initialisiert.
- Die Elastizitäten werden sowohl über dedizierte Blasen als auch über die Anpassung der homogenen Eigenschaften der Flüssigkeit definiert oder einer Kombination beider Anfangsbedingungen.
- Temperaturabhängigkeiten und Temperaturänderungen werden zum Teil in der Simulation mitgeführt und in den Stoffwerten berücksichtigt.

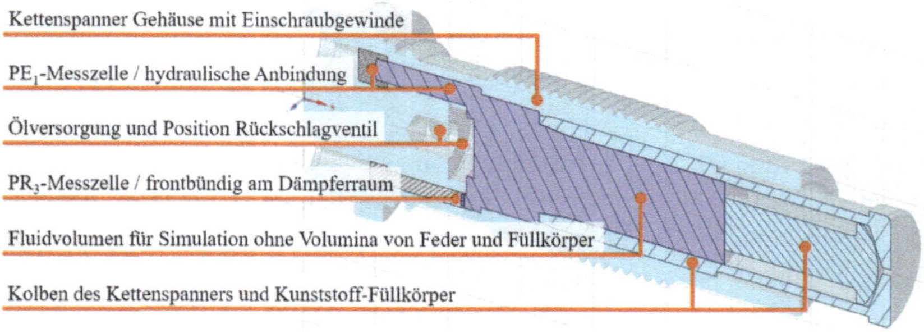

Abbildung 4.36: Kettenspanner mit eingefärbten Fluidvolumen der Simulation sowie die Ausführung eines Satzes von Messstellen.

Wie Abbildung 4.25 belegt, konnte der Indizierdruckaufnehmer geometrisch variiert werden und so eine deutlich schlankere Bohrung messtechnisch betrachtet werden. Die so gewonnenen Erkenntnisse werden ebenfalls simulativ betrachtet und führten zu drei weiteren Geometrien der simulativen Untersuchung. Eine relevante Fragestellung, die schon in [24] aufgegriffen ist, vermutet eine Abhängigkeit des geometrischen Verhältnisses aus Bohrungsdurchmesser zur Tiefe / Länge des jeweiligen Sacklochs. So verschafft Tabelle 4.5 einen Überblick der geometrischen Verhältnisse und wird anhand Abbildung 4.25 illustriert. Teil 5 rechts in dieser Abbildung entspricht Variante 4 der Simulationsmodelle. Gut erkennbar hierbei die untere Messstelle PR_3, die für alle Simulationen als Referenz dient. In der Simulation für Variante 1 wird die untere Messstelle aus Teil 4 betrachtet und in Variante 2 die obere Messstelle dieses Teils. Für Variante 3 wurde die Länge des Sacklochs (l_{SL}) aus Variante 1 halbiert und für Variante 4 die aus Variante 2 etwas mehr als geviertelt, wie die Werte der Tabelle 4.5 und Anhang A5 verdeutlichen.

Tabelle 4.5: Geometrische Verhältnisse der hydraulischen Anschlussbohrungen für die zurückversetzten Drucksensoren

Ausführungs- / Sacklochvariante	**Verhältnis: SL-Länge / SL-Durchmesser**
Variante 1 (Messtelle PE_1, Teil 4 unten)	$l_{SL} / d_{SL} = 4{,}17$
Variante 2 (Messtelle PE_3, Teil 4 oben)	$l_{SL} / d_{SL} = 8{,}33$
Variante 3 (Messtelle $PE_{1/kurz}$, Teil 4 unten mit halber Bohrungslänge)	$l_{SL} / d_{SL} = 2{,}08$
Variante 4 (Messtelle $PE_{3/kurz}$, Teil 5)	$l_{SL} / d_{SL} = 2{,}00$

Die unvermeidliche Kopplung von Strömungsgeschwindigkeit $\vec{v}$, Zellgröße Δx und Zeitschrittweite Δt über den Courant-Faktor (CFL, Gleichung 4.5) führt zum Zielkonflikt dieser Simulation. Hierdurch bedingen feine Gitter sehr kurze Zeitschritte im Bereich von 10^{-8} s, woraus sich extrem kleine Beträge an Änderungen ergeben, die numerisch diffundieren können und somit die gesamte Simulation gefährden. Hingegen löst ein zu grobes Netz Randbereiche oder Turbulenzgebiete zu schlecht auf und schwächt oder zerstört ebenfalls die Aussagekraft und Stabilität einer Simulation [59].

$$\mathrm{CFL} = \frac{\vec{v} \cdot \Delta t}{\Delta x} \qquad \text{Gl. 4.5}$$

Als absoluter Grenzwert gilt CFL < 1 und gewährleistet so, dass sich weder das Strömungs- noch das Druckfeld innerhalb eines Zeitschritts über mehr als eine Zelle ausbreitet und hierdurch eine numerische Dämpfung bedingt. Da über den einzelnen Iterationsschritten deutliche Schwankungen der Geschwindigkeit und des Drucks entstehen, sind Werte von 0,5 oder geringer empfehlenswert, um eine hohe Simulationsgüte aufrechtzuerhalten. Obige Korrelation lässt sich nicht zwingend durch mehr Rechenleistung auflösen, sondern sie reagiert stärker auf sinnvolle Vereinfachungen, sorgfältig gewählte Definitionen der Rand- und Startbedingungen sowie eine ergebnisabhängige Optimierung der Simulationsparameter. Die erwähnt hohe Dynamik und deren Herausforderungen für die Simulation der betrachteten physikalischen Vorgänge bestätigt Abbildung 4.37 anhand des gezeigten Vergleichs. Hierin sind die Simulationsdrücke (pHD_PE1) und (pHD_PR3) beider realer Drucksensoren PE_1 und PR_3 sowie einem Referenzdruck (pHD_Sim) des Modells aus der Mitte des Dämpferraums über dem simulierten Kolbenweg (s_Sim) aufgetragen.

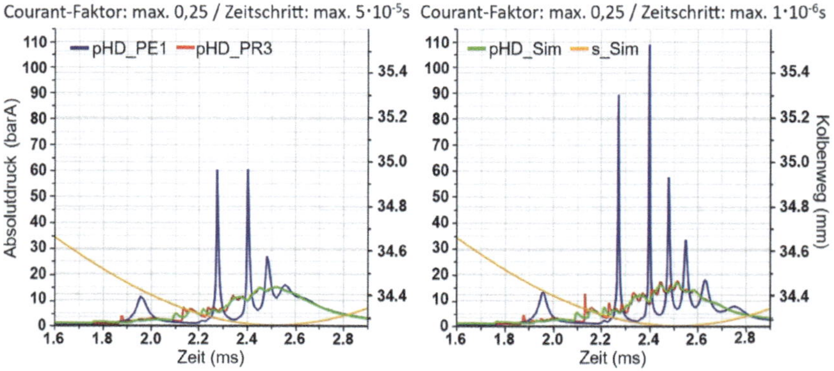

Abbildung 4.37: Gegenüberstellung verschiedener maximaler Zeitschrittweiten gleicher Courant-Zahl-Vorgaben auf die Druckspitzen.

Der Netzaufbau des Modells zum Kettenspanner ist in Abbildung 4.38 zur Variante 1 im Schnitt skizziert und ist im Bereich der Messzelle des Referenzsensors PR_3 (links unten) mit einer Maschenweite von 0,125 mm am feinsten vernetzt, um die engen Öffnungen des Sensorschutzgitters abbilden zu können. Das Sackloch des Verbindungskanals zur Messzelle des PE_1-Sensors (links oben) ist aufgrund der zu erwartenden komplexen Strömungsvorgänge ebenfalls mit Maschen von 0,25 mm höher aufgelöst.

In der Berechnung des Kettenspanners erwies sich das Restluftvolumen bei eingefahrenem Kolben als äußerst sensibler Parameter, da sich dieser durch die geschlossenen Systemgrenzen nicht frei entwickeln kann. In der Nachbildung wird dieser auf 0,5 mm³ bis 3,6 mm³ in Abhängigkeit des initialen Luftvolumens angepasst. Dabei gelang die Umsetzung aus der Bilanzierung der Luftblase des Sacklochs und der homogen verteilten Luft im Fluidkörper sowie eine entsprechende Anpassung des Kolbenhubs auf ein entsprechendes Verdichtungsverhältnis. Unglücklicherweise waren zum Zeitpunkt dieser Untersuchungen noch nicht alle Abhängigkeiten aus der Dynamik einer Anregung und dem Antworten des Systems bekannt, wodurch die Auswahl und Variation der Simulationsparameter für die angestrebte Analyse sämtlicher Wechselwirkungen nicht optimal gewählt werden konnte.

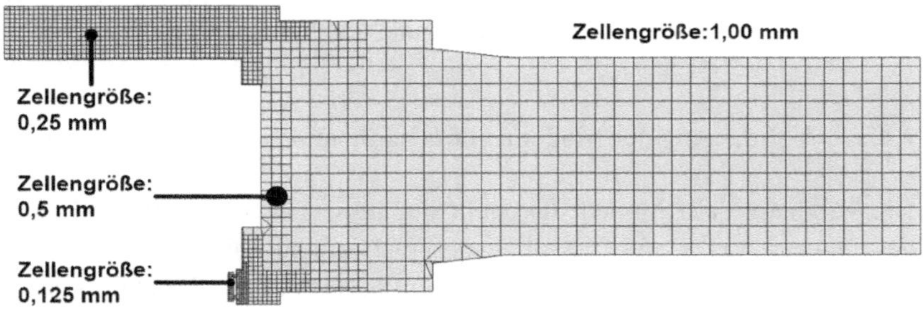

Abbildung 4.38: Schnittansicht des Netzes zur CFD-Simulation: Kettenspanner Variante 1 mit den Messstellen PE_1 und PR_3, links [56].

Die schon vermutete höhere Dynamik in den Strömungsgeschwindigkeiten des Kettenspanners zeigen sich auch bei der Betrachtung der Reynolds-Zahl im Sackloch der oberen Messstelle mit einem Wert von 5000, wodurch hier die Berechnung um das „*Realizable k-ε Two Layer*“ Turbulenzmodell ergänzt wird, das in vergleichbaren Fragestellungen [60] zum Zuge kam. Darüber hinaus sind die Iterationen pro Zeitschritt auf 35 erhöht und die adaptive Zeitschrittweite angepasst worden. Die Relaxationsfaktoren des Ansatzes der schwingenden Ölsäule erwiesen sich auch in dieser Simulation als geeignet.

Abbildung 4.39 ermöglicht einen Blick auf den Fluidkörper der Simulation im Initialisierungszustand vor deren Start. Zur Vereinfachung dieses Schritts wurde die vermutete Luftblase an der Messstelle PE_1 als Pfropfen oder Disk eingebracht und dessen strömungsbedingte Bewegung verfolgt.

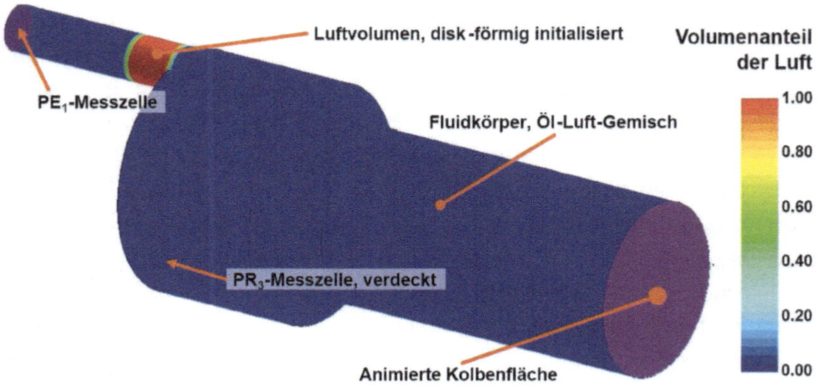

Abbildung 4.39: Räumliche Ansicht Kettenspanner mit initialer Luftverteilung und Kennzeichnung der bewegten Kolbenfläche.

4.6.3 Validierung der Modelle zur Ölsäule und zum Kettenspanner

Die Validierung der Modelle unterteilt sich über mehrere Bereiche oder Fragestellungen, die in [56] detailliert besprochen sind. Die hier beleuchteten einzelnen Schwerpunkte verdeutlichen grundsätzlich die Eignung der gewählten Simulationsansätze, die sowohl Messergebnisse als auch Beobachtungen realitätsgetreu nachbilden. Zunächst wird ein vereinfachtes Modell der Ölsäule betrachtet, das nur eine seitliche Sensoradaption mit einer virtuellen Messzelle an deren Flanschfläche besitzt. Die untere Messstelle sowie der seitliche PR_1-Sensor sind in diesem Modell entfallen. Ein Volumen von 33,5 mm^3 Luft wurde quaderförmig am Boden der Ölsäule eingebracht (vergleiche Abbildung 4.34) und ist dem einer Blase des Durchmessers 4,0 mm^3 äquivalent. Die anschließenden Simulationen wurden mit Anregungen von 20 g bei konstanten Frequenzen von 50 Hz, 100 Hz, 200 Hz und 400 Hz über 10 Perioden durchgeführt. Die letzten zwei Perioden sind in den Diagrammen in Abbildung 4.40 enthalten und realen Messergebnissen der Pulserversuche von Abbildung 4.41 gegenübergestellt. Im Versuch fand jedoch eine Blase knapp halben Volumens Verwendung. Für einen aussagekräftigen visuellen Vergleich wurden die Zeitpunkte der Messschriebe nach maximaler Übereinstimmung zum Simulationsergebnis ausgewählt. So folgten aufgrund der geringeren Blasengröße und der daraus resultierend steiferen Federkonstante der Luftblase die dokumentierten höheren Frequenzen.

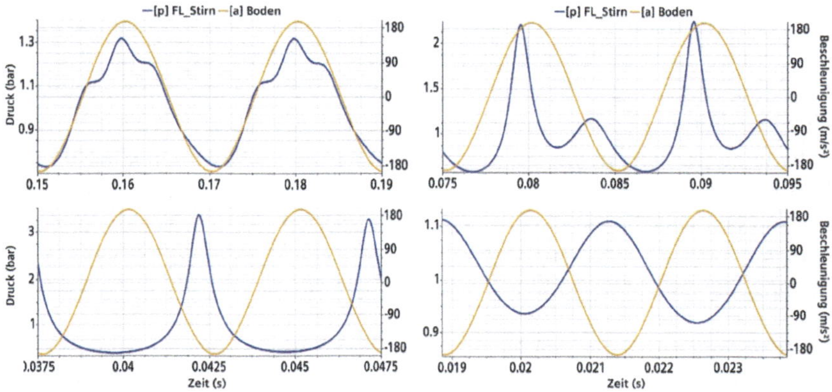

Abbildung 4.40: Simulationsergebnisse des vereinfachten Modells der Ölsäule bei den Frequenzen von 50 Hz, 100 Hz, 200 Hz und 400 Hz, aufgetragen von linksoben nach rechtsunten [56].

Beim Vergleich ist die Achsenskalierung des Drucks zu beachten, diese variiert zwischen den Diagrammen, überzeugt aber durch die Übereinstimmung in Form und Phase unter Berücksichtigung der spezifischen Blasengröße.

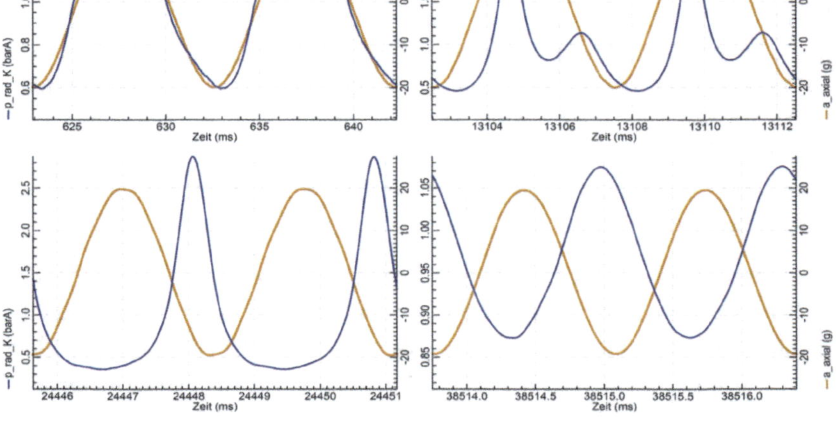

Abbildung 4.41: Messergebnisse Ölsäule am Elektropulser, beginnend linksoben bis rechtsunten in einer Folge mit den Frequenzen von 103 Hz, 200 Hz, 363 Hz und 760 Hz.

Im herangezogenen Versuchsaufbau war, wie im vereinfachten Modell, lediglich ein seitlicher Sensor mit frontbündiger Membran des Typs PR_2 verbaut. Besonders augenfällig sind die große Zahl zum Teil kleiner Details an Übereinstimmungen zwischen Simulation und Messung, wie sich in allen Schwingungen an den ersten drei Diagrammen zeigt. Gut erkennbar die drei Druckschwingungen bei 103 Hz, dann die zwei bei 200 Hz und die einzelne bei 363 Hz. Hier liegen die ersten zwei Zeitpunkte deutlich vor der Systemresonanz und die dritte etwas danach (vergleiche Kapitel 5.3.5), um hierbei die Phasenlage und Amplitude des Simulationsergebnisses besser zu treffen.

Diese Entdeckung, die mittels Berechnung bestätigt werden konnte, deutet an, welches Potential sich für die Analyse und Optimierung hydraulischer Systeme aus diesem Wissen ableiten lässt und welcher Nutzen sich beim Identifizieren physikalischer Phänomene in Fluidsystemen hieraus ergibt.

Die Validierung der benutzten räumlichen Diskretisierung

Wie erwähnt beeinflusst die Netzqualität wesentlich die Güte, Performanz und Stabilität der Simulation. Hier sind sowohl geometrische Verhältnisse der Zellen als auch strömungsmechanische Wechselwirkungen sowie Rückwirkungen in der Turbulenzmodellierung durch die Dynamik im Kettenspanner zu beachten. Im Fall von Turbulenzphänomenen sowie bei der Abbildung laminarer Strömungsgebiete in Wandnähe bietet ein hexagonales Gitter mit gleichen Seitenverhältnissen entscheidende Vorteile. Darüber hinaus ergibt sich für die erste Ebene der Zellen an der Wand noch eine zusätzliche Anforderung aus dem dimensionslosen Wandabstand mit $1 < y+ < 30$ beim Einsatz des „*Realizable k-ε Two Layer*“ Turbulenzmodells. Diese Anforderung konnte nicht zu allen Zeitpunkten für alle Zellen eingehalten werden, denn wie in [56] detailliert ausgeführt, kommt es gerade im Bereich der Messmembranen, die sich am Boden eines Sacklochs befinden, zu einzelnen Ausreißern.

Auch die entstehenden Gradienten für Druck und Strömungsgeschwindigkeit stellen eine Herausforderung für die Numerik dar. Denn auch hier treten die Spitzenwerte ebenfalls in den Bohrungen der Messstellen auf und führen hier zu einem Zielkonflikt bei der korrekten Bestimmung des Geschwindigkeits- oder Druckfelds. Eine „flache“ Ausführung (geringe Höhe der Zellen zur Fläche) der ersten Netzebene bietet Vorteile bei der Bestimmung des Geschwindigkeitsfelds, erkauft dieses jedoch mit Defiziten in der Druckfeldberechnung und umgekehrt, wie in [61] diskutiert.

Validierung der Simulationsparameter zum Modell der Ölsäule

Entgegen dem ersten Stichversuch aus Abbildung 4.40 bei konstanten Frequenzen soll in der Simulation ebenfalls ein Frequenzhochlauf oder auch Frequenzchirp (Zwitschern) umgesetzt werden. Hierfür muss die Zeitdauer des Versuchs von üblicherweise mehr als 40 s auf eine mittels Simulation darstellbare Zeitdauer von circa zehn Prozent und eine entsprechend kleine Anzahl der Perioden verdichtet werden. Gleichzeitig zieht diese Kompression eine höhere Dynamik in Kombination mit zusätzlichen Herausforderungen für die Stabilität der Berechnung nach sich. Die in [56] beschriebenen und durchgeführten Untersuchungen zur Steigerung der Stabilität führten zur Courant-Zahl von 0,35 und den Relaxationsfaktoren von 0,40 für die Geschwindigkeiten, 0,08 für den Druck und 0,40 für den Energieaustausch. Einen Überblick der Residuen der Simulation im Resonanzpunkt einer Ölsäule mit einer Luftblase von 15,6 mm³ oder 3,10 mm Durchmesser bei 20 g Anregung mit Öl einer Viskosität von 160 mPas enthält Abbildung 4.42.

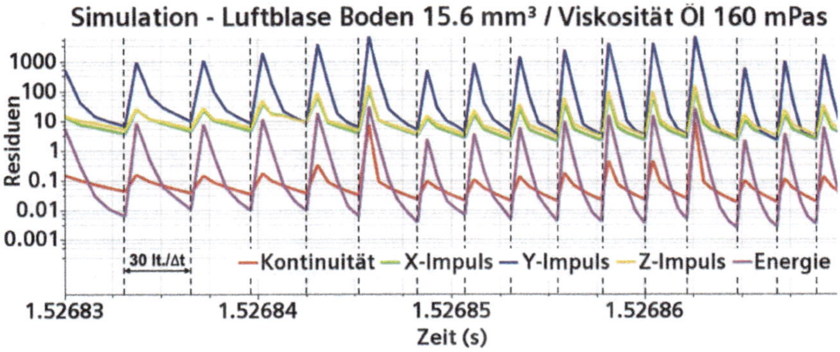

Abbildung 4.42: Residuen von: Kontinuität, Impuls und Energie im Bereich der Eigenfrequenz bei einer Luftblase von 15,6 mm³ im Modell der schwingerregten Ölsäule [56].

In den Beobachtungen der Pulserversuche der transparent ausgeführten Ölsäule aus Kapitel 4.2.1 konnte ein Fixieren der eingebrachten Luftblase im Randbereich des Säulenbodens beobachtet werden. Dieses erklärt sich durch die pulsationsbedingte Strömung, die ein Aufwärtsströmen im Zentrum des Gefäßes und zwangsläufig eine abwärts gerichtete Strömung am Umfang bedingt. Dieser Umstand verhinderte sowohl das Aufsteigen der Luftblase als auch ein Ausspülen, da die Blase außer gelegentlicher Kreisbewegungen im

Knick zwischen Gehäusewand und -boden gefangen blieb. Eine weitere Auffälligkeit stellt sich beim Anfahren und Erreichen des von der jeweiligen Blasengröße abhängigen Resonanzpunktes ein. Hier führen die Strömungskräfte einige Sekunden vor der Resonanzfrequenz zur massiven Deformation der anfänglich kugelförmigen Blase, die sich in den Knick schmiegte und eine sehr flache – der Strömung entsprechende Außenkontur – annahm. Beim Erreichen der Resonanzfrequenz änderte sich die Form vollkommen unerwartet zu einer „Schaumkugel". Aus dem deformierten, aber zusammenhängenden Luftgebilde entstanden schlagartig dutzende, womöglich hunderte kleinster Blasen, die jedoch ebenfalls ortsfest im Knickbereich des Gefäßes verharrten und nach entsprechendem Frequenzabstand zum Resonanzpunkt zurück in einen zusammenhängenden Gaskörper fanden. Da keine geeignete Kameratechnik zur Verfügung stand, lässt sich dieses Verhalten nur aus den Simulationsdaten in Abbildung 4.43 erahnen. Hier wird links das Anschmiegen, mittig das Zerplatzen und rechts ein Agglomerieren belegt.

Allerdings schien die Ausdehnung der Schaumkugel entsprechend dem mittleren Bild „live" geringer zu sein, oder die einzelnen Blasen konnten aufgrund ihrer geringen Größe innerhalb des in der Simulation zeitlich kurzen Ereignisses nicht vollständig aufgelöst werden.

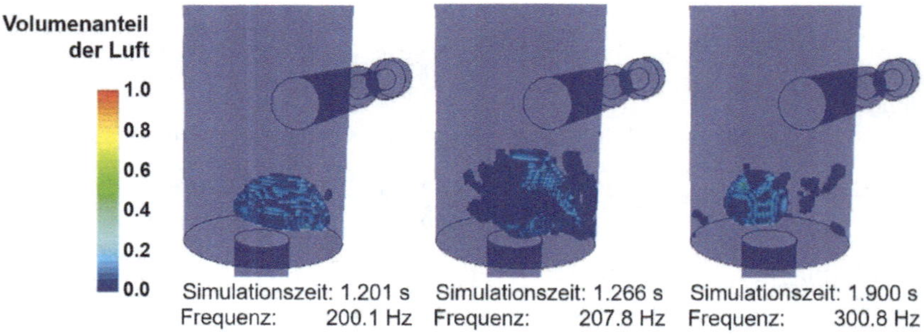

Abbildung 4.43: Aufnahmen zum Verhalten der Luftblase am Boden des Gefäßes zu verschiedenen Zeitpunkten der Simulation A im Modell der schwingerregten Ölsäule [56].

Aus diesen Übereinstimmungen zwischen Versuch und Simulation bezüglich der Druckverläufe, dem Verhalten der Residuen, der Courant-Zahl und einer sehr realistischen Nachbildung und Lokalisation der Luftblase kann das Netz sowie die gewählten Simulationsparameter als geeignet genutzt werden.

Validierung der Simulationsparameter für das Modell des Kettenspanners

Die größten Unterschiede zwischen der Simulation und den realen Untersuchungen am Kettenspanner ergeben sich aus den geschlossenen Systemgrenzen, um die Simulation deutlich zu vereinfachen. Hierdurch ist der maximale Systemdruck ausschließlich mit dem Restvolumen der adiabat komprimierten Luftblase gekoppelt, da das System keinerlei Möglichkeit besitzt, den Druck durch ein Ausströmen zu begrenzen. Wie bei der Parametrierung der Anregung der Ölsäule beschrieben, benötigt Star-CCM+ einen Geschwindigkeits- oder Wegvektor als Eingangsgröße. In Abbildung 4.44 sind die Kolbenpositionen dieser beiden Ansätze aufgetragen und weisen eine geringe Abweichung zwischen den Kurven bezüglich der mittleren Kolbenposition und den Endlagen auf. In den Simulationen wird ein Restluftvolumen zwischen 0,5 mm³ und 3,6 mm³ benötigt, weshalb ein Driften (ähnlich einer numerischen Diffusion) des 11,10 mm durchmessenden Kolbens um 0,001 mm in seiner Position schon zu ungewollten Auswirkungen auf das Restluftvolumen von knapp 0,1 mm³ führt. Die hier ermittelte Verlagerung von 0,043 mm verfremden sowohl die Spitzendrücke als auch die entstehende Dynamik und gefährden meistens die Stabilität der gesamten Simulation.

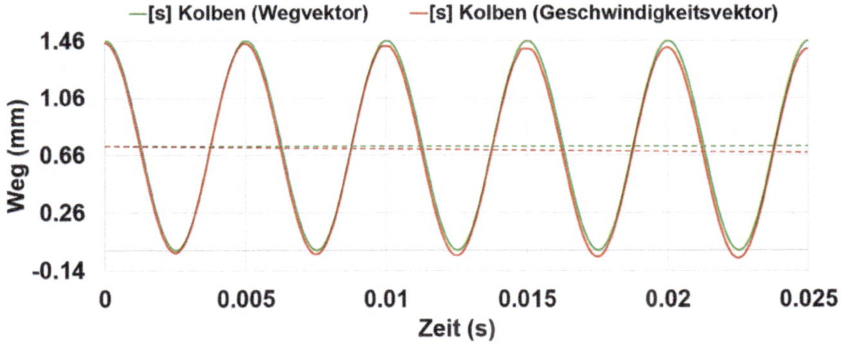

Abbildung 4.44: Driften der Kolbenposition durch die Vorgabe über den Geschwindigkeits-, im Gegensatz zum Wegvektor [56].

Die Auswirkungen der geschlossenen Systemgrenzen zeigen sich im oberen Diagramm aus Abbildung 4.45, denn die gesuchten Druckpulsationen setzen erst kurz vor der maximalen Kompression zu einem späten Phasenwinkel des Kettenspannerwegs ein und enden bereits nach wenigen Perioden. In allen Bauteilmessungen zeigt sich in diesem Detail ein konträres Bild, wie das untere Diagramm verdeutlicht. Allerdings liegt das vorrangige Ziel dieser Simulation nicht auf einer realitätsgetreuen Nachbildung der Dämpfungseigenschaften des Spanners, sondern in der Analyse der physikalischen Phänomene, die zur Entstehung der beobachteten Druckanomalien in abgesetzten Messstellen führen. Bezüglich dieser Frage kommt die Simulation zu überzeugenden Übereinstimmungen in den Druckverläufen der betrachteten ersten drei bis fünf Perioden, womit sich die gefundenen Simulationsparameter bestätigen lassen und Verwendung finden.

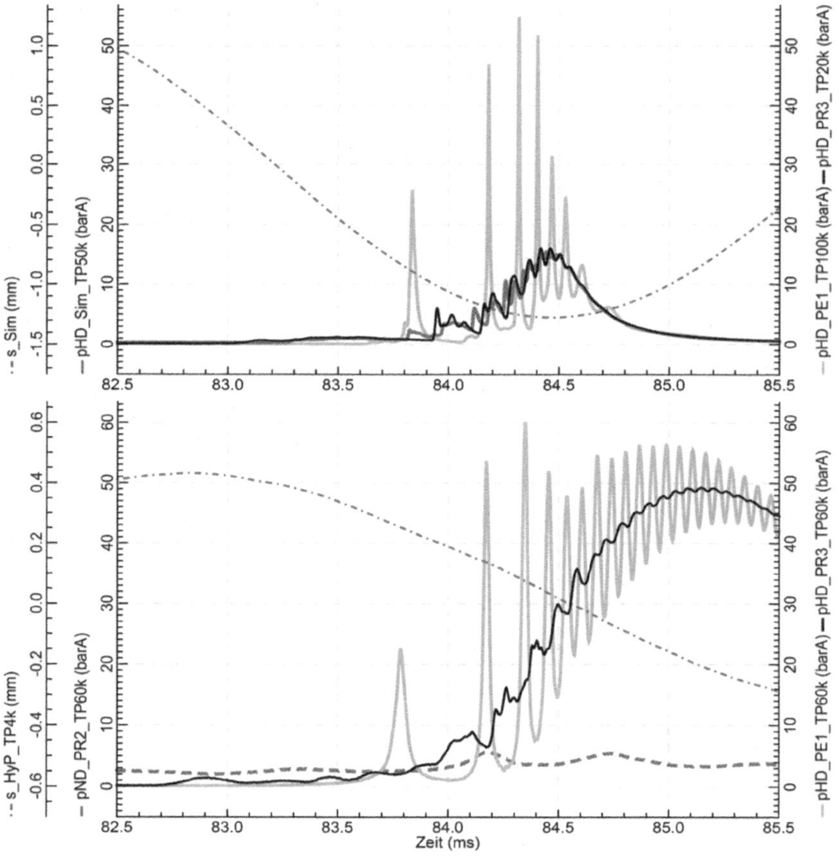

Abbildung 4.45: Gegenüberstellung Simulation (oben, 6,0 % Blase in SL1 und 5,5 % ungelöster Luft) bei 200 Hz und finaler Parametrierung zur Messung bei 150 Hz und Lufteinblasung (unten, erfasst am Aufbau aus Kapitel 4.3.4).

4.6.4 Schwerpunkt der 3D CFD-Simulation mittels des VOF-Ansatzes

Wie der komprimierte Einblick in die Fragestellungen und Herausforderungen einer transienten 3D CFD-Strömungssimulation aufzeigt, würde die umfassende Besprechung sämtlicher Grundlagen und Details den Rahmen dieser Ausarbeitung deutlich übersteigen, weshalb hier einiges unbeleuchtet bleibt und auf [28] und [56] verwiesen sei. Zusammenfassend betrachtet Kapitel 4 mit seiner Themenvielfalt alle entdeckten Einflussfaktoren, die in einem Drucksignal zusammenfließen können und verdeutlicht die Notwendigkeit einer umfassenden Identifikation und Analyse möglicher Auffälligkeiten. Alleinig die Kombination aller vorgestellter Untersuchungsansätze aus:

- Experimenten zu physikalischen Phänomenen und Stoffwerten,
- Analysen zum Verhalten der Drucksensoren in dynamischen Kalibriereinrichtungen, Druckimpulsgeneratoren sowie Druckkammern,
- einem kontinuierlichen Abgleich zu Prüfstandläufen und Komponententests von Einzelteilen oder Baugruppen sowie
- Vollmotormessungen zur Identifikation existierender und auftretender Wechselwirkungen in deren Fluidsystemen und final
- einer CFD-Simulation zur Klärung messtechnisch unzugänglicher fluiddynamischer Phänomene

liefert notwendige Einblicke in die ungeahnt vielschichtige Fragestellung zu den Ursachen der Unterschiede in den Signalverläufen verschiedener Drucksensoren innerhalb einer Anwendung. Hierzu verdeutlichte Abbildung 4.31 eindrucksvoll die Auswirkungen von vermeintlich unbedeutenden Änderungen an hydraulischen Systemen und offenbart deren hohe Sensitivität. Denn ein hydraulisches System interagiert ausschließlich in seiner Gesamtheit, eine Modifikation besitzt unvermeidbar Auswirkungen auf alle Bereiche, wie sämtliche Beobachtungen aus Kapitel 4.5 unterstreichen.

Die konkreten Zusammenhänge der Kopplung aus Effekten des Wärme- und Stoffaustausches lagen bisher noch nicht im Fokus, finden jedoch im Folgenden Berücksichtigung. Gerade die Basis der gesicherten Erkenntnisse aus den umfangreichen Analysen ermöglichen entscheidende Schritte in Richtung eines grundsätzlichen Verständnisses der physikalischen Vorgänge und deren Wechselwirkungen in hydraulischen Systemen.

5 Messungen und Analysen an transienten hydraulischen Systemen

5.1 Analysemethoden zur Identifikation des Systemverhaltens

Alle entdeckten, nachgewiesenen und zum Teil unvermuteten physikalischen Phänomene aus den Kapiteln 4.2, 4.3 und 4.5 sowie möglicher Wechselwirkungen dieser untereinander besitzen Auswirkungen auf die Performanz, Stabilität, Zuverlässigkeit und Langlebigkeit der übergeordneten Systeme. Diese unvermeidliche Verbindung aus Physik und Entwicklungszielen verdeutlicht direkt den Nutzen jedweder Bemühung zum Finden von Ansätzen und Methoden zur zweifelsfreien Identifikation der ursächlich physikalischen Effekte. Wie sich aus der Vielzahl und teils unerwarteten Messergebnissen zeigt, kann fehlendes Verständnis und mangelhaftes Wissen ungeahnt in die Irre leiten, wie die Chronologie der besprochenen Versuchsaufbauten nahelegt. Das systemspezifische Zusammenspiel der beteiligten und individuellen Mechanismen, die sich beim Entstehen eines Drucksensorsignals vereinigen, bedingten alle beschriebenen Überarbeitungen der Aufbauten, Versuchsprogramme und Erweiterungen in den Analysen und vermitteln einen Eindruck des Umfangs dieses Vorhabens.

Eine zentrale Stellung nehmen hierbei Analyseverfahren vorliegender Messdaten ein. Angefangen mit deren Plausibilisierung, über eine Identifikation von Störungen, Artefakten oder Verfremdungen hin zur zeitsynchronen und deterministischen Erfassung über die Rückwirkungsfreiheit von Sensorik zu deren Adaption am Messobjekt und enden in der Validierung der verwendeten Messkette zur vollständigen Beantwortung der zugrundeliegenden Frage- oder Aufgabenstellung. Die bereits beschriebene mehrdimensionale Verzahnung zwischen Physik, Versuchsobjekt, Anfangs- und Randbedingungen lassen sich meist nur anhand des Übertrags der ausgewerteten Messdaten in physikalisches Verhalten erkennen. Sobald die Art und Weise der wechselseitigen Beziehung widerspruchsfrei identifiziert wird, ist eine zielgerichtete Entwicklung effizient möglich. So folgen alle Aussagen über ein Systemverhalten immer der Schlussfolgerung einer *vermuteten* physikalischen Ursache.

T. A. Lenz, *Ganzheitliche Methodik zur Analyse und Validierung transienter hydraulischer Systeme*, Wissenschaftliche Reihe Fahrzeugtechnik Universität Stuttgart, https://doi.org/10.1007/978-3-658-53363-2_5

Genau diese Fokussierung auf einen Auslöser, basierend auf einer Vermutung, kann ungeplante Mehraufwände bedingen, die mittels valider Analysen – frühzeitig als solche – hätten erkannt werden können. Die gesicherte Erkenntnis eines potenziellen Irrtums kann nahezu gleichwertig sein. Denn einen Irrtum rechtzeitig zu erkennen und diesen durch zusätzliche Untersuchungen zu vermeiden beziehungsweise zu entlarven, sichert ebenfalls ein effizientes und zielgerichtetes Entwickeln.

5.1.1 Korrelationsverfahren und Beziehungen zwischen Messsignalen

Die in Kapitel 4.1 erstellte Auflistung von Signalanteilen, Verfremdungen und Überlagerungen sind bei einer Datenanalyse immer in Betracht zu ziehen. So sind physikalisch definierte Referenzpunkte für eine Auswertung von unschätzbarem Vorteil, falls solche zur exakten Justage der Sensorsignale herangezogen werden können. Bei den Untersuchungen des Kettenspanners traten als Folge hochdynamischer Betriebspunkte Zustände im Zulauf der Ölversorgung auf, die zum Kavitieren des Betriebsmediums führen. Denn durch die Massenträgheit der Kugel dieses Ventiltyps gelangt etwas Flüssigkeit aus dem Dämpferraum auf die Versorgungsseite, bevor das Ventil vollständig schließt. Die temporär herrschenden Druckverhältnisse und der Impuls des Flüssigkeitsstrahls führen zu einer Rückströmung entgegen der Ölversorgung. Das unmittelbare Abbrechen dieses Massestroms aus dem Dämpferraum führt aufgrund der aktuellen Fließrichtung lokal zum Verdampfen der Flüssigkeit auf der Seite der Ölversorgung, wodurch sich die Druckverhältnisse erneut umkehren. Da das Medium weder entgast noch entschäumt ist, resultiert über wenige Perioden eine Schwingung der Flüssigkeitsmasse zwischen den entstandenen Gasfedern, so dass dieses Verdampfen periodisch auftreten kann. Ein weiteres Indiz, das einsetzende Kavitation bestätigt, wird im Folgenden noch detailliert diskutiert, da dieses im Frequenzbereich ab 100 kHz auftritt und nur mit Messungen im Megahertzbereich entdeckt werden kann.

Abbildung 5.1 enthält die Rohwerte des Sensors in der Ölversorgung sowie den aus obigem physikalischem Zusammenhang offset-korrigierten Wert. In diesen Messungen kommt ebenfalls ein piezoelektrischer Druckaufnehmer zum Einsatz, der stets einen Abgleich verlangt. Der Befüllvorgang, genauer das Ansaugen des Öls durch den Kettenspanner, liefert hierfür einen geeigneten Betriebspunkt. An der rechten Ordinate sind die Rohwerte der beiden

Druckkanäle im gleichen Grauton aufgetragen und dabei zur besseren Sichtbarkeit um 1 bar nach oben versetzt aufgetragen. Das Rohsignal der Öldruckversorgung (pND_PR2_Roh) weicht von einer am Dampfdruck des Betriebsstoffs orientierten Referenz lediglich um +0,1 bar ab und ist im Mittel auf 0,05 barA (absolut) für die Zeitpunkte der Minima (bei 3,3 ms und 4,5 ms im Diagramm) angepasst worden. Das Korrigieren des piezoelektrischen Sensors erfolgt im Zeitbereich von –2,0 ms bis +1,5 ms. Hier erreicht der justierte Versorgungsdruck (pND_PR2_TP20k) nach obigem Abgleich einen Minimalwert von 0,18 barA und im Mittel 1,22 barA, so dass ein Druck von 0,2 barA am piezoelektrischen Sensor (pHD_PE1_TP40k) im Minimum aufgrund einer Verschäumung plausibel erscheint.

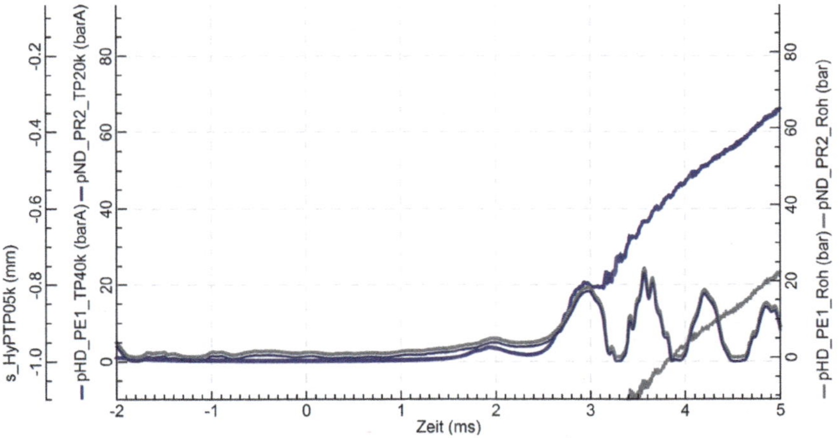

Abbildung 5.1: Drucksignale des Niederdrucks und des piezoelektrischen Sensors mit und ohne Offset-Korrektur aus Hydropulserversuch mit einer Anregung von 100 Hz und ±0,4 mm.

Einen zweiten Bezugspunkt liefert die einsetzende Kugelbewegung (s_RSV_TP80k) des Rückschlagventils ab 2,65 ms in Abbildung 5.2 und bestätigt die Festlegung des Ansaugdrucks im Dämpferraum auf 0,2 barA. Der federunterstützte Schließvorgang startet ab einer nominalen Druckdifferenz kleiner 0,1 bar über dem Rückschlagventil. Die tatsächliche Position der Kugel hängt außer der anliegenden Druckdifferenz und der Federkraft noch von den Strömungskräften im Öffnungsspalt des Ventils ab, durch die auch Kugelpositionen zwischen den Endlagen stabil gehalten werden können, wie in weiteren Messungen belegt wird.

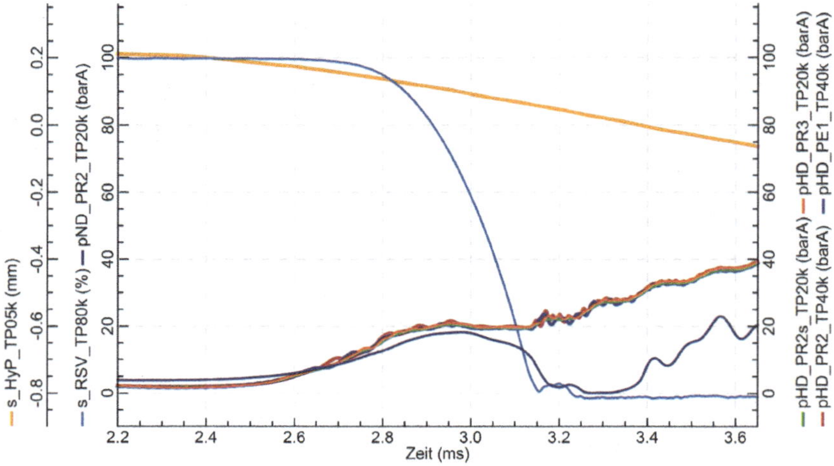

Abbildung 5.2: Hydropulserversuch aus Kapitel 4.3 bei 150 Hz Anregung und ±0,4 mm Kolbenweg zusätzlich mit vier Drucksignalen und der Kugelposition des Rückschlagventils.

Wie aus der Strömungsmechanik bekannt, ergeben sich Druckdifferenzen nur beim Anliegen einer Strömung. Im oberen Totpunkt der Pulserbewegung zwischen 1,5 ms und 2,2 ms wäre somit ein Verschwinden der Druckdifferenz von über 1,5 bar am Rückschlagventil vorstellbar, da der ruhende Kolben keine Flüssigkeitsströmung erzeugt. Abbildung 5.3 liefert jedoch ein anderes Ergebnis. Ursächlich hierfür ist der leckagebedingte kontinuierlich aus der Versorgung gespeiste Ölmassenstrom in den Kettenspanner.

Deutlich erkennbar sind zudem die individuell schwingenden Signale der vier Drucksensoren im Hochdruckraum des Kettenspanners. Diese Schwingungen weisen auf das Vorhandensein von freien Blasen hin und bedingen zusätzlich das Auftreten eines Druckpeaks. Letzterer folgt aus der Umwandlung der kinetischen Energie aus der Spaltströmung am Rückschlagventil in Druckenergie im Dämpferraum und somit die Kompression des eingeschlossenen Luftvolumens. Ab 2,0 ms dehnt sich dieses wiederum aus und der Druck beginnt sich – in bekannter Weise – aus seiner Spitze in ein bauchiges Tal zu entspannen. Auch die kurzzeitige Zunahme der Druckdifferenz über dem Rückschlagventil erklärt sich aus einem erhöhten Leckagestrom als Folge des entstandenen Druckpeaks. Der weitere Verlauf wird durch die zunehmende Kompression des Mediums im Kettenspanner bestimmt.

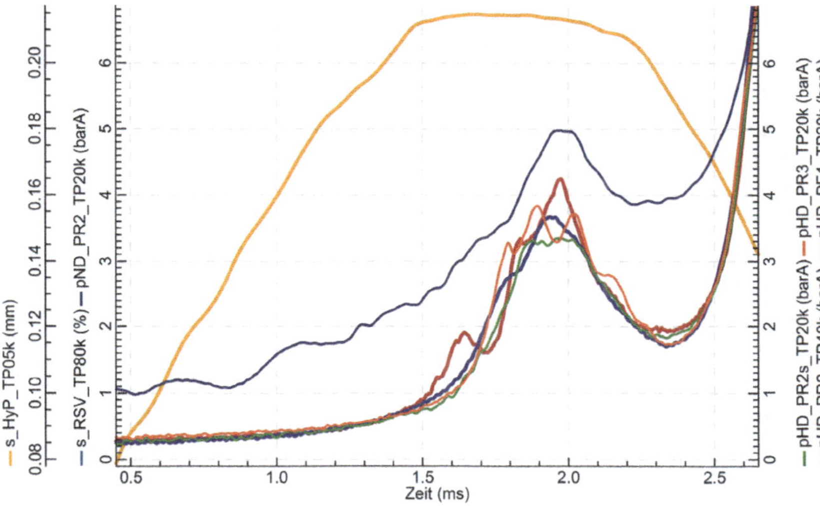

Abbildung 5.3: Details und Wechselwirkungen in den Drucksignalen im oberen Totpunkt der Hubkurve des Hydropulserversuchs.

Ein essenzielles Detail für eine aussagekräftige Systemanalyse ist die zeitlich korrekte Beziehung zwischen allen Signalen einer Messung. Im Bereich der Messtechnikentwicklung wird an diesem Thema seit Jahrzehnten gearbeitet, um die Anwender bestmöglich zu unterstützen. Stark individualisierte Aufbauten verlangen in der Regel das nötige Know-how anwenderseitig. Häufig wird der Einsatz eines einzigen zentralen Aufzeichnungssystems als hinreichend erachtet, was – wie sich hier zeigt – nicht unbedingt ausreicht. Gerade eine Kombination analoger und digitaler Verstärker führt meistens zu Herausforderungen. In der Regel arbeitet analoge Technik mit direkten Signalpfaden und folglich kurzen Verzögerungen zwischen Sensoreingang und Verstärkerausgang. Inzwischen sind diese Systeme deutlich kostspieliger, gelten als fehleranfälliger in der Bedienung und sind kaum rückverfolgbar. Die Digitaltechnik hingegen punktet bei Bedienkomfort und mit Kostenvorteilen. Allerdings unterscheiden sich die Signalpfade deutlich, denn ein Rohsignal wird üblicherweise einfach vorverstärkt und schnellstmöglich digitalisiert, um digital gefiltert zu werden. In einem zweiten Schritt erfolgt die digital-analoge Rückwandlung, um als Spannung ausgegeben werden zu können und für ein zentrales Erfassungssystem zur Verfügung zu stehen. Dieser beschriebene Ablauf erfolgt grundsätzlich mit dem internen Takt der zentralen Recheneinheit dieser Systeme. Nachvollziehbarerweise führen sowohl die zwei Signalwandlungen als auch eine digitale Veredelung der Signale zu einer Verzögerung im Übertragungsverhalten, wodurch der zeitliche Bezug der Signale leidet und vor der Verwendung für eine Systemanalyse notwendigerweise zu korrigieren ist.

Ein solches Setup entkoppelt im benutzten Aufbau die zeitliche Beziehung zwischen der Pulserposition und -kraft von den restlichen Signalen. Dieses offenbart einen verarbeitungsbedingten Laufzeiteinfluss in der Weginformation. Abbildung 5.3 enthält das um –0,125 ms und somit zeitlich korrigierte Wegsignal (s_HyP_TP05k), durch das der Druckanstieg im Kettenspanner unmittelbar mit dem Ende des Ausfahrens des Kolbens zusammenfällt. Abbildung 5.4 hingegen verdeutlicht das zeitlich unveränderte Rohsignal und Markierungen zur Verdeutlichung der Auswirkung beschriebener Laufzeiteinflüsse.

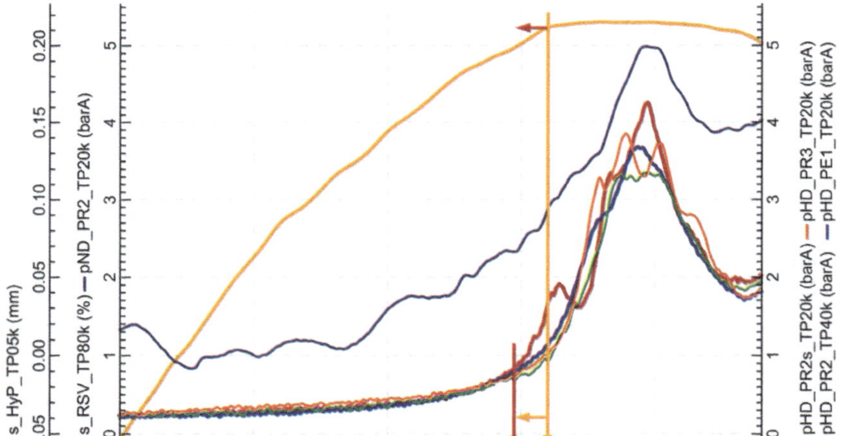

Abbildung 5.4: Betrachtung der Auswirkungen hardwareabhängiger Laufzeitunterschiede der synchron erfassten Analog-Signale.

5.1.2 Filtermöglichkeiten in der Signalanalyse

Ein Standard in der Systemanalyse ist die Tiefpassfilterung zum Erkennen von Trends oder grundsätzlichen Zusammenhängen. Hierbei ist es allerdings essenziell, eine Tiefpass-Filterung auf einer repräsentativen Stichprobe an Messwerten durchzuführen, um einen echten Mittelwert des Signalverlaufs zu erhalten. Eine simple Reduzierung durch das Entfernen von Messwerten durch eine Unterabtastung (vergleichbar eines Auskämmens) führt bei digitalen Messwerten aufgrund von Aliasing-Effekten meistens zu fatalen Fehlern, wie die Gegenüberstellung in Abbildung 5.5 demonstriert. Der integrale Mittelwert der Rohdaten mit 4,281 barA (die grünen Bereiche abzüglich der Blauen gleich Null) entspricht dem mittels Bessel-Algorithmus neunter Ordnung bei 50 Hz tiefpassgefilterten Signalverlauf, der einen vergleichbaren Mittelwert von 4,276 bar liefert. Ganz im Gegensatz dazu die durch Auskämmen erzeugten Kurvenverläufe mit 200 Hz. Bei dieser dem Nyquist-Shannon-Theorem widersprechender Erfassungsrate von lediglich 200 Hz hängen die digitalisierten Signalverläufe elementar von deren Phasenlage, also dem Zeitpunkt der Digitalisierung ab. Wie in Diagramm 5.5 ersichtlich, liefern die drei Kurven der Zeitoffsets von 0,75 ms (Orange), 1,75 ms (Gelb) und 2,75 ms (Rot) Mittelwerte von 2,82 barA über 24,2 barA bis zu 0,11 barA.

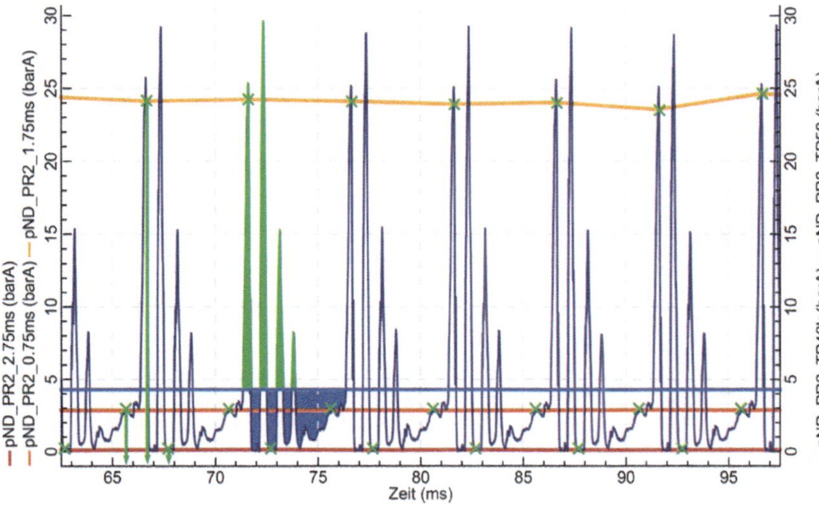

Abbildung 5.5: Auswirkungen einer Unterabtastung im Vergleich zur Tiefpassfilterung und anschließendem Re-Sampling auf 200 Hz.

Im obigen Theorem wird eine Abtastrate über der doppelten auftretenden Frequenz des untersuchten Systems verlangt [9]. Dieses Kriterium erfordert bei der Wahl dieses Mindeststandards jedoch eine unendliche Messdauer, die technisch weder realisierbar noch sinnvoll ist, und so folgt für technische Systeme eine deutlich höhere Erfassungsrate. Der hier gewählte Signalausschnitt belegt die Periodizität des Signals von 200 Hz, verdeutlicht durch die Anteile höherer Dynamik in der Kurve, dass selbst 1000 Hz keinen repräsentativen Signalverlauf liefern. Eine Fast-Fourier-Transformation des Rohsignals offenbart Frequenzanteile mit 0,61 barA in einer Frequenz von 3,2 kHz und legt Abtastraten von 8,0 kHz, sinnvollerweise 25,0 kHz nahe. Abbildung 5.6 stellt die obigen Abtastraten mit den 1,0 MHz erfassten und 40 kHz tiefpassgefilterten Originalsignalen in Zusammenhang. Wie vermutet liefert ein 1000 Hz Signal mit einem Mittelwert von 1,99 barA kaum eine Verbesserung, auch nicht im Signalverlauf. Das 8,0 kHz Signal mit dem Mittelwert von 4,41 barA scheint ausreichend. Jedoch ist der Amplitudenwert von 69,1 Prozent bei 48,8 ms als auch zum Zeitpunkt 43,8 ms und 43,1 ms nicht immer akzeptabel und somit ergeben sich 25 kHz als empfehlenswert und deutlich über der ausschließlichen Berücksichtigung des Abtast-Theorems.

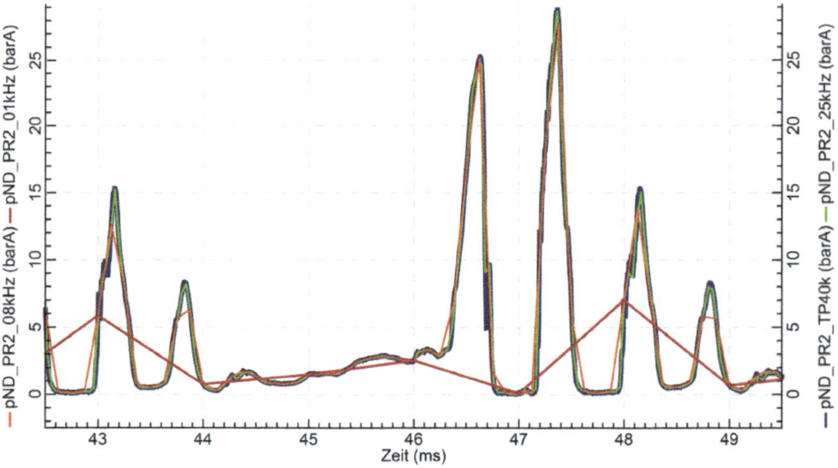

Abbildung 5.6: Auswirkungen einer Reduzierung der Abtastrate ohne entsprechende Tiefpassfilterung zur Einhaltung des Nyquist-Shannon-Theorems.

Die zweite Standardanwendung von Tiefpassfiltern ist das Entrauschen, beziehungsweise das Beseitigen von Quantisierungseffekten des Erfassungssystems. Hier zeigt der mit zwölf Bit Auflösung (ein Bit entspricht 0,2 barA) erfasste 10,0 MHz Rohwertekanal (pHD_PE1_10MHz), wie sich das Rauschband von 1,0 barA bis 1,5 barA, also vier bis sechs Inkremente, oder 2,0 Bit bis 2,6 Bit im Signal abbildet. Eine Filterung mittels Bessel-Algorithmus neunter Ordnung bei 250 kHz Grenzfrequenz und einer weiteren bei 40 kHz verdeutlicht, in welchem Umfang sich das Rauschen reduziert und in welchem Maß die Dynamik des Signals erhalten bleibt oder verloren geht. Dieses veranschaulicht der Vergleich zwischen den Signalen links und rechts des Druckpeaks in Abbildung 5.7. Das Rohsignal enthält hier ab 121,19 ms Frequenzanteile von 180 kHz, die bei einer Filterfrequenz von 40 kHz entfernt werden, jedoch im höherfrequent gefilterten Signal erhalten bleiben.

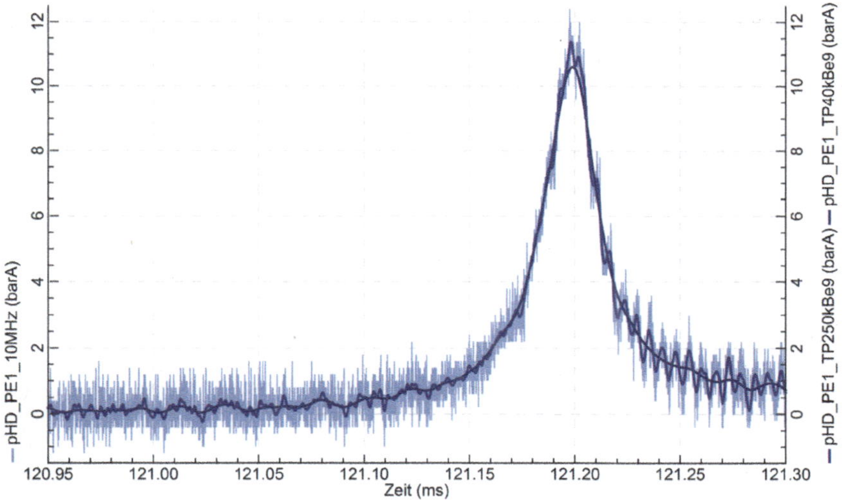

Abbildung 5.7: Visualisierung der Auswirkungen einer digitalen Filterung mit einem Bessel-Algorithmus neunter Ordnung mit den Grenzfrequenzen von 250 kHz und 40 kHz.

Da eine Filterung immer eine Veränderung der Daten bedeutet, zeigt ein Vergleich zwischen den gängigsten Algorithmen von Bessel und Butterworth deren Auswirkungen auf die Signalverläufe. Mittels einer digitalen und einer entschärften (geglätteten) Sprungfunktion lassen sich die wesentlichen Auswirkungen einer konstanten zu einer frequenzabhängigen Laufzeit (Gruppenlaufzeit) in Abbildung 5.8 verstehen. Im oberen Diagramm sind digitale Sprünge von 0,0 auf 2,5 innerhalb 0,0001 ms aufgetragen, im unteren Diagramm ist es über eine Rampenfunktion von 50 Werten oder 0,005 ms entschärft. Oben reagiert der Butterworth-Algorithmus unabhängig von der

Grenzfrequenzvorgabe deutlich mit einem Überschwingen von bis zu 0,29 V und somit mehr als 10 Prozent über dem Ausgangssignal. Das Bessel-gefilterte Signal bleibt hier unauffällig. Im unteren verhält sich das mit einer Grenzfrequenz von 200 kHz oder 0,005 ms Periodendauer Butterworth-gefilterte messbar unauffälliger. Hingegen beruhigt die Rampenfunktion das Schwingen im Signal der Grenzfrequenz von 40 kHz nicht merklich und behält nahezu einen zum oberen Diagramm identischen Verlauf. Auch hier weist das Bessel-gefilterte Signal kaum Verfremdungen auf. Da eine Filterung hochfrequente Signalanteile bedämpfen sollte, sind zusätzliche Schwingungen im Bereich der Grenzfrequenz unschön und können eine Systemanalyse deutlich erschweren. Somit ist die Wahl des jeweiligen Filters zur Signalaufbereitung stets den spezifischen Anforderungen anzupassen.

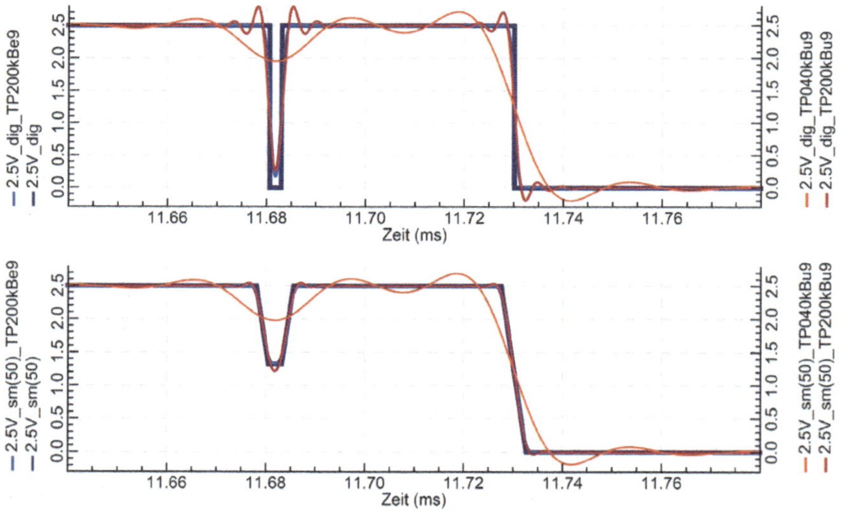

Abbildung 5.8: Vergleich zum Filterverhalten des Butterworth- und Bessel-Algorithmus an synthetischen Signalen und möglichen Auswirkungen auf Messwerte wie in Anhang A4 ausgeführt.

Hochabgetastete Signalverläufe in Bereichen ab einem Megahertz aus geeigneten analogen Signalverstärkern ermöglichen oft detaillierte Einblicke, sofern die physikalischen Mechanismen und deren Übertragungsverhalten in die Messdaten bekannt sind. Diese Form einer Systemanalyse bietet ein großes Potential zur Effizienzsteigerung, da es sich aus langlebigen Anschaffungen mit universellen Einsatzmöglichkeiten realisieren lässt. An drei Punkten veranschaulicht Abbildung 5.9 obige Einschätzung. Dieser Ausschnitt des Messschriebs aus der Kompressionsphase des Kettenspanners am Hydropulserprüfstand zeigt den Druckaufbau im Dämpferraum oder Hochdruckraum (pHD_PE1_TP250k und pHD_PR2_TP250k), das Schließen des Rückschlagventils (s_RSV_TP250k) und die ausgelösten Druckpulsationen der Versorgungs- oder Niederdruckseite (pND_PR2_TP250k). Alle Signale wurden hierzu synchron bei 10 MHz aufgezeichnet und bei 250 kHz mit einem Bessel-Algorithmus 9. Ordnung entrauscht. Um den Nutzen von Analysen im Hochfrequenzbereich zu verdeutlichen, enthält das Diagramm die zusätzlich mittels Bandpass zwischen 80 kHz und 250 kHz gefilterten Druckverläufe. Ein erwähnenswertes Detail zeigt sich bei 171,660 ms, als die Rückschlagventilkugel in ihren Sitz schlägt und am piezoelektrischen Sensor ein Körperschallsignal mit einer Frequenz von über 200 kHz und einer Amplitude von 12 bar einkoppelt. Die zeitliche Korrelation zwischen Kugelweg und Drucksensorschwingung liegt enger als 0,001 ms zueinander, wodurch diese Wechselwirkung als erwiesen zu sehen ist. Somit verlangen vergleichbare Signalanteile immer eine Überprüfung hinsichtlich dieser Querempfindlichkeiten. Auf dieses Ereignis reagiert der piezoresistive Druckaufnehmer mit einer Amplitude von 2,3 bar bei 60 kHz, die zum Abklingen 2,8 ms benötigt. Aufgrund dieser Unterschiede im Frequenzverhalten (ein Drittel der Frequenz und doppelte Abklingzeit) des Signals kann vermutet werden, dass die 60 kHz Schwingung aus einer Flüssigkeitspulsation stammt.

Ein zweites Schwingungsphänomen setzt bei 172,19 ms am Niederdrucksensor unübersehbar im bandpassgefilterten Signal ein. Hierin sind Amplituden von 2,6 bar und Frequenzen von 130 kHz messbar. Zur Identifikation der physikalischen Ursache hilft ein Vergleich der beiden Druckberge zwischen 171,35 ms und 171,70 ms sowie dem von 172,19 ms bis 172,55 ms. Der erste Druckaufbau parallel zum Schließen des Rückschlagventils erfolgt gänzlich frei von hochfrequentem Schwingen, welcher alleinig von stochastischem Rauschen einer Amplitude von unter 0,05 bar begleitet wird. Zwischen diesen beiden Überdruckereignissen durchläuft der Druck der Versorgungsleitung einen Bereich von nahe 0,0 barA absolut ab 171,79 ms für 0,24 ms. Da in diesem Zustand der Dampfdruck des Öls bei dessen aktueller Temperatur unterschritten wird, muss sich lokal eine Dampfblase bilden und sämtliche im Öl gelöste Luft austreten. Im Gegensatz zu Dampf kollabieren Gasblasen nicht bei einem Druckanstieg, sondern werden komprimiert. Aufgrund ihres abnehmenden Volumens vergrößert sich die relative Oberfläche und somit das verfügbare Flüssigkeitsvolumen zur Absorption der Gasblasen. Beim spontanen Lösen des Gases in der Flüssigkeit verschwindet die blasenbedingte Raumforderung und der Druck sinkt dazu synchron und schlagartig, wie der Signalverlauf an seinem unruhigen und abgeflachten Anstieg bis auf 28,0 barA belegt. Nach Überschreiten des Hochpunkts von 31,0 barA reicht die Druckenergie erneut zur Strömungsumkehr und der Druck fällt wieder bis auf das Dampfdruckniveau des Öls. Der folgende Druck von 15,7 barA im Hochpunkt ist unzureichend, um einen relevanten Teil der freien Luft in Lösung zu bringen und als Folge wird auch der Dampfdruck der Flüssigkeit nicht mehr erreicht. Als letztes Detail seien die Schwingungen im Nachgang zum initialen Druckpeak im Quarzdruckaufnehmersignal bei 171,40 ms besprochen. Unmittelbar nach dem Abbau des Spitzendrucks von 64,6 barA zeigt sich eine hochfrequente Schwingung von 159,1 kHz und einer Amplitude mit knapp 8 bar, die einen Unterschwinger auf –2,1 barA erreicht. Hierbei bleiben sowohl die Frequenz als auch die Amplitude unter der der Körperschallanregung. Der weitere Signalverlauf bildet im Abstand von 0,055 ms, 0,038 ms und 0,025 ms ebenfalls Maxima mit 37,7 barA, 37,0 barA und 31,5 barA aus, bevor er sich ab 171,53 ms an das Signal des piezoresistiven Sensors angleicht und diesem bis zum Einschlag der Ventilkugel folgt.

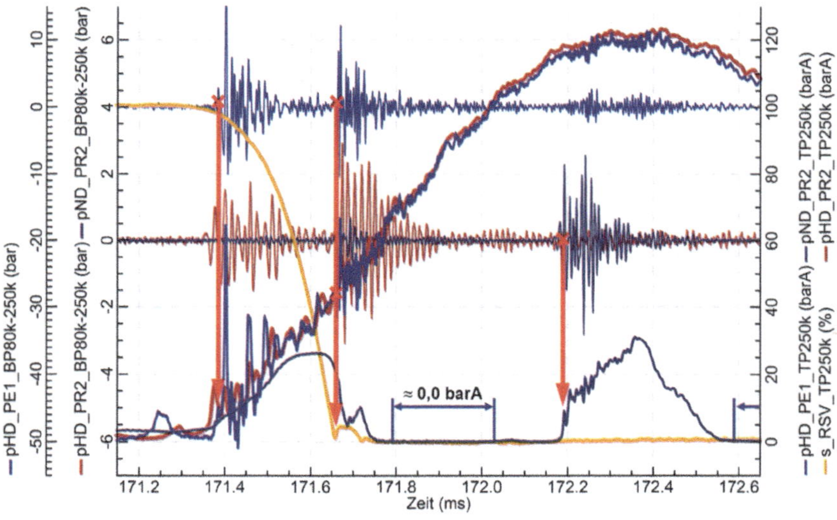

Abbildung 5.9: Analysen aus hochfrequenten, Bandpass-gefilterten Drucksignalen aus dem Hydropulserversuch bei 200 Hz Anregung.

5.1.3 Integration und Differentiation

Das Integrieren von zeitbasiert erfassten Messdaten führt zu einer akkumulierten Größe, entsprechend einer Beschleunigung zur Geschwindigkeit und weiter zum Weg auch in der Strömungsmechanik. Hier wird aus einem Volumenstrom ein Volumen oder eine Masse. Vorteilhaft beim Integrieren ist die Glättung des Signals, da sich Rauschen durch die Summation eliminiert. Die Herausforderung des Integrierens entsteht im Fall eines Offsetfehlers, denn hier liefert diese Funktion fälschlicherweise stetig steigende oder fallende Verläufe. Für die Größen wie Beschleunigungen lassen sich diese Einflüsse elegant durch eine Hochpassfilterung beseitigen, da in vielen Schwingungsmessungen die Versuchsobjekte ortsfest bleiben und somit ausschließlich der Signaloffset entfernt wird. Im Fall von Druckdifferenzen, in denen eine Bewegung von Volumina das Ziel der Analyse sind, gerät man hier an Grenzen. Denn jede Ungenauigkeit fließt in das Ergebnis ein. Die beschriebenen Ansätze zum Referenzieren der Drucksignale an eindeutigen physikalisch definierten Systemzuständen werden somit alternativlos. Die folgende Analyse untermauert diese Anforderung. Während der Pulserversuche kam es zu einer Auffälligkeit im Dämpfungsverhalten des Kettenspanners, die sich im Spitzendruck und an einem ungewöhnlichen Kugelhub des Rückschlagventils zeigt. Abbildung 5.10 skizziert eine Gegenüberstellung dieser beiden Betriebszustände, die bei einer Anregung von 150 Hz auftraten. Hierbei sind alle Signale des unauffälligen Verhaltens in zwei Grautönen im Diagramm angedeutet. Bezugspunkt zur Synchronisation der beiden Messungen ist die Nulllage des Pulsers (s_HyP_TP05k) bei –0,25 mm. So lassen sich auch Unterschiede im Zeitverhalten der korrespondierenden Größen problemlos bewerten. Unübersehbar ist die abweichende Bewegung der Ventilkugel und in deren Verlauf ein verzögerter und geringerer Druckaufbau im Dämpferraum. Auf den zweiten Blick fallen die geringen Wegunterschiede des Pulsers auf, die als Folge die Gegenkraft steigern und die geringfügige Reduktion im Weg bedingen. Ursächlich für den verspäteten Druckanstieg scheint das verspätete Schließen des Rückschlagventils zu sein. Weshalb reagiert aber das Rückschlagventil in dieser Weise? Der Öffnungshub liefert keinen Anhaltspunkt, jedoch verläuft das vollständige Öffnen nach einem ersten Prellen am oberen Anschlag gänzlich verschieden, so dass die Ursache innerhalb der Ansaugphase zu finden sein muss. Die aktuelle Darstellung ermöglicht keinen aussagekräftigen Einblick, deshalb fokussiert Abbildung 5.11 auf die Druckverläufe dieses Bereichs und liefert Unerwartetes.

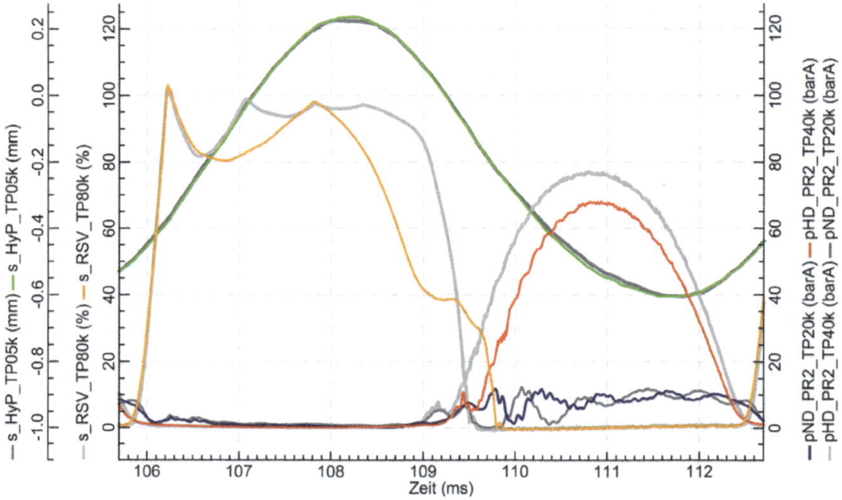

Abbildung 5.10: Gegenüberstellung: Unterschiede im Dämpfungsverhalten, „Soll“ in Grautönen zu „Auffällig“ hier farbig.

Während der auffälligen Kugelbewegung des Rückschlagventils verläuft der Druck in der Ölversorgung (pND_PR2_TP20k) von 106,2 ms bis 108,8 ms durchschnittlich um 0,57 bar niedriger.

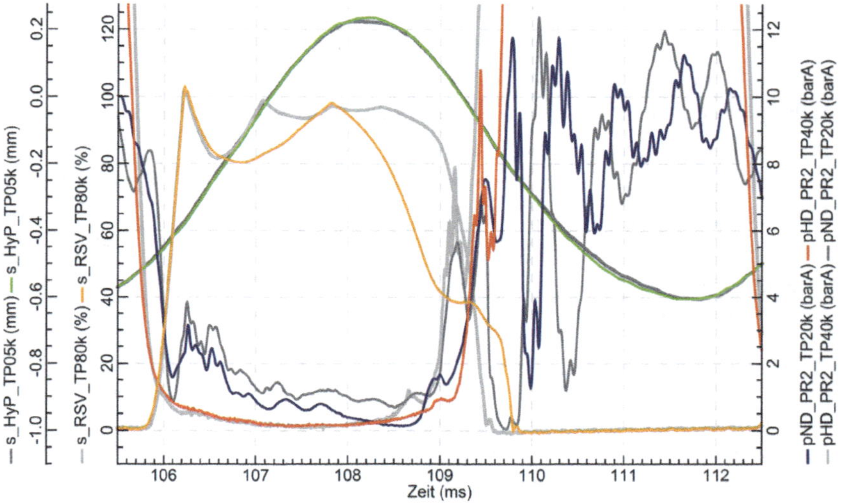

Abbildung 5.11: Detailansicht: Druckverhältnisse in der Ansaugphase.

Von Interesse ist der jeweilige Füllgrad des Kettenspanners als Folge der variierenden Randbedingungen. Dieser lässt sich aus der Pulserposition bei einsetzendem Druckaufbau im Dämpferraum ableiten, wobei eine verlässliche Aussage erst mit geschlossenem Rückschlagventil getroffen werden kann. Für den auffälligen Befüllvorgang zum Zeitpunkt 109,80 ms bei einem Druck von 23,4 barA und einem Hub, ausgehend vom oberen Totpunkt bei 0,235 mm bis –0,226 mm und 0,461 mm Weg. Im Sollverhalten schließt das Rückschlagventil bei 109,53 ms mit einem Dämpferdruck von 21,1 barA sowie einem Kolbenweg von 0,343 mm bereits bei –0,119 mm, somit weniger als der Hälfte des Nominalhubs und lediglich bei 74,4 % bezogen auf den obigen Vorgang. Über den bereits erwähnten Ansatz mittels Integrals auf ein Volumen zu schließen, wird ein Verhältnis der jeweils eingeströmten Volumina abgeleitet und dem Verhältnis aus obiger Hubbetrachtung gegenübergestellt. Hierzu kann auf die Bestimmung sämtlicher Konstanten verzichtet werden, da sich diese bei der Bildung eines Quotienten eliminieren. Das Rückschlagventil besteht aus einer Platte mit einer Eintrittsbohrung, die von einer 50 Prozent größeren federbelasteten Kugel verschlossen wird. Beim Anheben der Kugel entsteht zwischen dieser und der Oberkante der Ventilplatte ein Ringspalt entsprechender Höhe. Durch die flache Ausführung des Kegelsitzes mit einer geringen Fase kann der Strömungsquerschnitt als proportional zum Kugelhub angesehen werden. Für einen Volumenstrom wird noch die Druckdifferenz über dem Rückschlagventil benötig. Diese lässt sich in ausreichender Genauigkeit erfassen, da eine Justage auf eindeutige physikalische Zustände des Systems – wie in Kapitel 5.1.1 beschrieben – an allen Drucksensoren durchgeführt wurde. Im Hochdruckraum stehen vier parallel verbaute Druckaufnehmer zur Verfügung. Die Wahl fiel nach Sichtung einiger Messergebnisse auf den zur Niederdruckmessstelle baugleichen mit einer geringen thermischen Drift (pHD_PR2_TP40k). Wie in den Sensorbezeichnungen im Diagramm ersichtlich, sind die Signale bei 5 kHz, 20 kHz beziehungsweise 40 kHz mit einem Bessel-Tiefpass entrauscht. Gemäß der Messblendengleichung aus [62] folgt ein Durchsatzäquivalent aus der Quadratwurzel der Druckdifferenz multipliziert mit einem Strömungsquerschnitt. Im Fall der Bildung eines Verhältnisses ist der normierte Kugelhub H_K ausreichend. Da sich die Kugel hauptsächlich an den Endlagen aufhält, werden mögliche Einflüsse unterschiedlicher Strahlkontraktionszahlen vorerst vernachlässigt. Aus den Differenzdruckverläufen $(p_{ND} - p_{HD})$ der beiden Fälle werden zur Erstellung eines Volumenverhältnisses jeweils der einheitenlose Äquivalentwert $\tilde{Q}_V$ des Durchflusses definiert:

$$\tilde{Q}_V = H_K \cdot \left(\sqrt[2]{(p_{ND} - p_{HD})} - \sqrt[2]{(p_{HD} - p_{ND})} \right) \quad \text{Gl. 5.1}$$

Das Integral dieser vereinfachten Beziehung über den Zeitraum der Ölansaugung (mit den Bedingungen $p_{ND} - p_{HD}$ / $p_{HD} - p_{ND}$ und $H_K > 0{,}0$ definiert) ist in Abbildung 5.12 dem Differenzdruck und der Ventilkugelbewegung des jeweiligen Falls gegenübergestellt. Das prozentuale Verhältnis der dimensionslosen Integrale zum Zeitpunkt 110,0 ms führt mit 0,1606 und 0,2189 auf 73,4 %. Diese überzeugende Übereinstimmung wiederholt sich in der folgenden Periode mit 76,0 % aus der Bestimmung der Füllung mittels Hubdifferenz zu ebenfalls 73,4 % aus dem Verhältnis der Integrale nicht exakt, überzeugt trotz der vielen Vereinfachungen dennoch. Die Herausforderung in Analysen bei Verwendung von Integrationen ist ein Driften der Messsignale. Sämtliche piezoresistiven Sensoren neigen temperaturbedingt dazu. Bei den hier eingesetzten Sensoren liegt der Wert unter einem Prozent des Messbereichsendwerts, ist aber mit 1,5 bar an einem 150 barA Sensor dennoch ausschlaggebend. Somit erklärt sich die Notwendigkeit einer Justage der Sensorwerte anhand physikalisch eindeutig definierter Zustände von selbst.

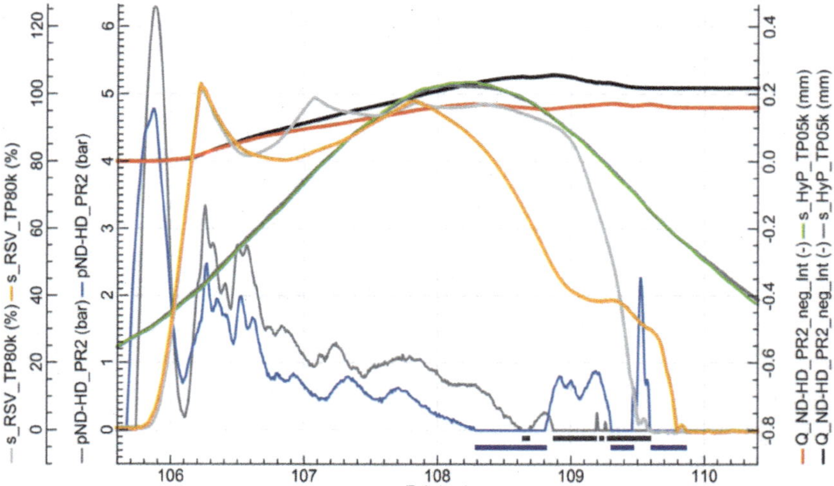

Abbildung 5.12: Positive Druckdifferenz über dem Rückschlagventil (negative zur Übersichtlichkeit nur angedeutet) und zulaufseitiges integrales Ölvolumen-Äquivalent im Kettenspanner.

In der Ursachenanalyse einer Funktionsauffälligkeit an einem hydraulischen System ist eines der ersten Kriterien die Überprüfung der Ölversorgung meistens über einen verbauten Drucksensor. Wie Abbildung 5.12 anhand der Druckdifferenzen (pND-HD_PR2) in der Ansaugphase offenbart, sinkt der Öldruck im Fall der unzureichenden Dämpferperformanz um mehr als 0,5 bar ab. Eine gängige Annahme wäre die identische Beobachtung für den mittleren Öldruck. Unvorhersehbarer Weise liefert dieser eine gegenteilige Aussage, denn der mittlere oder tiefpassgefilterte Versorgungsdruck liegt um 0,17 bar höher. Die Erklärung findet sich in den Pulsationen als Folge des Schließens des Rückschlagventils. Durch den schlechter befüllten Kettenspanner und das verschäumte Öl im Zulauf fallen diese deutlich schwächer aus und heben den Mittelwert in diesem Fall sogar an. Resümierend folgt:

- Ein hoher Öldruck liegt vor, solange kein Volumenstrom benötigt wird.
- Die Pulsationen durch das Schließen des Rückschlagventils tauchen weniger tief durch und führen zu einem höheren Mittelwert.
- Entscheidend: **Druck ist kein Volumenstrom**, denn trotz höherem gemitteltem Öldruck fließen nur 75 % des Öls in den Kettenspanner.
- Die Verwendung der Integration in der Datenanalyse ist außerhalb von Schwingungsmessungen wesentlich aufwändiger und nur mit einer vorherigen Datenaufbereitung erfolgreich anwendbar.

Das Funktionsdefizit trat durch eine ungewollte Androsselung der Ölversorgung an der Prüfstandpumpe auf, so dass bei zyklischen Bedarfen der Druck überproportional einbrach und eine adäquate Versorgung fehlschlug.

Das obige Diagramm aus Abbildung 5.12 liefert ein praktisches Beispiel für ein Differenzieren von Messsignalen. Der Hubverlauf der Ventilkugel über dem Gesamtweg von weniger als 0,5 mm ermöglicht aus den Rohwerten der Position durch die zeitliche Ableitung auf die Geschwindigkeiten zu schließen. Über der Lebensdauer treten an dem Bauteil diese Ereignisse zwischen 50 bis 300 Millionen Mal auf, da sie sich 1,5- bis 4,5-mal pro Motorumdrehung ereignen. Die Dauerfestigkeit aller Komponenten ist somit unter sämtlichen Betriebszuständen anzustreben. Hierfür sind die Auftreffimpulse der Kugel im Sitz durchaus interessant, um diese in Festigkeitsberechnungen realistisch einfließen zu lassen. Von einer direkten Ableitung der Rohdaten ist unter allen Umständen abzuraten, da das Quantisierungsrauschen sowie das

Kippen einzelner Bits der Analog-Digital-Wandlung bei Abtastraten im Megahertzbereich und Auflösungen von 16 Bit oder weniger zu unrealistischen Ausschlägen von über 20 m/s in der Ableitung führen. Hier ist eine sinnvolle vorgeschaltete Tiefpassfilterung des Signals erforderlich und eine nachgeschaltete Glättung bedarfsabhängig zu erwägen. Abbildung 5.13 stellt das mit 80 kHz **Be**ssel-Tiefpass entrauschte Rohsignal folgenden Varianten der Ableitungen gegenüber: ohne nachträgliche Filterung, 40 kHz und 20 kHz Bessel- und final einem 20 kHz **Bu**tterworth-Algorithmus alle in neunter Ordnung. Eine Zuordnung ist in den Kanalbezeichnungen mit _TP##k**Be**9 für den Bessel oder _TP##k**Bu**9 für den Butterworth angefügt.

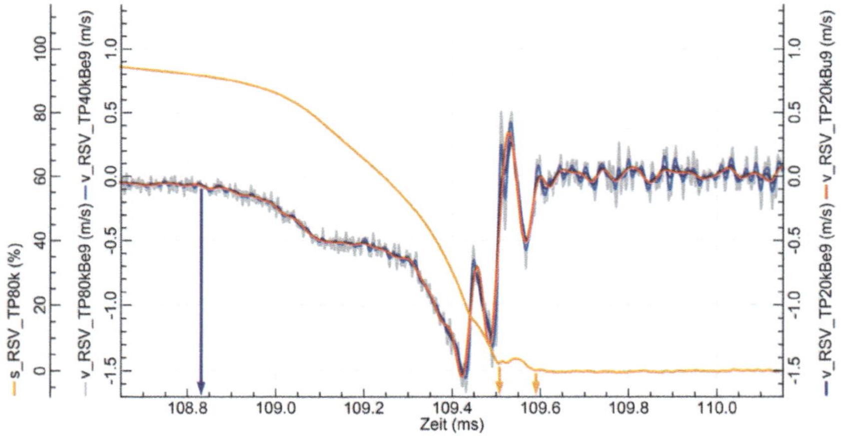

Abbildung 5.13: Druckdifferenz über dem Rückschlagventil und zulaufseitiges integrales Ölvolumen-Äquivalent im Kettenspanner.

Anhand einer detaillierten Analyse des grauen Graphs zur Bewegung der Rückschlagventilkugel aus vorigen Abbildungen lassen sich relevante Zusammenhänge verdeutlichen. Wie zu erwarten, fallen Signale mit niedrigeren Grenzfrequenzen ruhiger aus. Allerdings offenbart das 80 kHz Geschwindigkeitssignal des linken zum rechten Bereichs des Diagramms grundsätzliche Unterschiede im Rauschpegel, die dem Messverfahren geschuldet sind. Hier neigt das System bei Signalen am Messbereichsende zu stärkerem Rauschen, das im Rohsignal eher unbemerkt bleibt, jedoch in der Ableitung unübersehbar hervortritt. Den größten Nutzen für eine Systemanalyse liefert der Gradient im Betonen der Dynamik in einer Werteänderung. Wie beschrieben wird die Ventilkugel durch eine zusätzliche Feder im Schließen unterstützt. Diese

Federkraft verantwortet den geringen Gradienten von knapp –0,1 m/s im Zeitraum bis 108,34 ms, da die anliegende Druckdifferenz nahe Null kaum einen Beitrag liefert. Danach steigt der Druck im Kettenspanner und begünstigt den Schließvorgang, der sich ebenfalls an der Steigerung der Geschwindigkeit bis auf –0,5 m/s erkennen lässt. Einsetzende Druckpulsationen verhindern kurzzeitig eine weitere Steigerung, bis nach deren Beruhigung der Hochdruck sprunghaft wächst und die Ventilkugel auf über –1,5 m/s beschleunigt. Bei 21 % des Hubs trifft sie auf den Rand des Kegelsitzes und verliert augenblicklich ein Drittel ihrer Geschwindigkeit. Der neuen Randbedingung entsprechend beschleunigt die Kugel trotz Wandkontakt wieder, bis sie bei 109,51 ms erstmals in den Sitz schlägt. Der große Überschuss an kinetischer Energie bedingt ein zweimaliges Prellen bevor die Kugel ab 109,59 ms stabil im Sitz verharrt. Dieser hochdynamische Vorgang blieb ohne die Ableitung des Wegsignals nahezu unentdeckt. Auch verdeutlichen die verschiedenen Filterungen die Herausforderung einer Entscheidungsfindung, welche Filterparameter bezüglich der Definition eines repräsentativen Maximalwerts für die Festigkeitsanalyse den besten Kompromiss aus Eliminierung des Rauschens und Erhalt der Dynamik liefern. Zu alledem entstehen im Schließvorgang meistens mehr als ein Kontakt von Kugel und Sitz, der ebenfalls in eine Festigkeitsauslegung einfließen sollte.

5.1.4 Analysen im Frequenzbereich mittels optimierter Fast Fourier Transformation

In vielen technischen Systemen treten periodische Vorgänge auf, so dass ein Analyseverfahren im Frequenzraum zusätzliche Erkenntnisse liefert als auch Abhängigkeiten oder Wechselwirkungen offenbart. Als Standard im digitalen Zeitalter konnte sich die Fast Fourier Transformation etablieren, die periodische Vorgänge einer zeitbasierten Messung in eine Darstellung aus harmonischen Schwingungen definiert über Frequenz, Amplitude und Phasenlage überführt. Im Bereich hydraulischer Systeme liefert dieses Verfahren wertvolle Hinweise zu offensichtlichen sowie bei entsprechender Systemdämpfung auch verdeckten Resonanzen. Diese lassen sich stets aus dem Phasenversatz von 90° zwischen Ursache und Wirkung identifizieren. Wie in Kapitel 2.5 und 4.2.1 vorgestellt, können mehrphasige Fluidsysteme Resonanzen entwickeln, die sich in Schwingungsuntersuchungen gezielt anfahren oder auch durch Druckstöße anregen lassen.

Der Zeitabschnitt von 19,5 s bis 30,5 s aus Abbildung 2.13 des Frequenzhochlaufs bei offener Ölsäule (blau und orange) ist im unteren Diagramm in Abbildung 5.14 dargestellt. Wie die Flächen der Grautöne erkennen lassen, bildet sich im Frequenzhochlauf zwischen 21 s und 26 s eine Amplitudenüberhöhung an beiden Drucksensoren aus, obwohl der Elektropulser stabil mit 20-facher Erdbeschleunigung anregt. Wie in den vorgestellten Versuchsaufbauten und den CFD-Simulationen bestätigt, verleihen schon kleine Luftblasen hydraulischen Systemen teils unvermuteten Schwingungseigenschaften. Gerade diese sollten sich mittels einer Frequenzanalyse umfassend identifizieren und vergleichen lassen. Eine Herausforderung entsteht bei der Transformation jedoch in der fehlenden Überprüfbarkeit der Analyseergebnisse. Da die Algorithmen inzwischen als Standard etabliert sind, werden die Ergebnisse selten hinterfragt. Im Fall von amplitudenabhängigen Größen lassen sich diese einigermaßen mit dem Zeitsignal abgleichen. Wesentlich anspruchsvoller ist dies bei der Phasenlage der jeweiligen Frequenzen, denn ohne verlässlichen Phasenbezug kann nahezu jedes beliebige Signal aus einem Amplitudenspektrum generiert werden, wie in [63] erörtert. Zur Identifikation eines Resonanzpunktes wird üblicherweise die Frequenz des Pegelmaximums herangezogen. Schwierig nur, wenn sich im Resonanzpunkt oder kurz zuvor die Systemeigenschaften signifikant ändern, wie bei den Versuchen mit der schwingenden Ölsäule durch absichtlich oder unabsichtlich eingeschlossene Luft. Vorteilhaft, wenn in diesen Fällen ein Resonanzpunkt mittels seiner Phasenbeziehung von 90° nacheilend zur Anregung bestimmt werden kann, eventuell auch schon bei der halben Anregefrequenz. Entscheidend hierfür ist allerdings eine korrekt bestimmte Phaseninformation zu jeder beteiligten Frequenz. Zur Bestätigung fehlerfreier Wertetripel aus Frequenz, Amplitude und Phasenlage sollte ein synthetisch generierter Signalabschnitt deckungsgleich zum Ausgangssignal erzeugt werden können. Die farbigen Bereiche sind kurze Zeitabschnitte, in denen ein rücktransformiertes Signal über den Bereich des Frequenzhochlaufs gelegt wurde. Das obere Diagramm enthält vier Perioden der Rohsignale in Grautönen sowie die farbigen, synthetisch erzeugten Signale. Der leichte Rippel im synthetischen p_rad_N_synth-Signal rührt aus kleinen Abweichungen in der Berechnung der Phasenlage ab der zwölften Ordnung. Ebenfalls erkennbar die geringe Abweichung zum idealen synthetischen Sinusverlauf der Beschleunigung um den Hochpunkt des Signalverlaufs. Diese ist einer Rückwirkung – ebenfalls im phasengleichen Druckanstieg erkennbar – der gegenläufig schwingenden Ölmasse innerhalb der Säule geschuldet.

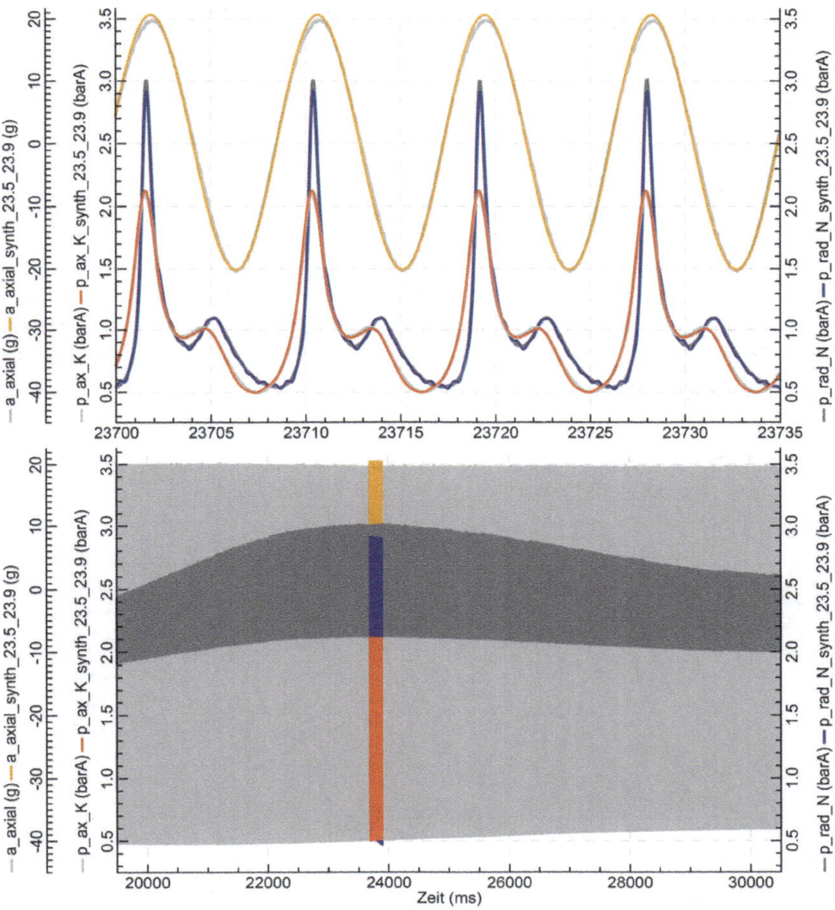

Abbildung 5.14: Unten: Zeitbereich über dem Frequenzbereich von 104 Hz bis 131 Hz des Elektropulserversuchs. Oben: Vergleich zu den rücktransformierten, synthetischen Signalen der FFT.

Diese Güte an Reproduktion des periodischen Signals aus dem Fourier-Werte-Tripel bestätigt die Verlässlichkeit der Frequenzinformation und die Belastbarkeit dieser Ergebnisse zur Identifikation komplexer Schwingungsphänomene in volatilen, elastischen, mehrphasigen, hydraulischen Systemen. Da der Ansatz einer analytischen Ermittlung von Frequenz mit dem Einzug digitaler Signalverarbeitung nahezu unbekannt wurde, liefert Abbildung 5.15 eine Skizze der Idee und beschreibt die Vorgehensweise im Folgenden, zitiert aus [63]. Die Frequenzauflösung Δf einer Fourier-Transformation ist durch die Beziehung von Fenstergröße (N, Werteanzahl) und Abtastrate oder -frequenz F (Δt, reziproke Abtastrate) aus Gleichung 5.2 limitiert:

$$\Delta f = \frac{1}{N \cdot \Delta t} = \frac{F}{N} \qquad \text{Gl. 5.2}$$

Diese Abhängigkeit wirkt sich extrem nachteilig bei Analysen mit Frequenzhochläufen oder bei Drehzahlrampen aus, da hier ein großes Analysefenster einen Frequenzbereich überspannt, der sowohl die Frequenzbestimmung als auch den Wert der Amplituden vollkommen verfremdet. Ein zu kurzer Analysebereich liefert, aus dem in Abbildung 5.15 links erkennbaren Verhalten, vergleichbar schlechte Ergebnisse, wenn auch aus anderen Ursachen.

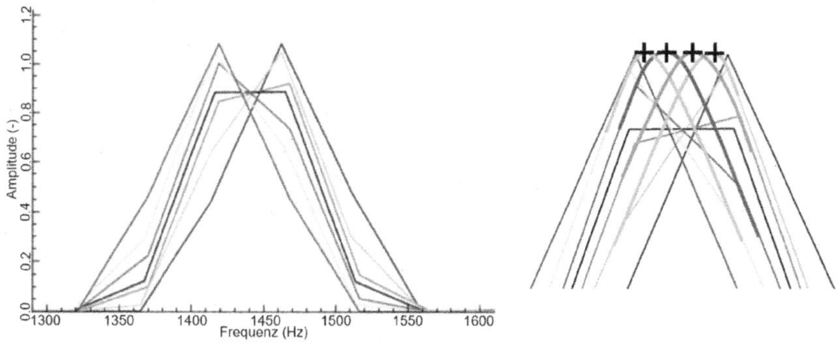

Abbildung 5.15: Links: Ergebnis einer Frequenzermittlung einer gewöhnlichen FFT aufgrund der Abhängigkeit von Abtastrate und Fenstergröße. Rechts: Skizze kubischer Splines zur analytischen Bestimmung der Hochpunkte [63].

Mathematisch kann die Idee aus Abbildung 5.15 zur Erweiterung (englisch: enhance) der Frequenz- und Amplitudenauflösung mittels einer Hermite-Interpolation [64], [65] realisiert werden, vergleichbar eines Newtonverfahrens basierend auf dividierenden Differenzen. Diese werden jedoch als Taylorkoeffizienten einer zu entwickelnden Funktion interpretiert und liefern auch im Fall doppelter gleichwertiger Stützstellen ein sinnvolles Ergebnis. Die allgemeine Beziehung zur Berechnung der Hermite-Koeffizienten lautet:

$$H_{2n+1}(x) = \sum_{i=0}^{2n+1} f[\tilde{x}_i, \dots, \tilde{x}_0] \prod_{j=0}^{i} (x - \tilde{x}_j) \qquad \text{Gl. 5.3}$$

Hierin entspricht $\tilde{x}_j$ dem x-Wert und $f[\tilde{x}_i]$ dem Funktionswert der Stützstelle sowie x der freien Variablen des neuen Polynoms. Für eine kubische Interpolation ergibt sich mit den Koeffizienten aus [63] die Gleichung:

$$H_3(x) = k_{0,0} + k_{1,1}(x - \tilde{x}_0) + k_{2,2}(x - \tilde{x}_1)^2 + k_{3,3}(x - \tilde{x}_1)^2(x - \tilde{x}_2) \qquad \text{Gl. 5.4}$$

Über diesen Ansatz ergeben sich die Werte-Tripel ausreichender Güte als Basis der synthetisch rücktransformierten Signale, die mittels Addition der einzelnen phasenrichtigen Sinussignalanteile im Zeitbereich erfolgt. Da in vielen Untersuchungen keine konstanten Frequenzen über der Fensterlänge herrschen, werden die synthetischen Signale auf die Mitte des Analysefensters von der Phasen- und Frequenzlage ausgerichtet und erzeugt. Hiermit lässt sich die Güte einer FFT-Analyse zweifelsfrei beurteilen.

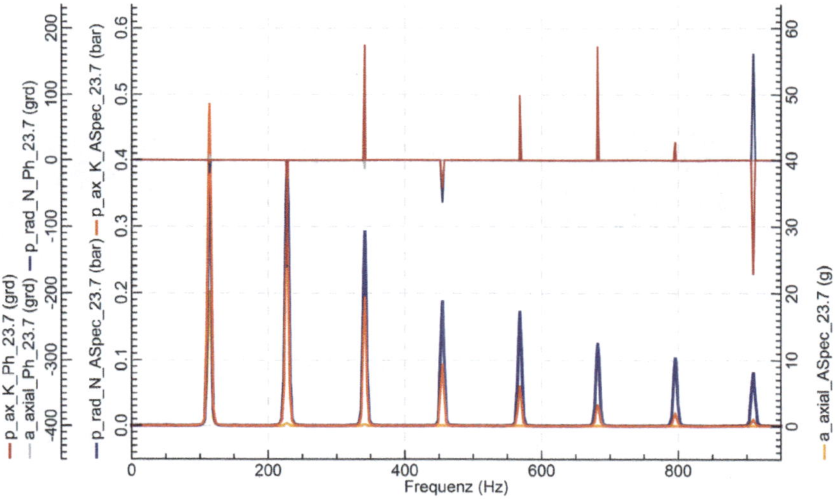

Abbildung 5.16: Frequenz-, Amplituden- und Phasenwerte aus der optimierten „*enhanced*" Fast-Fourier-Transformation zur Erzeugung der synthetischen Kanäle für Abbildung 5.14.

5.1.5 Diagramme und Visualisierung

Oft sind Zeitschriebe für Einblicke in ein komplexes, stark variierendes Frequenzverhalten kaum geeignet, da die einzelnen Frequenzanteile durch Überlagerung nicht aus einem Rohsignal zu separieren sind. Wie an Graphen über mehrere Sekunden bekannt, fließen die Linien dieser Darstellung zu einer Fläche zusammen und erwecken an den Rändern den Eindruck einer ausgefüllten Hüllkurve. Dieses trifft zu und fällt abhängig von der Strichstärke häufig detaillierter aus als eine grob aufgelöste Hüllkurve, wie Abbildung 5.17 im abnehmenden Teil der Druckpulsationen von 62,9 s bis 77,2 s verdeutlicht. Der Fokus der oberen Grafik liegt auf zwei Perioden zum Zeitpunkt von 42,21 s und verdeutlicht besonders die Vielschichtigkeit der erfassten Oberwellen im axial verbauten Drucksensor p_ax_S. Hierfür ist eine manuelle Auswertung ein aussichtsloses Unterfangen und eine leistungsfähige und präzise arbeitende FFT-Transformation alternativlos.

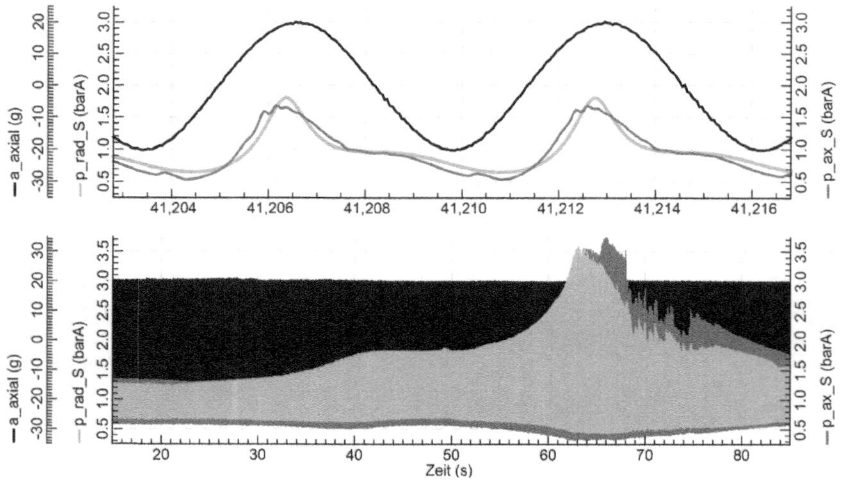

Abbildung 5.17: Unten: Zeitschrieb (15 s bis 85 s) eines Frequenzhochlaufs von 93 Hz bis 376 Hz am Elektropulser bei unzureichender Entlüftung. Oben: Detail über zwei Perioden bei 156,2 Hz.

Wie die Beschreibungen in Kapitel 5.1.4 nahelegen, ist eine FFT-Analyse aus Sekundenbruchteilen einer Messung von über 60 s Dauer wenig repräsentativ. Eine mehrfache leicht zeitversetzte Ausführung einer FFT liefert hier einen aussagekräftigeren Eindruck, ist jedoch in zweidimensionalen

Diagrammen nur eingeschränkt lesbar, da je nach Zeitdauer und Frequenzverhalten sich gleiche Frequenzen der einzelnen FFT-Analysen im Diagramm überlagern, wie Abbildung 5.18 verdeutlicht. Ebenfalls erschwerend in dieser Darstellung sind große Amplitudenunterschiede bei linearer Achsenskalierung, da hier geringe Amplituden im Rauschen verschluckt werden können. Als Alternative bietet sich eine logarithmische Achsenskalierung an, die jedoch Anteile über Größenordnungen ausnivelliert und die Lesbarkeit nicht unbedingt erleichtert, wie Abbildung 5.18 oben veranschaulicht. Allerdings zeigt diese Datenaufbereitung schon in der linearen Skalierung ein unerwartetes Detail in den Amplituden oberhalb der ersten Ordnung. Hier zeichnet sich um 320 Hz in den Blautönen (38,8 s, 41,1 s und 43,4 s) ein Maximum ab, das zum Zeitpunkt von 42 s in Abbildung 5.17 korreliert.

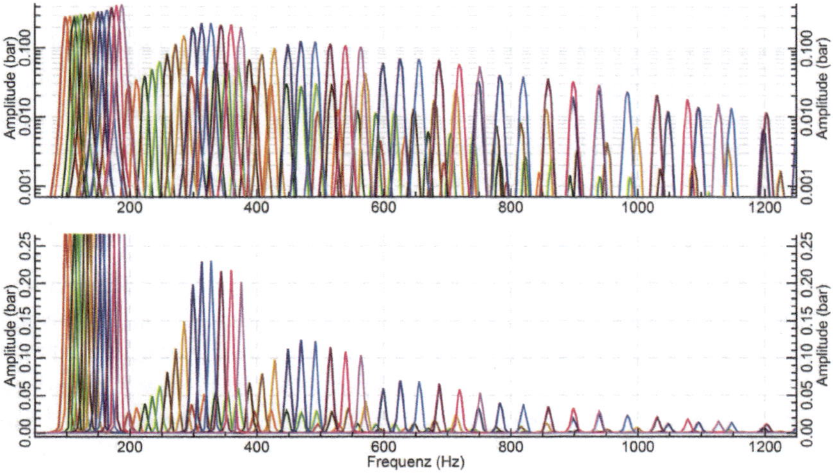

Abbildung 5.18: 14 FFT-Analysen über dem Bereich von 18 s bis 50,2 s alle 6 Hz und einer Fensterbreite von 0,24 s. Oben: mit logarithmischer, unten: mit linear skalierter Amplitudenachse.

Wie im Zeitschrieb zwischen 30 s und 50 s ersichtlich, nimmt die Amplitude um nahezu 50 % zu. Dieses lässt sich, wenn auch undeutlich, aus dem logarithmisch skalierten Diagramm der Fouriertransformationen erkennen. Da diese Zunahme der ersten Ordnung stetig ansteigt, sich höhere Ordnungen jedoch von diesem Verlauf lösen, verschafft ein Wasserfall- oder Campbelldiagramm einen grundlegenden Einblick der Abläufe im Schwingungsverhalten dieses Versuchslaufs. Da ein hydraulisches System ausschließlich als Gesamtheit agiert und reagiert, wirken sich sämtliche verteilten Elastizitäten in entsprechender Ausprägung der jeweiligen Messstelle aus. Dieses belegen die Frequenzspektren des seitlich verbauten Sensors (links) und des unten (rechts) in Abbildung 5.19. Zur besseren Identifikation der Unterschiede wurden die Diagramme um 180° gedreht und ab der ersten Vielfachen begonnen. Somit ist ein uneingeschränkter Blick auf die abnehmende Charakteristik der Pegel höherer Ordnungen gewährleistet. Unübersehbar die sich periodisch wiederholenden Unstetigkeiten entlang der Spitzenwerte der Amplituden. Diese Artefakte sind einerseits die Folge der optimierten, jedoch nicht perfekten Amplitudenermittlung und andererseits dem Übertragen in das Auflösungsraster der Frequenzachse geschuldet. Im hier durchlaufenen Frequenzbereich von 125 Hz bis 190 Hz wiederholt sich das Muster der Unstetigkeiten gemäß Gleichung 5.2 alle 9,8 Hz und kann ignoriert werden.

Die präsentierten Frequenzanalysen der beiden Druckaufnehmer offenbaren ab der dritten Harmonischen grundlegende Unterschiede. Der seitlich angeflanschte Sensor liefert bis über die achte Ordnung klar strukturierte Anteile mit stetigen Amplitudenverläufen, wohingegen der axial verbaute ab der fünften Grundfrequenz sprunghafte, spontane Änderungen in den Amplituden entwickelt, die scheinbar mit den flächigen, breitbandigen Rauschanteilen zu korrelieren scheinen. Da diese kompakten Übersichtsdiagramme kaum Details auflösen, schärft Abbildung 5.20 an dieser Stelle nach. Zur einfacheren Zuordnung der Unstetigkeiten sind diese entsprechend der jeweiligen Ordnung farblich markiert. Durch den kleineren Wertebereich rutscht ein Teil des Rauschens in das grau / blau gefärbte Niveau und grenzt sich deutlich von dem Bereich geringen Rauschens ab. Über dem Frequenzhochlauf setzt sich das Verschwinden höherer Ordnungen fort und kappt Frequenzen oberhalb von 1500 Hz wie durch den Verlauf des roten Pfeils verdeutlicht. Ein messtechnisches Abbild vorhandener Luftblasen und deren mögliche Wechselwirkungen mit einer Flüssigkeit wurde schon im Kapitel 5.1.2 im Zusammenhang mit Abbildung 5.9 beschrieben. In diesem Versuch bei atmosphärischen Druckverhältnissen lassen sich Blasen nicht in Lösung bringen und bleiben ein fester Bestandteil des Versuchs. Da eine Blase durch die schwingungsinduzierten Strömungsverhältnisse die Flüssigkeitssäule nicht verlassen kann, bleibt nur eine Veränderung der Form, der Lokalisation oder des Dispersionsgrads. Zum einen verleiht die Anwesenheit von Luft hydraulischen Systemen eine grundlegende Fähigkeit zu schwingen und zum anderen bedämpfen Blasen spezifisch die Übertragung von Druckwellen.

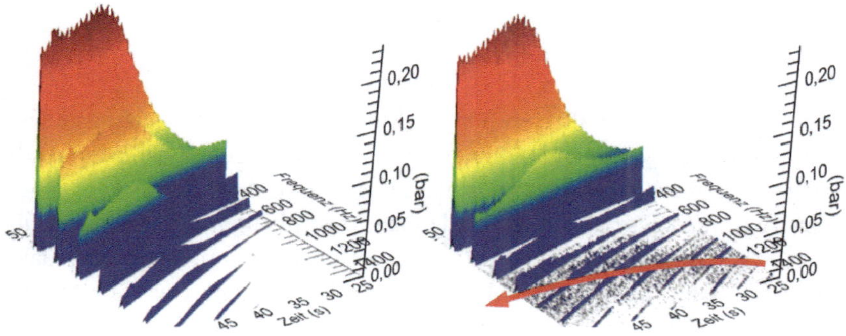

Abbildung 5.19: Vergleich der Frequenzspektren ab der zweiten Harmonischen des seitlich (radial) und unten (axial) verbauten Sensors PR_1 (Abbildung 4.23) an der Ölsäule in einer Untersuchung am Elektropulser aus Kapitel 4.2.1.

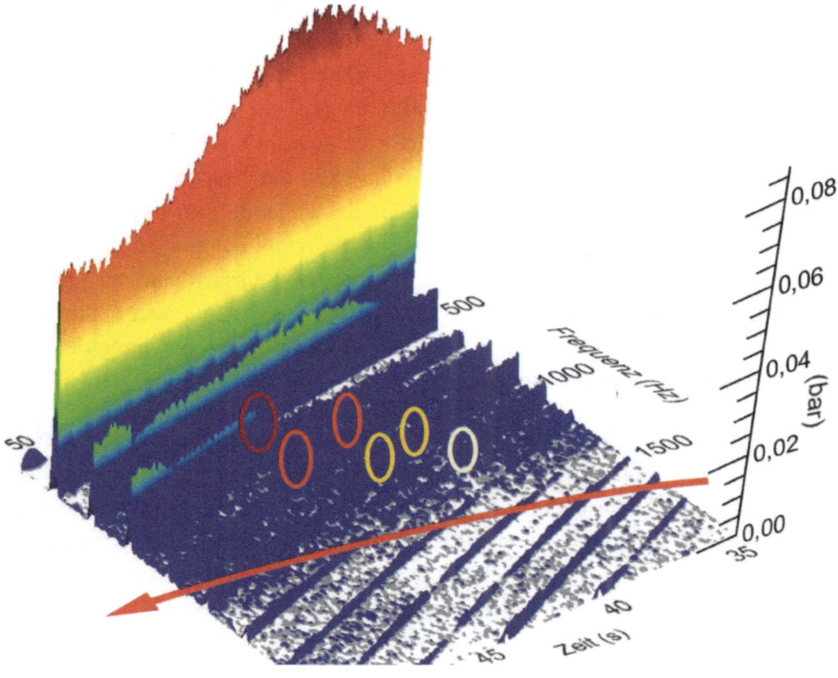

Abbildung 5.20: Details des Frequenzverlaufs von 136 Hz bis 190 Hz mittels Campbell-Diagramm ab der dritten Harmonischen des unten (axial) verbauten Sensors PR_1 am Elektropulser.

5.1.6 Nutzen und Notwendigkeit der vorgestellten Datenanalyseverfahren

Wie in Kapitel 4 vielfältig erwähnt und belegt, führen selbst geringste Gasblasen oder Ausgasungen in hydraulischen Systemen zu gravierenden Änderungen im Pulsationsverhalten in freien oder erzwungenen Schwingungen. Eine Systemanalyse sowie die eindeutige Identifikation der Wirkmechanismen ist ausnahmslos an die Verlässlichkeit der erfassten Messdaten geknüpft. Die vorgestellten Methoden zur Beseitigung von Offsetabweichungen in den Signalwerten sind essenziell für die korrekte Abschätzung eines druckabhängigen Gasvolumens – oder grundsätzlicher – als Nachweis einer Blase im Sensierungsbereich eines Druckaufnehmers. Ebenfalls erforderlich ist das Eliminieren von Laufzeiteinflüssen in Messketten, da bei Verwendung der Phasenbeziehungen zur Ermittlung von Resonanzereignissen unkorrigierte Laufzeitfehler eine Analyse unnötig erschweren. Die Möglichkeiten mittels geeigneter Filterung Systemverhalten von Signalrauschen zu trennen oder ein Übersprechen zu erkennen, müssen als Basiswissen betrachtet werden. Alle hierzu verwendeten Daten stammen aus Untersuchungen zur Identifikation von Einflussfaktoren auf ein erfasstes Drucksignal. Aus den abgeleiteten Korrelationen ließ sich sowohl die Konsistenz der Daten als auch die Eignung und Leistungsfähigkeit der besprochenen Analyseverfahren nachweisen. Gerade das Wissen um relevante Einflussfaktoren und deren Rückwirkungen auf ein Systemverhalten ermöglichen gezielte Parametervariationen, die Rückschlüsse auf Wirkketten zulassen und zu grundlegendem Systemverständnis führen. Die Analyse des Frequenzverhaltens mit der Möglichkeit zur Ermittlung exakter Systemfrequenzen nimmt die Stellung einer Schlüsselkompetenz ein.

Denn wie allen Schwingungen gemein lassen sich auch strömungsmechanische über ein Ersatzsystem aus Feder, Masse und Dämpfer beschreiben, das heißt die Änderung der Federrate führt zu einer Frequenzänderung. Hieraus leitet sich der neue Ansatz zur Identifikation von Systemzuständen und Änderungen des Systemverhaltens aus Variationen der Elastizitäten wie Gasblasen ab. Eine Änderung der Blasengröße (Federrate) bedingt eine messbare Frequenzänderung. Hierzu sind zwei Voraussetzungen einzuhalten:

- Konstante und reproduzierbare Randbedingungen bei der Versuchsdurchführung und gezieltem Einbringen einzelner Modifikationen.

- Der Einsatz einer hochsensitiven Frequenzanalyse, mittels der sich kleinste Änderungen im Resonanzverhalten erkennen lassen.

5.2 Ergebnisse der transienten 3D CFD-Simulation

Viele der hier vorgestellten und diskutierten Beobachtungen können – ganz allgemein – auf eine unvermutete Ursache und / oder unbekanntes physikalisches Phänomen zurückgeführt werden, wodurch sich die Steifigkeit des beobachteten Systems reversibel oder irreversibel verändert. Besonders herausfordernd ist eine parallele Eigendynamik dieses Effektes und sehr schwer zu fassen, wenn dieser aus Wechselwirkungen zwischen dem systembeeinflussenden Effekt und dem System selbst oder dessen Randbedingungen entsteht. Schon ein Durchdringen der mehrfachen Verschachtelungen in obiger Beschreibung bietet eine Herausforderung. Genau diese Verzahnung und Unzugänglichkeit der wirkenden Effekte in hochdynamischen mehrphasigen Fluidsystemen können ein grundlegendes und umfassendes Verständnis vereiteln, noch gravierender, eine zuverlässige Vorhersagbarkeit des Systemverhaltens verhindern. Aus der Analyse der durch die Simulation abgebildeten physikalischen Phänomene konnte ein Hinweis bezüglich des fehlenden physikalischen Dämpfungsphänomens eruiert werden. Diese unerklärlichen Differenzen zwischen Simulation und Messung in einzelnen Betriebszuständen ließen sich innerhalb der versuchstechnischen Bearbeitung nicht final klären, münden jedoch in eine schlüssige Hypothese aus der Summe aller Antworten sowie verbliebenen Fragen, die durch das Realisieren dieser ebenfalls einen wesentlichen Beitrag zum Verständnis liefern.

Der Schlüssel liegt nicht in einer unvollständigen physikalischen Theorie, sondern in einer bisher unterschätzten Wechselwirkung, genauer deren Folgen, die zu digitalen und gravierenden, aber reversiblen Änderung des Systemverhaltens führen. Gerade die Reversibilität maskiert den Effekt nachhaltig und verhinderte wohl über Jahrzehnte eine Entdeckung. Wie zu vermuten, liefert die Simulation detaillierte Einblicke in das dynamische Wechselspiel von Luft, Strömungsmechanik und Messwerten. Ohne deren Beitrag wären grundlegende Mechanismen unverstanden geblieben, jedoch auch die Frage zur Ursache partiell auftretender Abweichungen, die sich weder mittels Optimierung von Simulationsparametern noch durch Änderungen in Stoffwerten oder der Systemdynamik und ebenfalls nicht durch eine Variation des Netzes beseitigen ließen. Diese Variationen führten allesamt zu Rückwirkungen, die den Bemühungen einer Steigerung der Simulationsgüte entgegenwirkten.

5.2.1 Beobachtungen und Erkenntnisse an der schwingenden Ölsäule

Zur Modellierung, Vernetzung und Parametrierung sei auf die Kapitel 4.6.1 und 4.6.3 verwiesen. Hier sind die Geometrie und das Sensorsetup detailliert beschrieben sowie die Vorgehensweise zur Validierung des Simulationsansatzes. Alleinstellungsmerkmal einer numerischen Untersuchung in der ersten Aufgabenstellung sind Erkenntnisse zur erzwungenen Blasendynamik, als auch Effekte der entstehenden Sekundärströmung und Wechselwirkungen aufgrund der hydraulischen Kopplung in einem Gesamtsystem. Auslösend für diese Untersuchung waren eine umfangreiche Messdatenbasis und vorhandene Beobachtungen, die eine umfassende Validierung der Simulationsergebnisse ermöglichen. Explizit schärfen Auswirkungen von lokalisierten Gasblasen im Vergleich oder in Ergänzung mit einer globalen homogen verteilten Elastizität des Betriebsmediums das Verständnis im Umgang mit Simulationsparametern und -optionen. Das hierdurch erzielte Verständnis für die Parametrierung übertraf hingegen sämtliche Vorüberlegungen.

Auswirkungen durch die Variation der homogen verteilten Luft, genauer der Elastizität des Betriebsmediums, auf das Resonanzverhalten

Wenig überraschend reduziert sich mit zunehmender Elastizität des Versuchssetups die Frequenz und die Amplitude einer Resonanzüberhöhung. Bezüglich der Amplitude liefert der Versuch bei einer nahezu konstanten Amplitude (vergleiche Abbildung 5.44) unabhängig vom eingebrachten Luftvolumen ein abweichendes Verhalten. Die Amplitudenüberhöhung bei 0,0 % homogen verteilter Luft mit über 30 barA dominiert hierbei das Diagramm aus Abbildung 5.21 und hebt das signifikante Detail der Abweichungen zum Versuch hervor. Ein genauerer Blick in die Amplitudenverläufe liefert extrem schmale, sehr ausgeprägte und steile Druckspitzen, die kein durchgeführter Versuch in dieser Ausprägung erzeugte, obwohl die Messtechnik inklusive der Erfassungssysteme diese hätten abbilden können. Alleinig durch eine zusätzliche Systemelastizität mittels homogener Gasgehalte ab 0,5 % lassen sich zum Versuch korrelierende Spitzendrücke erzielen mit der Folge einer Abweichung zum Versuchssetup. In Tabelle 5.1 sind alle Eckdaten dieser Simulation auf Basis obigen Modells gebündelt.

Tabelle 5.1: Eckwerte des Amplituden- und Frequenzverhaltens zur Parameterstudie zunehmender homogener Gasgehalte im Öl.

Luftblase mit 7,24 mm³, plus	**Systemluftvolumen (Blase & hom. Anteil)**	**Eigenfrequenz**	**max. Druck Säulenboden**
0,0 % Gasgehalt	7,24 mm³, 1,0-fach	326,2 Hz, 100 %	33,0 barA, 100 %
0,1 % Gasgehalt	28,2 mm³, 3,9-fach	249,5 Hz, 76 %	13,6 barA, 41 %
0,2 % Gasgehalt	49,1 mm³, 6,8-fach	213,8 Hz, 66 %	11,0 barA, 33 %
0,5 % Gasgehalt	111,9 mm³, 15,5-fach	165,0 Hz, 51 %	6,7 barA, 20 %
1,0 % Gasgehalt	216,5 mm³, 29,9-fach	133,8 Hz, 41 %	5,7 barA, 17 %

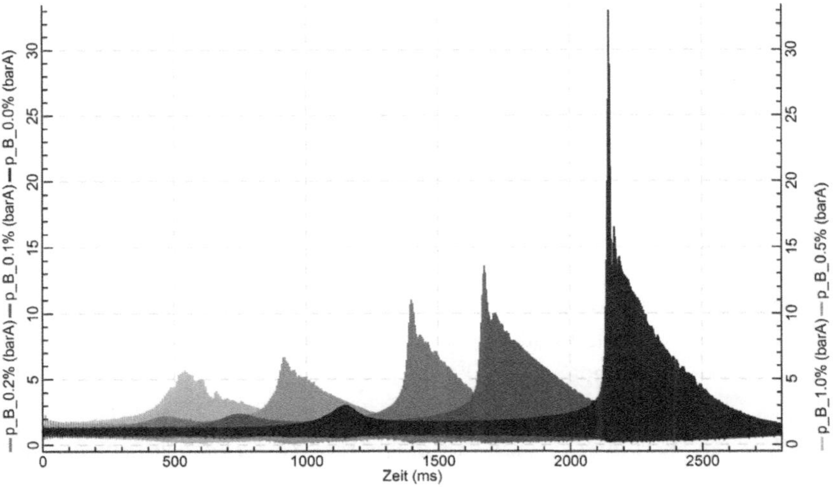

Abbildung 5.21: Simulation zum Einfluss wachsender homogener Gasgehalte der Ölsäule mit einer Viskosität von 160 mPas bei Anwesenheit einer Luftblase mit 2,4 mm Durchmesser [56].

Ein zu den Versuchsreihen ähnlicher Druckverlauf stellt sich durch einen homogenen Gasgehalt von 0,5 % in der Ölsäule an den beiden Messstellen ein. Jedoch bildet sich in der Numerik ein tieferes Durchtauchen bis auf 0,2 barA im Vorlauf der Druckspitze aus. Danach läuft der Druck aller Signale mit einer leichten Asymmetrie über einen schmaler und spitzer ausgeprägten Hochpunkt in eine – den Messungen vergleichbare – fallende Flanke. Die hochfrequenten Schwingungen in den simulierten Messstellen entstehen wenige Perioden vor dem Amplitudenmaximum und bilden sich – sowie die Asymmetrie – bei Frequenzen oberhalb von 190 Hz zurück. Die Gegenüberstellung in Abbildung 5.22 einer Periode vor und im Resonanzpunkt zeigt diese spezifischen Details der drei Drucksignale.

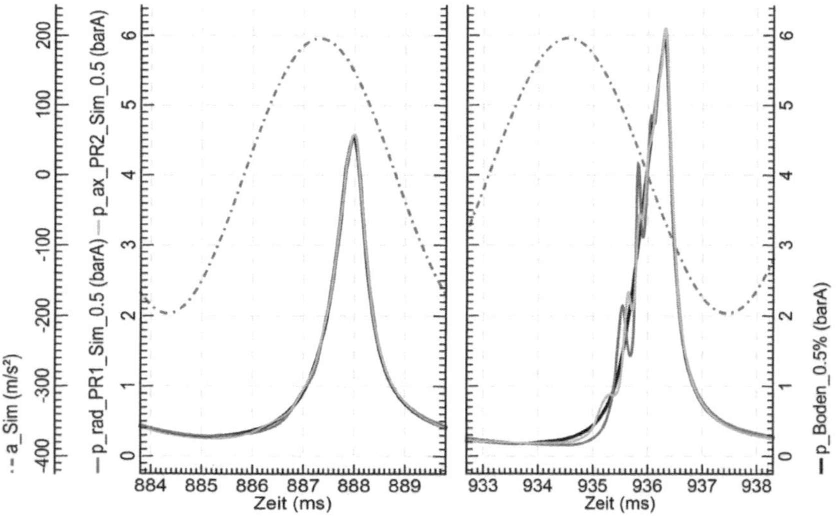

Abbildung 5.22: Gegenüberstellung der Druckverläufe in der Ölsäule vor (links) und in der Amplitudenresonanz (rechts) mit 0,5 % homogen verteilter Luft und einer Blase von 7,2 mm³.

Analyse des Verhaltens zusätzlich eingebrachter Luftblasen unterschiedlicher Größen in der harmonisch erregten Ölsäule

Wie in einem der ersten Messschriebe zu Beginn von Kapitel 2.5.1 ausgeführt, korreliert die Amplitudenresonanz des Systems mit dessen Entlüftungszustand. Damit folgt: Weniger ungelöste, freie Luft in Form von Blasen bedingt höhere Resonanzfrequenzen im System. Die numerische Simulation liefert hier Vergleichbares und ermöglicht einen Blick in das dynamische Verhalten der Blase. Allen Aufnahmen der Abbildungen 5.23 und 5.24 liegt eine identische Skalierung des Gasgehalts zu Grunde, wohingegen die spezifischen Skalierungen der Geschwindigkeiten rechts zu beachten sind. Der teils angeschnittene kontrastschwache mittige kleine Kreis ist die Stichleitung zur hydraulischen Anbindung des unten axial verbauten Sensors. Zu Beginn der Bilderfolge wird die Blase aufgrund der entstandenen Sekundärströmung am Boden der Ölsäule an die Wand gedrückt und gehalten. Gut erkennbar, wie die Oberflächenkräfte den Strömungskräften unterliegen und die Kugelform einer „freien“ Blase aufgegeben wird. Dieser Effekt verstärkt sich innerhalb von Millisekunden weiter, wie die Werte der ermittelten Geschwindigkeiten verdeutlichen und führt im Resonanzpunkt bei 1,27 s (ohne Darstellung) zu einem Zerteilen oder Dispergieren in dutzende sehr kleine, jetzt aber formstabile Einzelblasen, die nahezu ortsfest verharren [66].

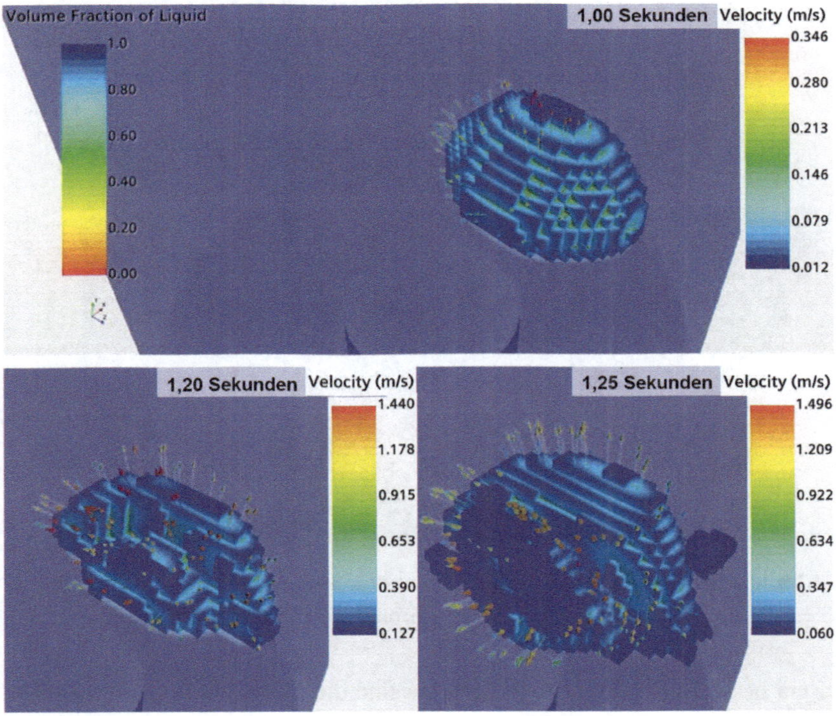

Abbildung 5.23: Dynamik einer 2,5 mm Blase aus Simulationsmodell bis 0,02 s vor Erreichen der Amplitudenresonanz bei 209 Hz.

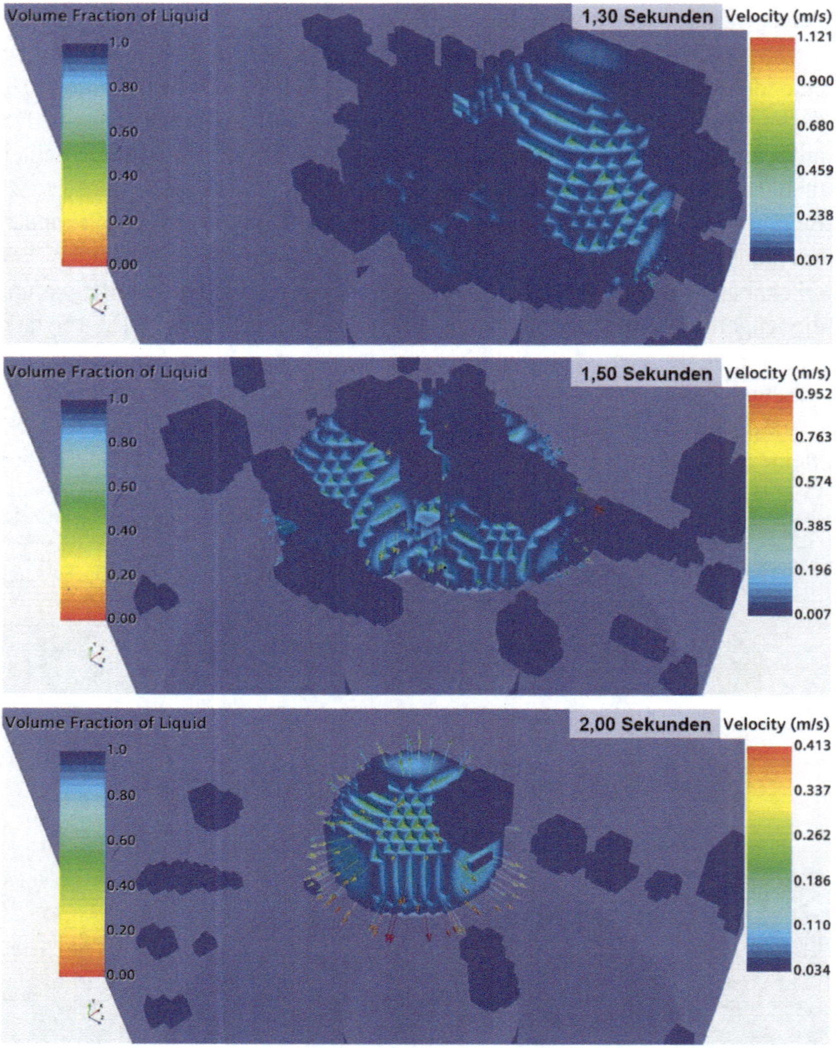

Abbildung 5.24: Dynamik einer 2,5 mm Blase aus Simulationsmodell ab 0,03 s nach Durchfahren der Amplitudenresonanz.

Zum besseren Studium der Bilderfolge sind die Bilder als Sequenz zu sehen. Nach Überschreiten der Resonanzfrequenz wird das Luftvolumen etwas raumgreifender; jedoch – durch die Kopplung an die Netzgröße – nicht entsprechend aufgelöst und so können die Auswirkungen dieses Vorgangs nur eingeschränkt visualisiert werden. Aus der Beobachtung dieser Vorgänge im Versuch wäre ein Netz mit Zellgrößen zwischen 0,01 mm und 0,02 mm in diesem Punkt hilfreicher. Allerdings aus der durch die Courant-Zahl gekoppelte Zeitschrittweite von teilweise 10^{-9} s versagt in Voruntersuchungen die Simulation aufgrund mangelnder Stabilität in Kombination mit numerischer Diffusion. Im weiteren Verlauf der Versuchsbeobachtung beeindruckt diese disperse Ansammlung vereinzelter Blasen durch ein Agglomerieren nach entsprechendem Frequenzabstand zum Resonanzpunkt. Dieses Verhalten wird in der Numerik ebenfalls ersichtlich, wie die letzte Aufnahme bei 2,00 s mit einer – wieder kugelförmigen Luftansammlung – belegt. In den realen Versuchsläufen über 30 s bis 80 s pro Richtung ist sehr spannend zu verfolgen, dass dieses Verhalten des Dispergierens und Agglomerierens reversibel auftrat. Die Numerik führt selbst Luftvolumina von deutlich weniger als einem Netzelement zuverlässig mit, jedoch werden die Stoffwerte eines Elements immer aus den Volumenanteilen der beteiligten Phasen gebildet. Hierdurch sind Ungenauigkeiten oder Abweichungen im Vergleich zum Versuch aus physikalischen Phänomenen, die im wahrsten Sinne des Wortes „durchs Raster fallen", unvermeidlich. Aus dem direkten Vergleich zu realen Messergebnissen liefert die Simulation im Resonanzfall grundsätzlich ausgeprägtere Druckspitzen bei sonst sehr guter Übereinstimmung, wie die Gegenüberstellungen zur Ölsäule aus Kapitel 4.6.3 belegen, und so bleibt die unklare Ursache weiterhin Gegenstand der Untersuchungen.

Einen Vergleich der numerischen Ergebnisse zweier Blasen verschiedener Größen präsentiert Abbildung 5.25. Die Übersicht enthält einen Frequenzchirp von 100 Hz bis 325 Hz und liefert Maximalwerte der 3,25 mm Blase bei 162 Hz mit 11,8 barA in der Spitze sowie 202 Hz mit 8,7 barA für eine 2,50 mm Blase, wobei die Werte der Druckamplituden irritieren. Abweichend vom Resonanzverlauf zur kleineren Blase separieren sich die Signale der beiden Drucksensoren der größeren Blase, wodurch sich die dunkelgraue Kurve von der schwarzen abhebt. Wie im – der Bilderserie – folgenden Diagramm zum Zeitpunkt 1,30 s auffällt, erreicht das Blasenvolumen nach dem Durchlaufen des Resonanzpunktes den Bohrungsdurchmesser der Stichleitung zum axialen, unteren Drucksensor. Mit einem größeren Blasenvolumen gerät hierbei ein Teil der Blase in den Einflussbereich der Bohrung. Falls vergleichbare Sekundärströmungen zu denen in der Ölsäule auch in der Bohrung herrschen, führt dieses zum Einströmen und Absinken der Blase, wodurch sich das obige, widersprüchliche Systemverhalten erklären lässt.

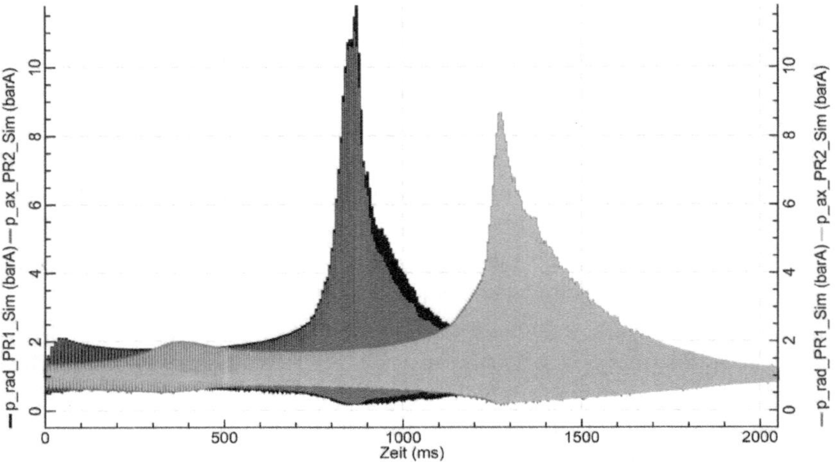

Abbildung 5.25: Drucksignale eines numerischen Frequenzchirps (100 Hz bis 325 Hz) der Ölsäule mit zwei Messstellen und zwei Blasengrößen von 3,25 mm (dunkle) und 2,5 mm (hell).

Wie Abbildung 5.26 hervorhebt, entwickeln die beiden Signale spezifische Druckverläufe, die in dieser Form im Hochlauf der kleinen Blase nicht auftreten. Ein genauerer Blick verdeutlicht: Ein steiler Druckgradient im Signal der axialen Messstelle verzögert den Druckaufbau des radialen Sensors und, wie vermutet, bestätigt Abbildung 5.27 eine Verlagerung und Aufteilung der Blase, die das unerwartete Aufschwingen der Amplitude verantwortet.

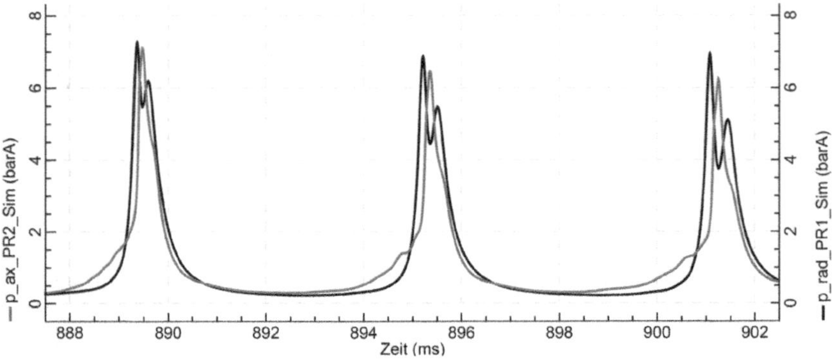

Abbildung 5.26: Detail der Amplitudenabweichung zwischen den beiden Drucksignalen im Frequenzhochlauf der 3,25 mm Blase.

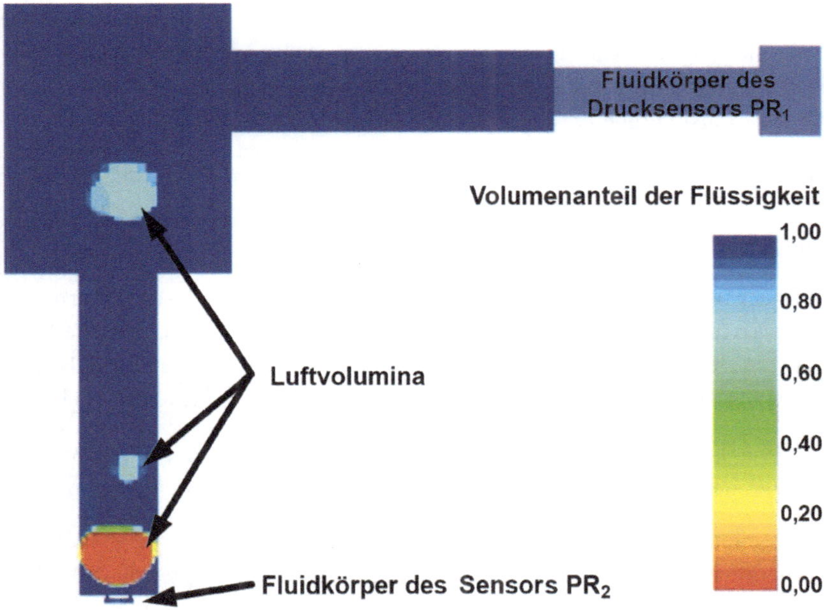

Abbildung 5.27: Bewegung und Separierung der Luftblase nach Resonanzpunkt vom Säulenboden in den axialen Sensorflansch.

Bemerkenswert an dem Einblick aus Abbildung 5.27 ist, dass ein Großteil des initialen Luftvolumens den Weg in die Sensoradaption gefunden hat und hier in den Druckverläufen erkennbar zu Rückwirkungen und Änderungen führt. Eine globale Kopplung innerhalb eines hydraulischen Systems, das drucklos und mit freier Oberfläche durch eine äußere Schwingung erregt wird, bestätigt sich sowohl in den Simulationsergebnissen als auch durch die noch folgenden Messergebnisse. Die Beobachtungen und Auswirkungen solcher Zusammenhänge und den Folgen auftretender Wechselwirkungen innerhalb des Systems können nur als unerwartet beschrieben werden, ließen sich jedoch schon in Abbildung 4.31 erahnen.

5.2.2 Beobachtungen und Erkenntnisse bezüglich des dynamischen Verhaltens der Messstelle im Kettenspanner

Die Erfahrungen der Modellierung und Parametrierung der mehrphasigen 3D CFD-Simulation zum Nachbilden einer Blasendynamik an fremderregten

Systemen bereiteten Bahn für die Untersuchungen an der anspruchsvolleren Fragestellung zu den Vorgängen im Kettenspanner, konkret zum spezifischen Verhalten verschiedener Messstellen beziehungsweise Drucksensoren. Die wichtigste Frage für alle Entwicklungsprozesse:

Ist die Datenbasis (Entscheidungsgrundlage) valide, um die richtigen Schlussfolgerungen zu ziehen und eine korrekte Vorstellung der beteiligten und relevanten physikalischen Vorgänge ableiten zu können?

Wie der zerstörte Sensor aus Abbildung 4.21 bestätigt, müssen die erfassten Messwerte einer physikalischen Ursache entspringen, da mechanische Schäden bis zur Zerstörung nicht aus Messabweichungen resultieren. Falls diese Druckverläufe repräsentativ für das untersuchte System sind, folgt die Frage:

Wieso lassen sich an keiner anderen Komponente des Untersuchungsobjekts – außer den Messstellen – Indizien vergleichbarer Beanspruchungen finden?

Wie einleitend ausgeführt, können sehr unterschiedliche Drucksignalverläufe an vermeintlich gleichwertigen Messstellen aus dem Dämpferraum des Kettenspanners erfasst werden. Besonders überrascht hierbei, dass dieses selbst im Fall eines parallelen Verbaus der Sensoren auftritt. Als weitere Bestätigung der Existenz und Auswirkung einer globalen Kopplung innerhalb eines hydraulischen Systems sei nochmals auf die bereits in [28] (Abbildung 4.31) besprochene Rückwirkung durch geringfügige geometrische Modifikationen am Fluidkörper verwiesen. Die in der Folge entstandenen Beobachtungen münden in die hier aufgegriffenen und diskutierten Fragestellungen.

In Ergänzung zu den Ergebnissen aus [56] wird der Fokus nicht ausschließlich auf die Übereinstimmungen, sondern ebenfalls auf die Abweichungen zwischen Simulation und Messung gelegt. Zunächst auf Berechnungsergebnisse bei Randbedingungen, die keine Entsprechungen in Messungen fanden. Hier kann durch die hohe Simulationsgüte davon ausgegangen werden, dass die folgenden Signalverläufe und somit deren korrelierenden Randbedingungen in realen Systemen nicht auftreten werden oder können. Dieser Ansatz des Ausschließens kommt seltener zur Anwendung, obwohl der Erkenntnisgewinn nahezu gleichwertig sein kann.

Zur einfachen Orientierung enthalten alle Diagramme der Simulationsergebnisse in ihrer Kopfzeile eine Übersicht der Randbedingungen. Beginnend mit der geometrischen Variante des Sacklochs aus Tabelle 4.5 und entsprechender Skizze in Anhang A5, über die Anregefrequenz, zur viskositätsbestimmenden Systemtemperatur, dem homogen im Betriebsmedium eingebrachten Luftvolumen, dann dem prozentualen Anteil der initial im Sackloch der PE_1-Messstelle platzierten Luft und final zum Restluftvolumen (zur Begrenzung des maximalen Drucks in der Simulation des geschlossenen Systems) am unteren Totpunkt des vollständig eingefahrenen Kolbens.

So stellen die ersten zwei Diagramme ausschließlich Simulationsergebnisse mit in Messungen unbekannten Amplitudenverhältnissen zwischen rückversetzter Sensormembran und Dämpferraum in den Mittelpunkt. Nach obiger Überlegung lassen sich so unplausible Elastizitätsverteilungen der realen Systeme identifizieren und ausschließen. Beginnend mit einem durch 5,50 % homogen verteilter Luft „weichen“ Betriebsmedium in Abbildung 5.28, sind in den hier berechneten Drucksignalen pHD_PE$_1$_Sim ab 22,02 ms und pHD_PR$_3$_Sim bei 22,08 ms der modellierten Messstellen digitale und unrealistische Druckanstiege zum Teil mit auffälligen, nadelförmigen Überschwingern entstanden. Hierdurch kann der Zustand eines stark verschäumten Öls in Kombination mit einer blasenfreien Messstelle ausgeschlossen werden, obwohl das Verhältnis eines Dämpferraumdrucks von 15 barA zu dem maximalen Druckpuls in der Messstelle von 37 barA plausibel ist.

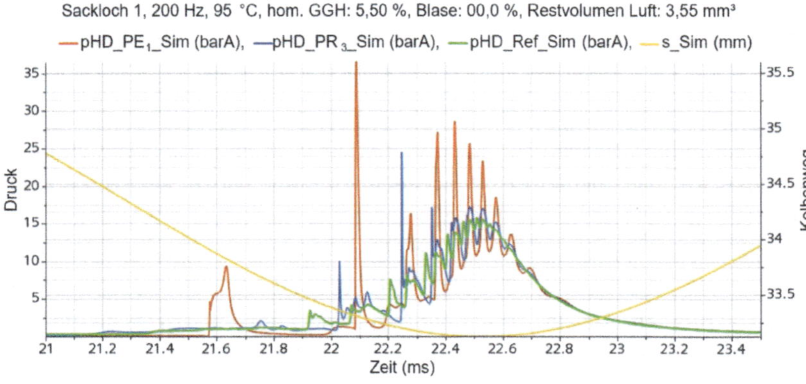

Abbildung 5.28: Simulationsergebnis der Sacklochvariante 1 mit einem homogen verteilten Luftanteil von 5,50 % im Betriebsstoff, jedoch blasenfreier ohne initiale Luft in der Messstelle PE_1.

In der nächsten Simulation aus Abbildung 5.29 sind 6 % der Sensorbohrung initial mit Luft belegt, wodurch die digitalen Druckanstiege an der rückversetzten Sensormembran ausbleiben. Der deutlich überspitzte Druckgradient der PR_3-Messstelle bei 22,00 ms bildet sich noch aus, wohingegen die folgenden deutlich bedämpft werden. Der Hochdruck von im Mittel 15 barA im UT des Kolbens wurde durch eine minimale Anhebung des Restluftvolumens um 0,07 mm³ sichergestellt. Die Drucküberhöhung der Pulsationen auf 50 barA und somit einem Faktor von 3,4 sind problemlos auch in den Messergebnissen zu finden. Schlussfolgend scheint durch diese zusätzliche Elastizität das Ergebnis dieser Simulation dem Verhalten eines realen Systems näher zu kommen.

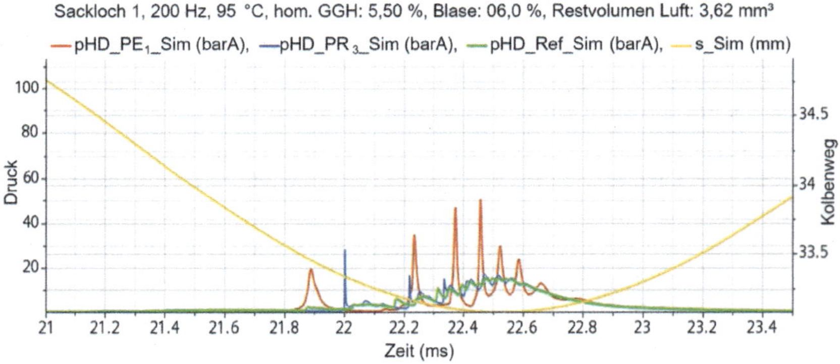

Abbildung 5.29: Simulationsergebnis Sacklochvariante 1, mit 5,50 % homogenem Luftanteil und 6 Vol.-% Luft in der Messstelle PE_1.

Nachdem hohe Verschäumungen des Betriebsmediums grundsätzlich unrealistische Drucksignale der PR_3-Messstelle zur Folge haben, wird diese Elastizität um 87 % auf einen homogenen Gasgehalt von 0,7 Volumprozent gesenkt. Dieses Setup an Randbedingungen führt bei Anpassung des Restluftvolumens ebenfalls um 87 % auf 0,47 mm³ zu einem fast aus den Messreihen vertrauten Bild in Abbildung 5.30. Die Frequenz der Schwingungen steigerte sich im Vergleich zum vorherigen Setup und der voreilende Peak bei 21,75 ms flachte auf ein erwartetes Niveau ab. Das Druckverhältnis der elffachen Überhöhungen – explizit bei 22,30 ms – liegt in diesem späten Punkt des Druckverlaufs etwas oberhalb entsprechender Messergebnisse. Ebenfalls leicht überzeichnet sind die Druckschwingungen der PR_3-Messstelle und die des Referenzpunkts der Simulation. Allerdings ist das nahezu perfekt gegenläufige Schwingen der Druckwerte zwischen PE_1-Sensor und den beiden anderen Drucksignalen aus Messungen unbekannt.

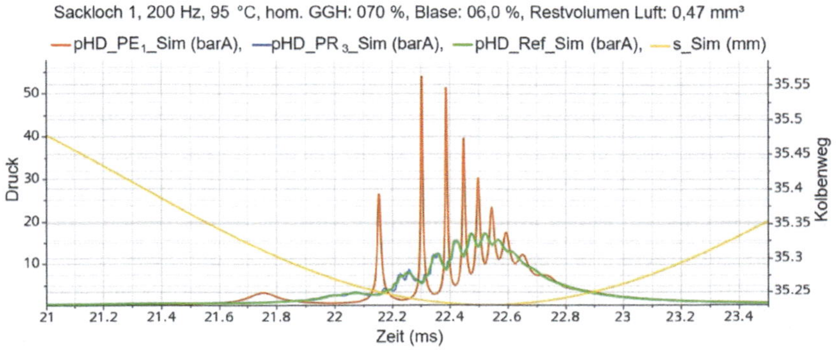

Abbildung 5.30: Simulationsergebnis Sacklochvariante 1, mit 0,70 % homogenem Luftanteil und 6 Vol.-% Luft in der Messstelle PE_1.

Die nächste Modifikation erfolgt durch eine Vervierfachung des Luftanteils in der Messstelle bei weiterhin geringer Medienelastizität. Das Adjektiv „unvorhersehbar" umschreibt das Ergebnis aus Abbildung 5.31 treffend. Solche Verläufe der Drücke im Dämpferraum traten in keiner Messung auf. Allerdings sind die gekappten Spitzen des voreilenden Druckpeaks der Messstelle PE_1 und die Asymmetrie zwischen Druckanstieg sowie dem sanften Auslauf vereinzelt auch in Messungen zu beobachten. Fazit: Ein schwach verschäumtes Medium ermöglicht wohl kaum die Bildung einer Blase dieser Größe und engt die Variationen in realen Systemen weiter auf das Nachvollziehbare ein.

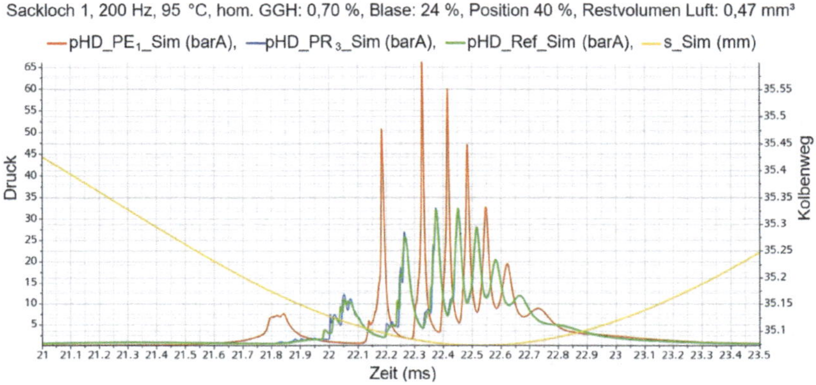

Abbildung 5.31: Simulationsergebnis Sacklochvariante 1, mit 0,70 % homogenem Luftanteil und 24 Vol.-% Luft in der Messstelle PE_1.

Unbemerkt kam ein weiterer Parameter eines Freiheitsgrades der Simulation hinzu, nämlich die Position, zu der die Luftblase initial im Sackloch verortet wird. In Abbildung 5.31 erfolgt dieses nicht, wie in allen vorherigen Ergebnissen am Bohrungsgrund, genauer der Position der Sensormembran, sondern in einem Abstand von 40 % dazu. Da in dieser Parameterstudie jede der Simulationen über fünf Perioden rechnet, konnte eine Blase mit einem größeren Abstand den Bohrungsgrund nicht immer vollständig erreichen und somit weichen die Ergebnisse von dem einer unmittelbar an der Sensormembran eingebrachten initialen Blase ab, wie in Abbildung 5.32 belegt. Einhergehend mit der geänderten Position der Luftblase steigerten sich die Druckpulsationen unerwartet deutlich und konnten nur durch das Anheben des Restluftvolumen um 27,7 % auf 0,60 mm³ unter 80 barA Spitzendruck gehalten werden. Gleichzeitig mit den ausgeprägteren Druckspitzen dehnte sich die Periodendauer um 15,4 %, korrelierend zur vergrößerten bewegenden Flüssigkeitsmasse, die sich jetzt durch die der kompletten Bohrungslänge ergibt.

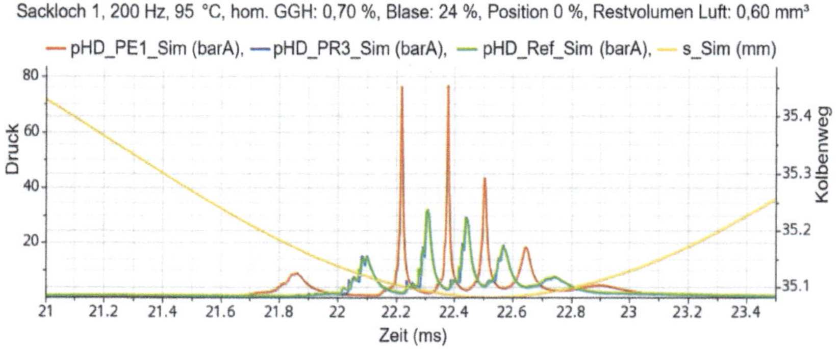

Abbildung 5.32: Simulationsergebnis Sacklochvariante 1, mit 0,70 % homogenem Luftanteil und 24 Vol.-% Luft in der Messstelle PE_1 und einer verstärkten Pulsationsneigung durch die sensornahe Luftansammlung, Position 0 % entsprechend.

Wie zu erahnen, ist die Auswahl an Randbedingungen für eine Simulation grenzenlos und einerseits hilfreich als auch hinderlich, denn wie lässt sich ein notwendiger oder sinnvoller Rahmen für eine Parameterstudie definieren. So können klare Schwerpunkte bei dieser Entscheidung helfen, wie die nach dem Einfluss der relativen Position einer Luftblase im Sackloch und möglicher Rückwirkungen auf ein Pulsationsverhalten. Darüber hinaus verlangt jede Simulation einen groben Rahmen, um nicht vor Varianten und Möglichkeiten die Orientierung zu verlieren. In Tabelle 5.2 wird dieser umrissen, wobei nicht alle möglichen Kombinationen aufgenommen wurden.

Tabelle 5.2: 3D CFD-Simulationsumfang: Zum Pulsationsverhalten der Druckmessstellen in transienten Systemen. Die Position von 0 % entspricht direkt im Sacklochgrund oder direkt an der Sensormembran. Einzelergebnisse sind *kursiv* visualisiert.

	Gasgehalt im Medium	**Luftblase in Messstelle**	**Initiale Position der Luftblase**
Lochgeometrie Var. 1	0,70 %	6 % / 12 % / 24 %	0 % / 40 %
Lochgeometrie Var. 1	2,75 %	2 % / 6 % / 12 % / *24 %*	0 % / 20 % / 40 %
Lochgeometrie Var. 1	*5,50 %*	*0 % / 6 %*	*0 %*
Lochgeometrie Var. 2	*alle drei*	*12 % / 24 %*	*0 %*
Lochgeometrie Var. 3	alle drei	12 %	0 %
Lochgeometrie Var. 4	2,75 %	6 % / 12 % / 24 %	20 %

Die folgende Gegenüberstellung in Abbildung 5.33 nimmt die Auswirkungen unterschiedlicher Positionen einer Luftblase gleicher Größe in Augenschein. Diese war aufgrund der absoluten Unzugänglichkeit durch messtechnische Methoden in einer simulativen Untersuchung von großem Interesse. Begonnen mit einer Abfolge bei 2,75 % homogen verteiltem Gasgehalt, einer Blase mit 6 % des Bohrungsvolumens und den initialen Positionen von 40 %, 20 % und 0 %. Hierbei fällt ins Auge, dass die Amplituden der zweiten, dritten und vierten Druckspitze im Fall von 40 % aufsteigend, bei 20 % ähnlich und bei 0 % von einem doppelt so hohen zweiten Druckpuls danach fallend angeordnet sind. Eine merkliche Verlängerung der Periodendauern ist hier nicht zu erkennen. Alle gezeigten Diagramme enthalten jeweils die fünfte Periode der Simulation und wie erwähnt nähert sich die Blase stets dem Grund, so dass die exakte Position und der Dispersionsgrad der Luft unbekannt sind.

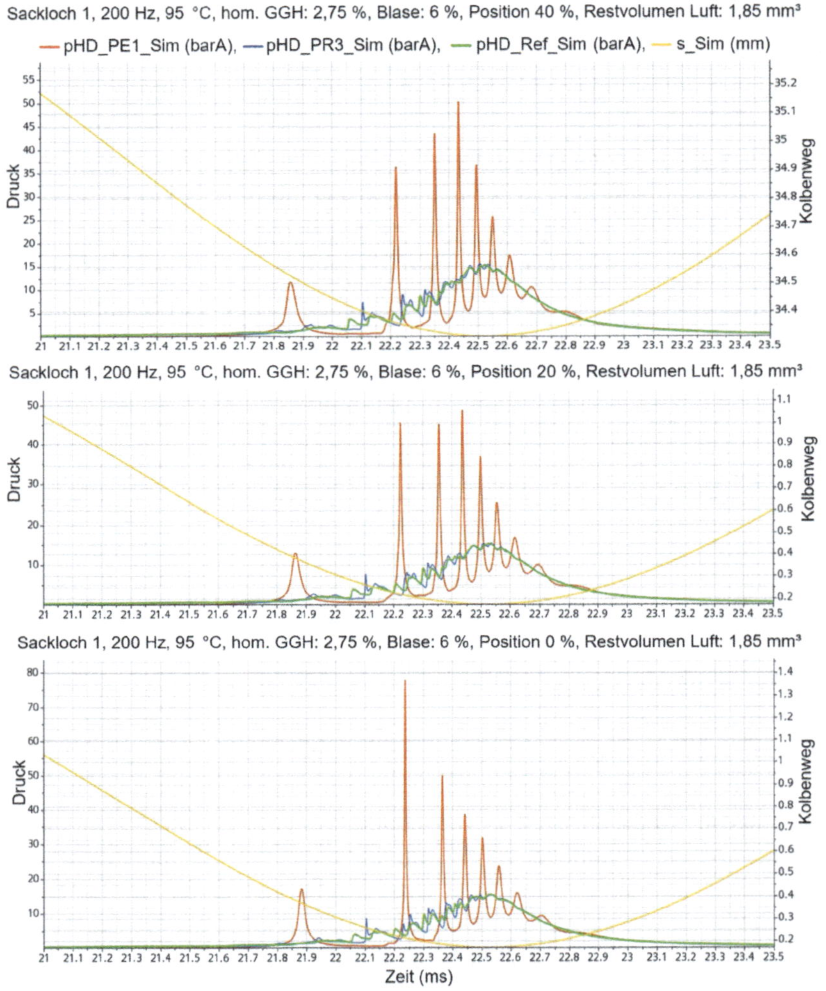

Abbildung 5.33: Gegenüberstellung der Druckpulsationen bei unterschiedlichen Startpositionen einer 6 % großen Luftblase.

Herausfordernder Weise ändert eine kleinere Blase von 2 % Luft innerhalb des Bohrungsvolumens nicht nur das Amplituden- und Frequenzverhalten, sondern ebenfalls den eben beschriebenen Zusammenhang. Dieser fehlt in Abbildung 5.34, kann allerdings einer Blasenbewegung Richtung Sacklochgrund und der Auswirkung in der fünften Periode geschuldet sein. Als eine grundsätzliche Folge lässt sich die Reduktion der Amplitude in Abhängigkeit zur Blasengröße festhalten. Hier besteht jedoch noch ein wechselseitiges Zusammenspiel zur Elastizität des Betriebsmediums über dessen homogenen Luftgehalt. Beim direkten Vergleich der Druckamplituden zu Abbildung 5.33 reduzieren sich diese im Fall einer unmittelbar an der Sensormembran sitzenden Blase für die erste Spitze um den Faktor 4,0 und um 2,8 für die zweite. Duch eine kleinere Blase nimmt die Periodendauer hingegen von 0,39 ms auf 0,48 ms zu. Das Luftvolumen der kleinen Blase wird schneller komprimiert und erzeugt einen sanfteren ersten Rückpuls, der eine schwächere Druckschwingung initiiert, wie die zeitlich früher auftretende Pulsation unterstreicht. So lässt sich für eine voluminösere Blase eine deutlich heftigere Reaktion vermuten. Das wird in Abbildung 5.35 belegt, jedoch scheint diese Abhängigkeit bei einer Systemreaktion von 295 barA eher exponentiell.

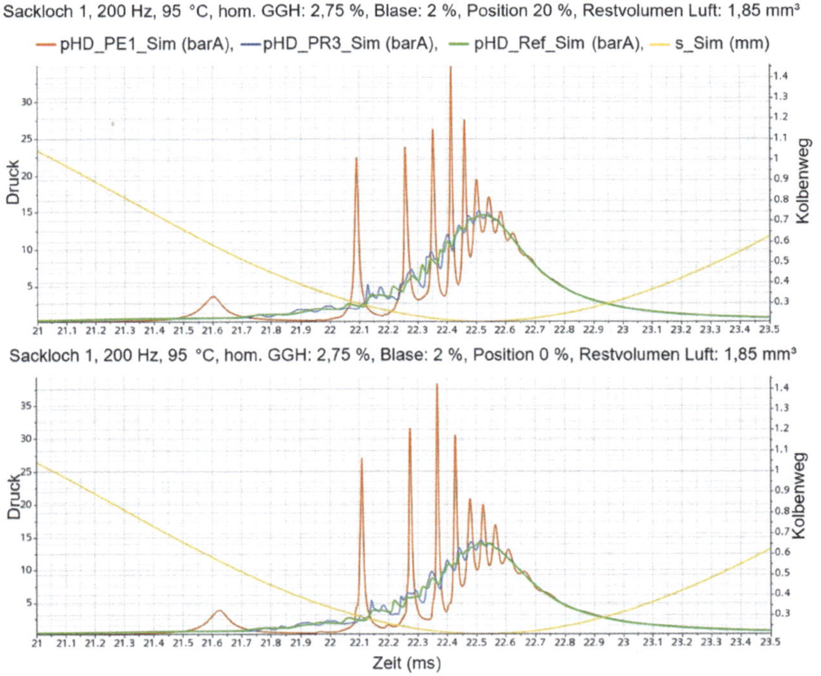

Abbildung 5.34: Gegenüberstellung der Druckpulsationen bei unterschiedlichen Startpositionen einer 2 % großen Luftblase.

Eine Verdopplung der ursprünglichen Blasengröße zeigt sich auch im Zeitverhalten mit leicht späterem Ansprechen, jedoch mit verkürzter Periodendauer von 0,31 ms. Weitere Zusammenhänge aus Blasengröße, Gasgehalt, Startzeit und Periodendauer sowie Amplitude der ersten beiden Druckpulse können Tabelle 5.3 für eine Auswahl an Ergebnissen entnommen werden.

Tabelle 5.3: Eckwerte zu den ersten beiden Druckpulsen in Abhängigkeit von homogenem Gasgehalt und Blasengröße.

Randbedingungen, Position 0 %, Var. 1	**Zeitpunkt des ersten Pulses**	**Perioden-dauer**	**Amplituden der beiden Pulse**
0,70 % GGH, 6 % Blase	21,75 ms	0,39 ms	3,7 / 26,5 barA
2,75 % GGH, 2 % Blase	21,61 ms	0,48 ms	3,7 / 22,5 barA
2,75 % GGH, 6 % Blase	21,89 ms	0,44 ms	17,5 / 77,5 barA
2,75 % GGH, 12 % Blase	21,98 ms	0,31 ms	70 / 295 barA
5,50 % GGH, 6 % Blase	21,89 ms	0,35 ms	19,8 / 35,5 barA
Randbedingungen, Position 0 %, Var. 2	Geometrie mit halbem Durchmesser und gleicher Länge zu Var. 1 ⇨ *6 %-Blase Var. 1 = 24 %-Blase Var. 2*		
0,70 % GGH, 24 % Blase	22,08 ms	0,25 ms	160 / 355 barA
5,50 % GGH, 24 % Blase	22,14 ms	0,28 ms	138 / 407 barA
Randbedingungen, Position 0 %, Var. 3	Geometrie mit gleichem Durchmesser und halber Länge zu Var. 1 ⇨ *6 %-Blase Var. 1 = 12 %-Blase Var. 3*		
0,70 % GGH, 12 % Blase	21,55 ms	0,65 ms	0,8 / 3,1 barA
2,75 % GGH, 12 % Blase	21,59 ms	0,49 ms	3,4 / 22,1 barA
5,50 % GGH, 12 % Blase	*21,64 ms*	*0,48 ms*	*28,1 / 110,5 barA*

Das folgende Diagramm verdeutlicht nochmals die Abhängigkeit zwischen Position und Intensität des Druckpulses. Die numerische Ermittlung eines

Äquivalents zum Drucksensorsignal erfolgt über den integralen Mittelwert der einzelnen Druckwerte aller, die Sensormembran bildender, Volumenelemente. Damit soll gewährleistet werden, eine repräsentative Entsprechung des realen Sensorsignals zu erhalten. Allerdings bleibt das Potential, lokale Überlastungen, wie in Abbildung 4.21 an der gerissenen Membran zu erkennen, ungenutzt. Ein Abgleich mit realen Messdaten zeigt bei diesen hochdynamischen Abläufen doch einige Abweichungen, wodurch sich ein möglicher Nutzen in der Bewertung lokaler Druckmaxima an der Sensormembran relativiert. Ein Fokus auf der Untersuchung von Ursachen und Wechselwirkungen der physikalischen Effekte bleibt jedoch uneingeschränkt sinnvoll.

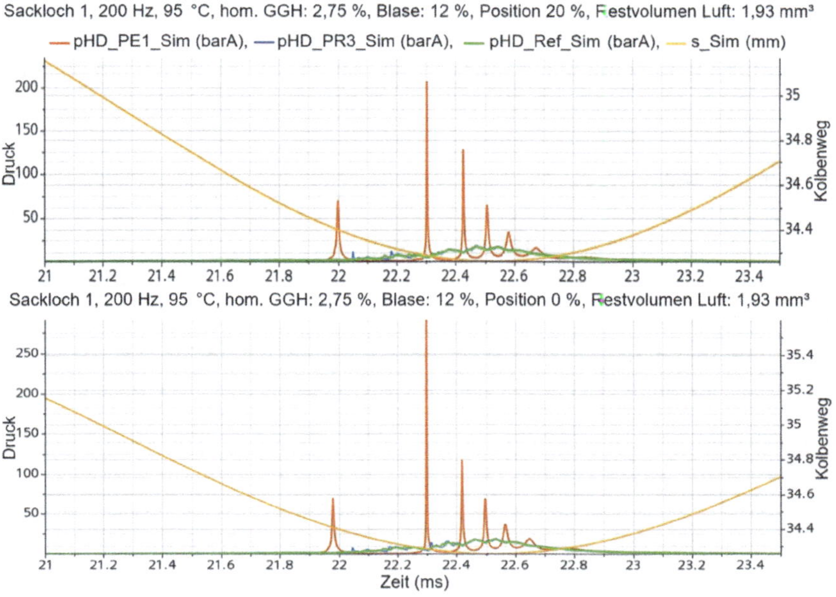

Abbildung 5.35: Vergleich unterschiedlicher Positionen der Blase im Sackloch bei einer Größe von 12 % des Bohrungsvolumens.

Zum Abschluss werden noch Druckverläufe zweier Sonderformen von Sacklochvarianten ergänzt. Erstens Sacklochvariante 3 mit halber Bohrungstiefe in Abbildung 5.36 aufgrund großer Ähnlichkeiten der spezifischen Druckverläufe zu realen Messwerten und der mit dem Druck zunehmenden Frequenz.

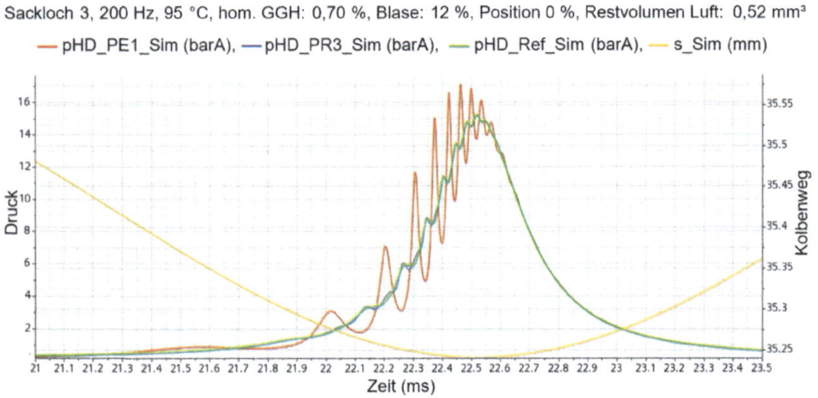

Abbildung 5.36: Simulierter Druckverlauf der Messstellen im Kettenspanner mit Sacklochvariante 3, halber Bohrungslänge.

Zweitens Variante 4 aufgrund der großen Ähnlichkeiten zu Beobachtungen an der schwingenden Ölsäule. Besonders augenfällig sind hier die Doppelschwingungen in Abbildung 5.37 zu Beginn der Kompressionsphase. Diese weisen große Übereinstimmungen zu denen bei halber Resonanzfrequenz an der Ölsäule auf und entwickeln sich vergleichbar eines Frequenzhochlaufs. Eine Vergrößerung der Blase senkt deren Resonanzfrequenz und verändert die Schwingungsform zu Einzelspitzen, wie Abbildung 5.38 bestätigt.

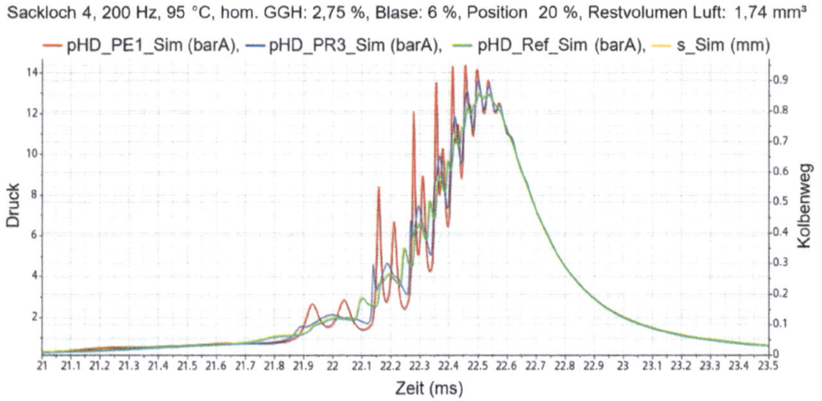

Abbildung 5.37: Simulierter Druckverlauf der Messstellen im Kettenspanner mit Sacklochvariante 4 und kleinster Luftblase von 6,0 %.

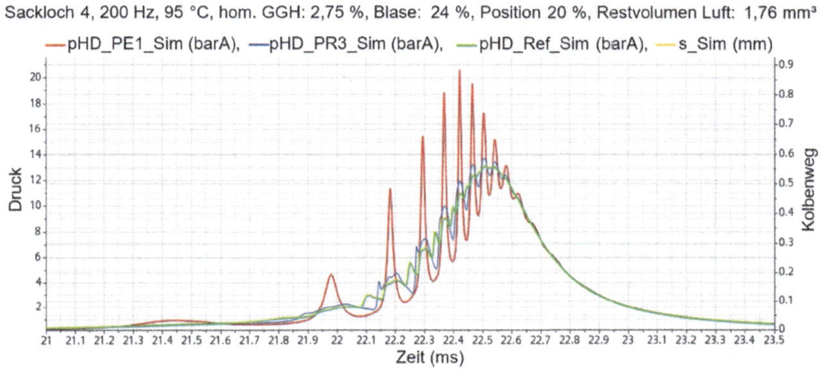

Abbildung 5.38: Druckverlauf der Sacklochvariante 4 mit 24 % Luftblase und Ähnlichkeiten zum Resonanzpunkt der Ölsäule.

Wesentliche Erkenntnisse des Teils der numerischen Untersuchungen sind:

- Die geometrischen Verhältnisse von Bohrungen, Sacklöchern, Hohlräumen sind ursächlich für das Entstehen von ungewollten Druckpulsationen, die auf das Systemverhalten und -performanz rückwirken.
- Die Verteilung von Elastizitäten (homogen und lokal) ist verantwortlich für Amplitudenhöhe, Periodendauer und Position der Druckspitzen. *Siehe Tabelle 5.3 letzte Zeile*: Hier führt die Verteilung der Elastizitäten zu einem intensiven Aufschwingen trotz kurzer Bohrung, im Gegensatz der Erwartung aus dem Systemverhalten der zwei vorherigen Zeilen.
- Die Systemdynamik oder Systemanregung ist ausschlaggebend für die nicht linear skalierende Antwort des Subsystems (von Messstelle, Sackloch oder Totvolumen) und dessen Rückwirkung.
- Hydraulische Systeme sind immer gekoppelt, lokale Vorgänge besitzen globale Auswirkungen und lassen sich auch global eventuell abgeschwächt wahrnehmen und / oder messtechnisch erfassen.
- Luft- oder Gasblasen bewegen sich vornehmlich zum Bohrungsgrund und verharren dort. Sie können jedoch asymmetrisch lokalisiert sein, das heißt sie sammeln sich an einer Stelle des Randes einer Kavität.
- Strömungskräfte können die Luftansammlung zerteilen, jedoch unterstützen kurzzeitige Unterdruckphasen eine erneute Agglomeration.

5.2.3 Ergebnisse von Strömungs- und Gasblasenuntersuchungen aus der 3D CFD-Simulation

Zur Validierung der Simulationsergebnisse sind diese mit Messdaten abzugleichen. Hierfür eignen sich physikalische Größen, deren Erfassung sensorisch möglich ist, und das an Orten, die eine Adaption zulassen. Um den strömungstechnischen Zusammenhängen und Wechselwirkungen zu trauen, sind die zuvor diskutierten Ergebnisse essenziell. Nachdem sowohl modellspezifische Parameter definiert als auch Randbedingungen verifiziert sind, können die Einblicke in Blasendynamik und strömungsmechanische Vorgänge ein Bild an Ursachen für die unerwarteten Drucksignale liefern.

Zunächst eine Bilderfolge über mehrere Perioden, die Momentaufnahmen der Luft auf dem Weg zum Lochgrund veranschaulichen. Die nachgewiesene Tatsache, an einer Messstelle aus Sensor und dessen Adaption unter gleichen Randbedingungen des Versuchsaufbaus immer gleiche, sehr reproduzierbare Ergebnisse zu erhalten, suggeriert leider eine trügerische Sicherheit. Denn wie die Simulationen belegen, findet ein System unter gleichen Randbedingungen immer in denselben Gleichgewichtszustand. Erschwerend hängt dieser Gleichgewichtszustand nicht nur von möglichen Bauteilmodifikationen ab, sondern wie die anfängliche Auflistung verdeutlicht, von einer Vielfalt an Wechselwirkungen zwischen Messstelle, System und Randbedingungen, die eine Entdeckung ungeahnt anspruchsvoll gestaltet. Welcher Einfluss sich aus der bestehenden hydraulischen Kopplung ergibt, offenbart Abbildung 5.39 mit den Einblicken in die Blasendynamik. Im ersten Bild bei 10 ms ist aus der schirmförmigen Geometrie eine Ähnlichkeit mit einer in Flüssigkeit aufsteigenden Blase zu erkennen. Diese Form wird der Blase jedoch durch das Strömungsfeld aufgeprägt, wie im Weiteren erörtert. Das zweite Bild zeigt die Blase um eine Periode weitergeschoben und wie diese den Boden in der nächsten Periode erreichen wird. Da der Simulation eine Bewegungsfrequenz von 200 Hz zu Grunde liegt, beginnt alle 5 ms eine Periode bei ausgefahrenem Kolben. 2,5 ms später erreicht der Kolben seinen unteren Totpunkt, die Simulation den größten Druck sowie die Luft das kleinste Volumen. Wie bei 22,5 ms ersichtlich, verhindert hier die Auflösung eine Darstellung der Luft. Gut zu erkennen hingegen, wie die Luft bei 21,0 ms und bei 26,5 ms am Boden des Sacklochs gefangen bleibt, jedoch die Verteilung über dem Querschnitt variiert. Der zweidimensionale Schnitt bietet für eine statische Darstellung Vorteile, wird den dreidimensionalen Ergebnissen kaum gerecht.

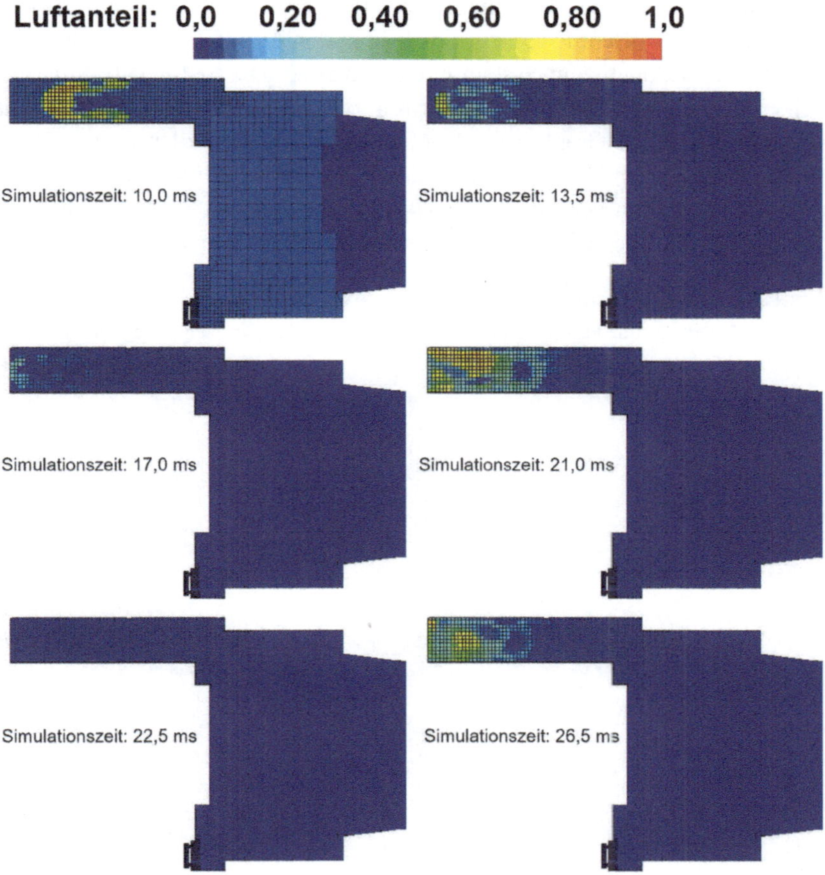

Abbildung 5.39: Bildfolge der sich durch die Kompressionszyklen zum Sacklochgrund hinbewegenden Luftblase.

Die interessanteste Frage an die Simulation:

Welche Strömungsform ist verantwortlich und liefert die Erklärung zu den reproduzierbar erfassten Messdaten aus nadelförmigen Druckpulsen?

Einleitend der bekannte Plot der Drucksignale aus der fünften Periode in Abbildung 5.40, um eine Orientierungshilfe zur Einordnung der Strömungsvorgänge der Bilderfolge zu bieten. Als Randbedingung ist ein homogener Gasanteil von 2,75 Volumprozent vorgegeben und die unteren 48,0 Prozent des Sacklochs sind mit Luft initialisiert. Im Vergleich zu den Messergebnissen in [28] veröffentlicht, liegt der Faktor der Abweichung zwischen dem Druck im Sackloch zum System mit den Werten 6,9, 10,2 und 10,8 im gleichen Bereich wie der reale Aufbau mit zwei Messstellen. Das untere Diagramm enthält die Graphen der Quotienten eines Messstellenwerts in Bezug zum simulativ ermittelten Referenzdruck aus der Mitte des Dämpferraums. Gerade zu Beginn der Kompressionsphase überzeichnet ein Quotient etwas, da der Systemdruck als Bezugsgröße meistens noch unter 1,0 barA liegt.

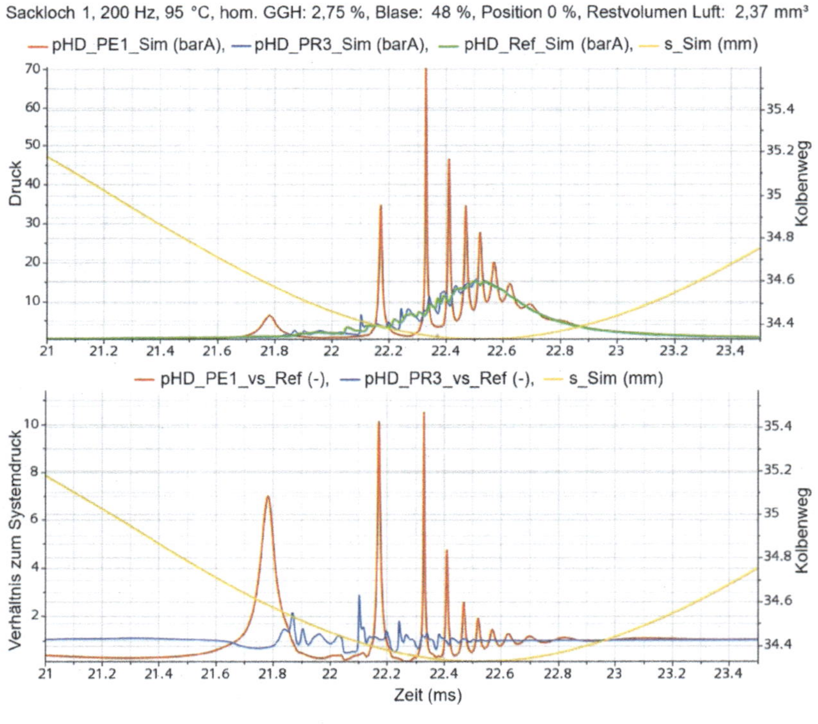

Abbildung 5.40: Übersicht der Druckverläufe der für die Strömungsanalyse ausgewählten Periode (oben) sowie dem Verhältnis des simulierten Drucksensorwertes zum Referenzdruck.

Die Darstellung der Strömungsgeschwindigkeiten erfolgt an fünf Schnittebenen entlang des Sacklochs. In den Ebenen zeichnet sich das zugrundeliegende Berechnungsnetz der Hexaeder ab sowie die Farbgebung entsprechend der

Skala des senkrechten Geschwindigkeitsanteils dieses Flächensegments. Hierbei stehen negative Geschwindigkeiten für eine Strömung in das Sackloch und positive für ein Ausströmen. Aus Gründen einer deutlicheren farblichen Differenzierung wurde ein Überschreiten der Maximalwerte der Skala in Kauf genommen. Im Fall der Blautöne werden Geschwindigkeiten von beinahe –3,5 m/s erreicht und für den Rotton sogar +4,0 m/s überschritten.

Exemplarisch zur Erläuterung der Strömungsvorgänge ist in Abbildung 5.41 der zweite Puls mit einem Spitzendruck von 35 barA gewählt. Dessen hydraulische Schwingung startet, wie aus Abbildung 5.40 ersichtlich, im Umkehrpunkt bei 22,0 ms. Wie eine Analyse der ersten drei Zeitpunkte verdeutlicht, beschleunigt die Strömung hier in das Sackloch hinein, belegt am Farbverlauf der zweiten Ebene von links. Bei 22,11 ms ruht die Strömung, um bei 22,15 ms eine hohe Einströmgeschwindigkeit zu erreichen und zum Zeitpunkt 22,16 ms fast vollständig abzubremsen. Parallel dazu steigt in der fünften Ebene von links immer noch der Massestrom, wie die Verteilung der Blautöne über der Fläche erkennen lassen. 0,01 ms später kommt die Strömung im gesamten Sackloch nahezu zum Erliegen und die im Zeitpunkt 22,17 ms extrem komprimierte Luftblase expandiert bereits aufgrund ihres inneren Überdrucks, wie die grüngelben Bereiche im Zentrum des linken Schnittes bestätigen. Beachtenswert hierbei ist der grünliche Ring in dieser Schnittebene, der eine starke Deformation der Blase andeutet. Ebenfalls zeichnet sich durch die Gelbtöne am unteren Rand der rechten Ebene eine beginnende auswärts gerichtete Strömung ab. Diese beschleunigt schlagartig und überschreitet bei 22,18 ms den mit +3,0 m/s endenden Bereich der Farbskala. Auffällig hierbei ist die asymmetrische Ausprägung der Strömung im Austrittsquerschnitt. Obwohl die drei mittleren Ebenen eine homogene Geschwindigkeitsverteilung der austretenden Strömung mit einer Überhöhung zum Umfang aufweisen, konzentriert diese sich am Austritt im Zeitbereich von 22,17 ms bis 22,23 ms nahezu vollständig auf den unteren Halbkreisring.

Durch die im Massestrom konzentrierte kinetische Energie sowie der Elastizitäten des Dämpferraums und der Luftblase am Sacklochgrund führt die ausströmende Flüssigkeit dort zu einem deutlichen Druckabfall. Dieser zum Dämpferraum entstehende Unterdruck mündet ab 22,27 ms in einen weiteren Zyklus mit ausgeprägterem Druckpeak am Sacklochgrund beziehungsweise an der Sensormembran. Zur Beruhigung dieser Schwingungen tragen einerseits die Verluste durch viskose Dämpfung der Flüssigkeit und anderseits die Kompression der Luft aus dem kontinuierlich wachsenden Systemdruck bei.

Wie in Abbildung 5.40 zu den Zeitpunkten 22,00 ms über 22,27 ms bis zu 22,38 ms und fortlaufend ersichtlich, steigt der Druck der Luftblase in deren expandiertem Zustand ebenfalls und reduziert somit deren korrelierende Ausdehnung über jedem weiteren Zyklus. Diesem schwindenden Volumen geschuldet nehmen auch die Massenströme in und aus dem Sackloch kontinuierlich ab und die Schwingung endet. Wie im letzten Bild von 22,29 ms Simulationszeit erkennbar, beginnt hier der dritte Zyklus, der den 70,5 barA Druckpeak zur Folge haben wird. Dieser spezifische Strömungsvorgang muss als ursächlich für die Gesamtheit des Druckverlaufs mit allen Auffälligkeiten von Beginn an bei 21,7 ms bis 22,8 ms gesehen werden.

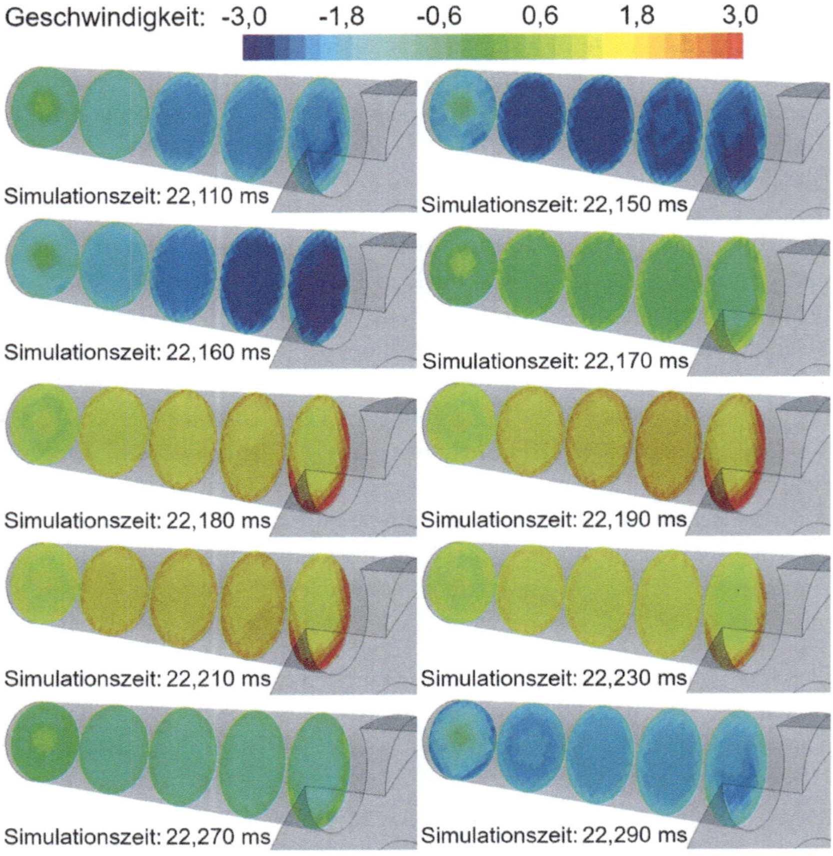

Abbildung 5.41: Bildfolge zur Erläuterung des die Druckpulsationen auslösenden strömungsmechanischen Phänomens.

5.2.4 Nutzen und Grenzen der verwendeten Simulationsmöglichkeiten

Die transiente 3D CFD-Simulation unter Einsatz des „Volume of Fluid"-Ansatzes liefert hier einen wesentlichen Beitrag zum Verständnis des in Messungen beobachteten unerklärlichen Verhaltens mehrphasiger Fluidsysteme. Gerade das Verständnis der Strömungsmechanik in den Versuchen mit der schwingenden Ölsäule und den Untersuchungen am Kettenspanner mit den irritierenden sensorspezifischen, aber reproduzierbaren Drucksignalverläufen profitierten von diesen numerischen Untersuchungen. Allerdings ist die Numerik weder ein Selbstläufer noch ein Selbstzweck. Das verdeutlichen die umfangreichen Vorüberlegungen hinsichtlich notwendiger und möglicher Vereinfachungen am Bauteil bezüglich Geometrie und Funktion, um dennoch eine aussagekräftige Simulation zu erhalten. Ebenso relevant ist es, eine der Fragestellung angepasste Auswahl der Simulationskonfiguration und Parametrierung zu treffen. Während der Optimierungsphase hilft kritisches Hinterfragen der Ergebnisse ebenso wie ein gezieltes Variieren von Einstellungen, um ein Optimum zu finden. Ziele der hier genutzten Simulationen sind nachvollziehbare Antworten für ein unerklärliches, strömungsmechanisches Verhalten zu finden, grundsätzliche Abhängigkeiten für dessen Auftreten zu identifizieren und notwendige Randbedingungen zu erkennen.

Die erzielten Ergebnisse schließen die Lücken im Verständnis des Systemverhaltens, liefern entscheidende Hinweise für die Interpretation realer Messwerte und helfen beim Ableiten von Wirkketten. Außerdem zeigen gerade die Analyse der Strömungsvorgänge, wie spezifisch diese ausfallen und ermöglichen trotz vieler Vereinfachungen ein Ableiten des Systemverhaltens.

Das überwiegend positive Bild der Simulationsergebnisse trübt ein Detail in der Abweichung von Simulation und Versuch im Bereich der Druckspitzen, die in der Simulation um einen Faktor zwei bis drei höher ausfallen. Dieses ließ sich trotz aller Bemühungen nicht beseitigen und trat besonders im Fall der schwingenden Ölsäule hervor, konnte jedoch auch in den Untersuchungen zum Kettenspanner entdeckt werden. Aus der Beobachtung einer fast vollständigen Übereinstimmung von Versuch und Simulation außerhalb der Resonanzpunkte und der Überlegung: Auch eine Erklärungslücke kann zum Verständnis beitragen, folgt die Vermutung eines übersehenen, in der Simulation nicht abgebildeten physikalischen Phänomens, das hierfür ursächlich sein muss und in Kapitel 5.3.5 als Hypothese unter dem Begriff: „Trans-phasen-Kavitation" diskutiert wird.

5.3 Drucksignale physikalischer Phänomene in mehrphasigen Systemen

Nach der Beschreibung und Vorstellung aller genutzter und entwickelter Versuchsaufbauten, der Vorgehensweise in der Datenaufbereitung sowohl Analyse als auch der Unterscheidung von Nutz- und Störsignalen, der Identifikation von Wirkzusammenhängen und letztlich der Strömungssimulation zur Klärung messtechnisch unzugänglichen Verhaltens von mehrphasigen hydraulischen Systemen steht die Basis, auf der das Verhalten und die Wirkmechanismen realer Systeme analysierbar sein sollten. Die Kenntnis beteiligter physikalischer Phänomene und detailliertes Wissen um die Wechselwirkungen und Einflüsse des Betriebsmediums schließen eine oft übersehene Lücke. Eine der unbestritten größten Herausforderungen bei der Untersuchung und Analyse hydraulischer Systeme sind die vielschichtigen Aus- und Wechselwirkungen mit Luft. Diese kann unerwartet ausgasen, sich dann strömungsbedingt an spezifischen Stellen sammeln und das Systemverhalten lokal – wie in einer Messstelle – verfremden sowie global – wie bei einem Fördervorgang – stören, Systembereiche zum Teil auch entkoppeln oder einen neuen Resonanzpunkt sowie ein unbekanntes Schwingungsverhalten initiieren. Die Beobachtungen einer Beteiligung von Luft- oder Gasansammlungen findet fast durchgängig Erwähnung in Kapitel 4 sowie in den beschriebenen Simulationsbetrachtungen aus Kapitel 5.2, und in Kapitel 5.1 folgen versuchs- und messtechnische Vorgehensweisen / Empfehlungen.

5.3.1 Übertragung von Zugkräften durch Flüssigkeiten

An der modifizierten Druckkammer aus Kapitel 4.2.3 mit bei 30 Pa Absolutdruck entgastem Öl lässt sich überzeugend demonstrieren, welche Zugkräfte durch vollsynthetische Motoröle bei Raumtemperatur übertragen werden können. Sicherzustellen ist vor Versuchsbeginn eine vollständige Blasenfreiheit des Versuchsaufbaus. Das erfolgt nach Evakuierung auf 30 Pa absolut und anschließender Befüllung über natürliche Absorption der im Fluidraum verbliebenen Restluft durch einige Stunden Ruhezeit des Aufbaus. Hierbei nimmt das zuvor entgaste Medium die verbliebene Restluft problemlos auf und absorbiert diese. Der einfache, aber überzeugende Versuch besteht aus dem manuellen Anheben des Kolbens der Druckkammer aus Abbildung 4.8. Dabei liefert der Sensor ein elektrisches Signal entsprechend eines Werts von

–3,6 barA (ohne das Filterartefakt), welches Abbildung 5.42 belegt und in [67] sowie [68] beschrieben ist. Dieser wird kurz vor dem Bilden einer Dampf- oder Gasblase erreicht. Nach der plötzlichen Entlastung um 7,46 N aus „Kolbenfläche x Unterdruck" erreicht der Kolben den 2,0 mm entfernten Aktor und schließt den Stromkreis, wodurch das Signal (U_Aktor-Kolben) auf 1,0 springt. Nach dem Auftreten einer Gasphase ist die Aufrechterhaltung der Kraft an der Sensormembran unmöglich und springt auf einen physikalisch plausiblen Wert von 0,02 barA im Rahmen der Messunsicherheit des Sensors. Dieser Versuch bestätigt das Auftreten von negativen Drucksensorsignalen aufgrund mechanischer Verformungen der Messzelle, die als Folge ein solches Signal elektrisch liefert. Nachdem der Kolben entlastet wurde, schnappt dieser durch das entstandene Vakuum zurück, bis er auf die Flüssigkeit trifft. Der leicht verzögerte Druckaufbau ab 0,73 barA ist der viskosen Reibung im Ringspalt zwischen Hülse und Kolben geschuldet. Eine sofortige Wiederholung des Versuchs liefert hingegen ein Druckniveau von 0,02 barA, welches auf die Existenz einer Luftblase hindeutet, da eine Wiederholung nach 60-minütiger Ruhephase erneut zu vergleichbar negativen Drucksignalen am Sensor führt. Umgekehrt lässt sich mittels dieses Versuchs unkompliziert klären, ob ein System blasenfrei ist oder nicht. Mit dem Aufbau aus Kapitel 4.5.1 zur dynamischen Kalibrierung von Drucksensoren, treten im Fall einer blasenfreien Befüllung ebenfalls „negative Drücke", gefolgt von einer kurzen 0,0 barA Phase auf, wie in Abbildung 5.43 belegt.

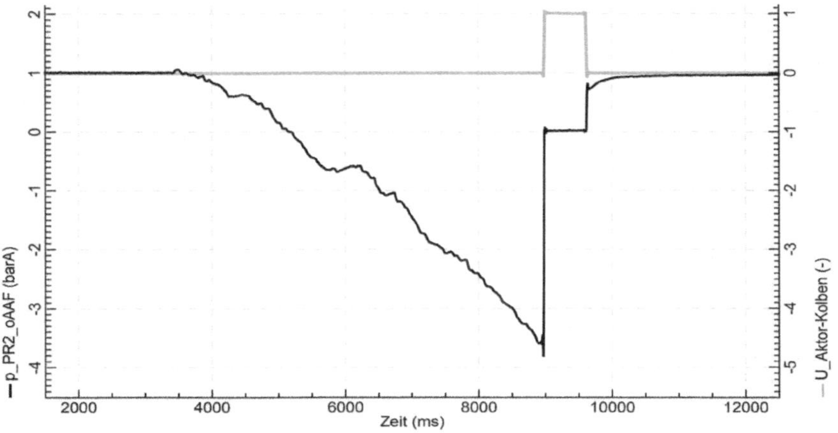

Abbildung 5.42: Zugkräfte in Flüssigkeiten erzeugen Drucksensorsignale, die negativen Absolutdrücken entsprechen würden [53].

Interessante Details zeigen sich im Vergleich der Sensorsignale zweier aufeinander folgender Stoßanregungen im Zeitabstand von 3,2 s. Beim Spitzendruck lassen sich geringfügige Abweichungen zwischen dem piezoelektrischen und dem piezoresistiven Sensor erahnen. Dieses bestätigt ein detaillierter Vergleich, belegt aber die nahezu perfekte Übereinstimmung der einzelnen Sensoren untereinander. In der Ausschnittvergrößerung am Ende des Pulses werden größere Differenzen zwischen den beiden Stoßereignissen offenkundig. Aus der erstmaligen Anregung tauchen die Sensorsignale bis auf –9,7 barA am piezoresistiven und auf –11,2 barA am piezoelektrischen durch, welches in Kombination mit den hochfrequenten Ausschlägen für eine Zugkraft an den Messzellen und ein Ausschwingen mit 59,9 kHz spricht. Der piezoresistive Sensor weist einen vergleichbaren Gradienten auf, liefert jedoch ein gänzlich anderes Ausschwingverhalten aus zwei Frequenzen von 21,4 kHz mit dominanter und 64,1 kHz mit schwächerer Amplitude. Dem zweiten Stoß folgen noch negative Signale bis –2,3 barA und –3,9 barA ohne die hochfrequenten Reaktionen. Hier schwingt der piezoresistive Sensor mit 25,0 kHz aus und der piezoelektrische mit fast der Hälfte bei 13,7 kHz. Als Schlussfolgerung: Hier war das System vor der ersten Anregung blasenfrei und während die erste Vakuumphase gelöstes Gas freisetzte, das im nächsten Zyklus „atmen" konnte und die Übertragung einer Zugkraft veränderte.

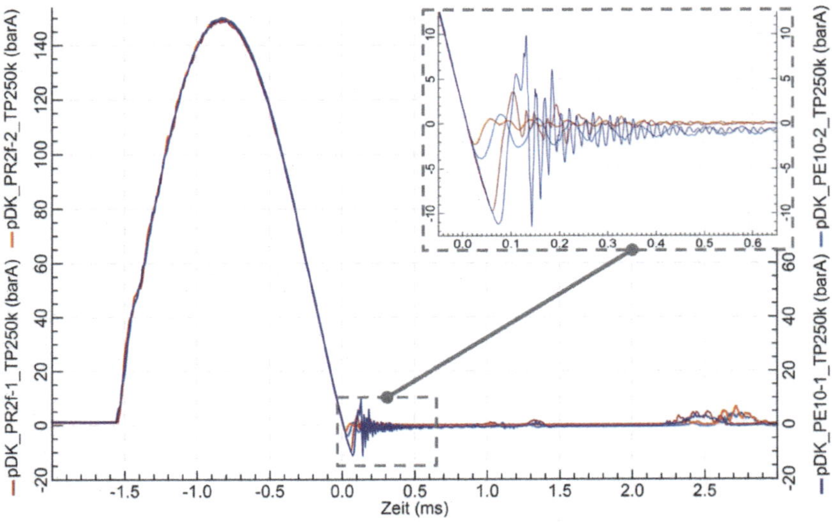

Abbildung 5.43: Zwei Kalibrierstöße im Zeitabstand von 3,2 s mit 2,8 V Aktorspannung an einem piezoelektrischen Referenzsensor.

Diese beiden Beobachtungen belegen unabhängig voneinander, dass Flüssigkeiten – je nach Sättigungszustand – schon durch das kurzzeitige Anlegen eines Vakuums ausgasen und die dann entstandenen Gas- oder Luftblasen messbare Veränderungen des Systemverhaltens bewirken. Die Unterschiede in den Antwortfrequenzen der Messstellen im Nachgang des zweiten Stoßes deuten auf mehr als eine Blase hin, die jedoch von sehr geringer Größe zu sein scheinen, da sich während der Stoßanregung keinerlei Rückwirkungen auf die Signalverläufe zueinander feststellen lassen. Gerade dieser Einfluss ist in einer Kalibriereinrichtung unbedingt zu vermeiden, da wie verschiedentlich diskutiert, selbst kleinste Blasen in hydraulischen Systemen zu deutlichen und sehr individuellen Systemantworten führen können.

5.3.2 Blaseninduzierte Resonanzen in hydraulischen Systemen

Im Versuchsaufbau aus Kapitel 4.2.1 führen Luftvolumina von 0,07 % bis 0,37 % vom Gesamtvolumen mit 20.400 mm³ zu unvorhersehbaren Änderungen, genauer zur Entwicklung eines Resonanzverhaltens. Für die Übersicht aus Abbildung 5.44 sind Blasen von links beginnend mit 76,9 mm³, 59,2 mm³, 41,5 mm³, 23,9 mm³ und 15,0 mm³ eingebracht und über einen Frequenzhochlauf von 100 Hz bis 485 Hz vertikal erregt worden.

Abbildung 5.44: Resonanzverhalten verschiedener Luftvolumina in einer vertikal erregten Ölsäule von 100 Hz bis 485 Hz.

Vorhersehbarerweise steigt bei kleineren Elastizitäten die Resonanzfrequenz. Dies ist vergleichbar mit dem Verhalten bei zunehmendem homogenen Gasgehalt in der simulativen Untersuchung der Ölsäule, siehe Abbildung 5.21.

Überdeutlich ist hingegen der in Abbildung 5.45 nahezu asymmetrische Amplitudenverlauf vor und über dem Resonanzpunkt bei 327,6 Hz und vorherigen Amplitudenerhöhungen bei zwei Drittel der Frequenz mit 211,2 Hz sowie schwach ausgeprägt bei 40 Prozent mit 138,4 Hz, wie im Kapitel 5.2.1 bereits angerissen. Das Setup dieses Versuchs bestand aus der mit 180 mm befüllten und evakuierten Ölsäule für einen Frequenzhochlauf von 100 Hz bis 600 Hz in 34 s bei 4,56 Oktaven pro Minute. Zusätzlich befand sich eine Luftblase von 3,1 mm Durchmesser mit einem Volumen von 15,0 mm³ in der Ölsäule. An den Messungen lassen sich aufgrund der längeren Versuchszeiten genauere Analysen durchführen als in den wenige Sekunden abbildenden Simulationen und ohne eine Unsicherheit bezüglich deren Übertragbarkeit. Ergänzend zum Ausschnitt von 100 Hz bis 438 Hz des Frequenzhochlaufs folgen Ansichten Details über drei Perioden zur Visualisierung der typischen Schwingungsformen. Da sich vergleichbare Signalverläufe in vielen hydraulischen Systemen finden lassen, hilft Abbildung 5.46 diese zu identifizieren und wie in Kapitel 3.5 beschrieben deren Auftreten, Ursachen sowie mögliche Rückwirkungen auf ein Fluidsystem vorherzusagen.

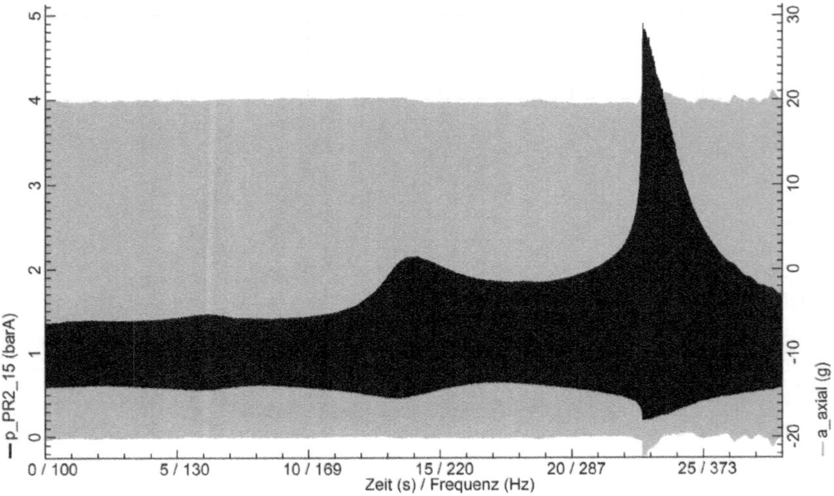

Abbildung 5.45: Frequenzhochlauf der Ölsäule mit einer Luftblase von 15,0 mm³ bei 20 g Anregung von 100 Hz bis 438 Hz.

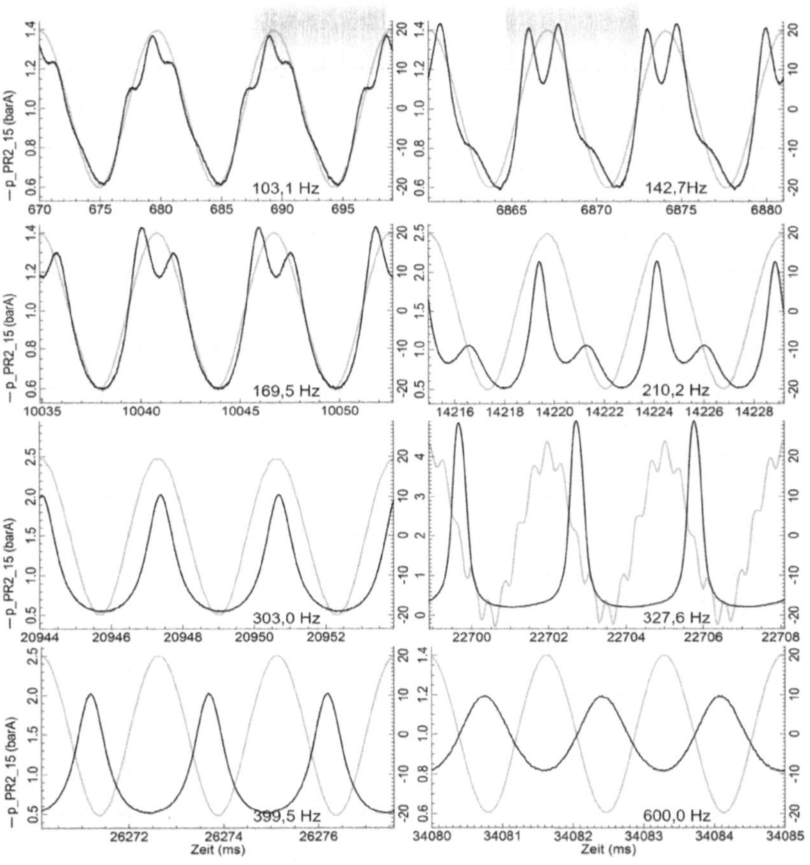

Abbildung 5.46: Spezifische Drucksignalverläufe einer harmonisch angeregten Luftblase mit 0,07 % Volumprozent oder (15,0 mm³) bei den angegebenen Frequenzen.

In den Messungen zeigt sich die Vielfalt an Schwingungsformen, die Luftblasen in hydraulischen Systemen mit sich bringen. Das fünfte Bild stimmt mit dem siebten (unten links) von 26274 ms hinsichtlich des Verlaufs fast vollständig überein, außer in der Phasenlage, denn der Verlauf von 20950 ms ergibt sich vor dem Resonanzpunkt und der andere danach. Klassisch hierin ist die maximale Amplitude und das um 90° zur Anregung nacheilende Signal. Störend erscheinen die Oberwellen im Beschleunigungssignal, die hier jedoch eine wertvolle Information enthalten. Der Aufbau emittiert im Resonanzpunkt eine Art von Kreischen, entfernt ähnlich einer Kreissäge, das sich akustisch sowohl im Signal des Drucks als auch der Beschleunigung wiederfindet und, in ein Audioformat gewandelt, hörbar gemacht werden kann. Das letzte Diagramm (unten rechts) zeigt das Drucksignal bei 600 Hz mit einem 166° Phasenversatz und halbierter Ausgangsamplitude. Jedoch lässt sich an den reproduzierbar auftretenden Mustern, die entsprechend des Gasgehalts zur Anregungsfrequenz korrelieren durch die Umkehr in der Betrachtung, an den Signalverläufen ebenfalls eine qualitative Änderung des freien Gasgehaltes in Hydraulikkreisen ableiten, interessant hierzu die Ausführungen in [46].

Unterliegt ein System periodischen Vorgängen vergleichbar der Zwangsanregung des Elektropulsers, dann lässt sich aus dem Abgleich der Druckpulsationen mit den Signalen des obigen Prinzipversuchs erkennen, ob sich der Gasgehalt des unbekannten Systems vergrößert oder verkleinert. Demzufolge ergibt sich ein Muster näher zum oder weiter entfernt vom Resonanzpunkt. Dieses Verhalten konnte ausnahmslos in jedem mehrphasigen hydraulischen System gefunden werden. Ein anderer Ansatz ergibt sich bei Drehzahlrampen oder -variationen. So ist es hiermit möglich, die Änderung der Resonanzfrequenz auszuwerten, denn alle gering bedämpften, schwingungsfähigen Systeme reagieren hierin mit einer Amplitudenüberhöhung, die zur auslösenden Frequenz in Beziehung steht. So bedeutet eine Frequenzerhöhung eine Abnahme der ungelösten Luft in einem System und umgekehrt.

Als Beleg dieses physikalischen Zusammenhangs dient Abbildung 5.37 der Simulation. Zu Beginn bei niedrigem Systemdruck und expandierter Blase zeigt sich eine niederfrequente sinusförmige Schwingung. Nach dem ersten Sprung im Systemdruck komprimiert die Blase und durchläuft die Stadien verschiedener komplexerer Schwingungsmuster, bis die Blase im Zustand aus der fünften Grafik ausschwingt. In Abbildung 5.38, durch ein vierfaches Luftvolumen, startet der Vorgang entsprechend von Grafik fünf und erreicht den Resonanzpunkt, der druckbedingt eine Formänderung erfährt. Aufgrund der Kompression erhöht sich die Frequenz der Blase kontinuierlich und der einhergehenden Abnahme ihres Volumens klingt diese Schwingung ab.

5.3.3 Schwingungsphänomene durch Gasblasen in Messstellen und deren Entkoppelung vom Messobjekt

Wie die Untersuchungen an Flüssigkeitsvolumina bei verschwindend geringen Lufteinschlüssen in Kapitel 5.3.2 zeigen, und die CFD-Simulationen für vergleichbare Effekte in Totvolumina an Sacklöchern durch Bohrungen, Blindstopfen oder auch Sensoradaptionen vorhersagen, folgte ein Nachweis anhand von Messdaten des Kettenspanners. Üblicherweise werden diese geringfügigen und oft alternativlosen Modifikationen zur Integration einer Druckmessstelle in Kauf genommen. Alles unter der Annahme, die Messungen oder Signalverläufe blieben konsistent und entsprechen alleinig dem Verhalten des beobachteten Systems, da sämtliche Signale in gleicher Weise von dieser Veränderung überlagert werden. Die folgenden Signalverläufe entstammen einer Versuchsreihe am Hydropulser bei iwis mobility systems (München) mit einem Kettenspanner für einen Boxermotor der Firma Porsche. Hierzu wurden zwei Messstellen gemäß Abbildung 4.23 für den Verbau des PE_1 und des PR_3 Sensors im Dämpferraum eingebracht sowie die der Ölversorgung, allerdings ohne den hervorgehobenen Rückversatz am Sensor. Die Ölversorgung erfolgte bei 3,5 bar Überdruck und einer Temperatur von 90 °C. Der aufgeprägte Weg am Kettenspanner beträgt ±0,4 mm in Form eines 200 Hz Sinus. Eine gezielte zusätzliche Luftbeimengung erfolgte erst gegen Ende der Messkampagne, so dass die Signalschriebe den üblichen Streuungen unterliegen. Abbildung 5.47 liefert einen nahezu perfekten Signalverlauf beider Drucksensoren in einem mit kaum verschäumten Öl versorgten Prüfling, aber dennoch nicht absolut blasenfrei. An Punkt 1 deutet der verrundete Druckanstieg des Signals (pHD_PE1) auf ein geringes Gasvolumen hin. Dieses ist ebenfalls für den außergewöhnlich steilen und sprunghaften Anstieg an Punkt 2 ursächlich, denn solange die Flüssigkeit noch eine Ausweichmöglichkeit findet, verzögert sich ein Druckaufbau im Gesamtsystem. Sobald der Alternativpfad – aufgrund der Kompression der Blase – entfällt, reagiert der Systemdruck sprunghaft. Abgeschätzt über dem Aktorweg von 0,18 mm und dem Kolbendurchmesser ergibt sich ein Blasenvolumen von exakt einem Drittel des Sacklochvolumens der Sensoranbindung, das konstant bleibt. Ein Ausbilden der beschriebenen Schwingungen in der Sensoradaption wird durch das zufällige Zusammentreffen der Druckwelle aus der Sensoradaption in Richtung Dämpferraum und zeitgleichem Drucksprung im Dämpferraum unterbunden. Dieser Zustand konnte laut Messdaten noch für eine weitere Periode aufrechterhalten werden, bis eine geringe Verschiebung der Phasenlage dieses Zusammenspiel entkoppelt. Der mit Punkt 3 des Signalverlaufs hervorgehobene Auslöser der Signalschwingungen am piezoelektrischen Sensor ist Folge des Einschlags der Ventilkugel im Sitz und der einhergehenden Körperschallemission. Dieser Zusammenhang ist explizit in Abbildung 5.9 mittels Kugelhubmessung nachgewiesen.

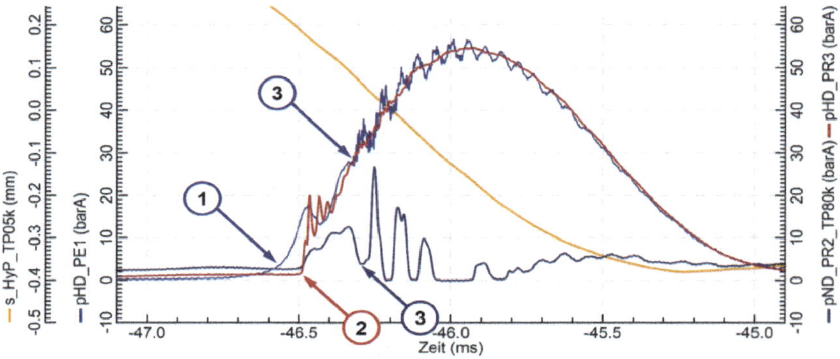

Abbildung 5.47: Druckpuls im Kettenspanner bei Hydropulserversuch mit 200 Hz Anregefrequenz und blasenfreiem Dämpferraum.

Das Ausbleiben der teils heftigen Schwingungen ist hier einer aktuell fehlenden Elastizität im Dämpferraum geschuldet, deren Fehlen sich ebenfalls aus dem nahezu senkrechten Druckanstieg im Dämpferraum an Punkt 2 ableiten lässt, ganz im Gegensatz zum Zustand und Verhalten in Abbildung 5.48.

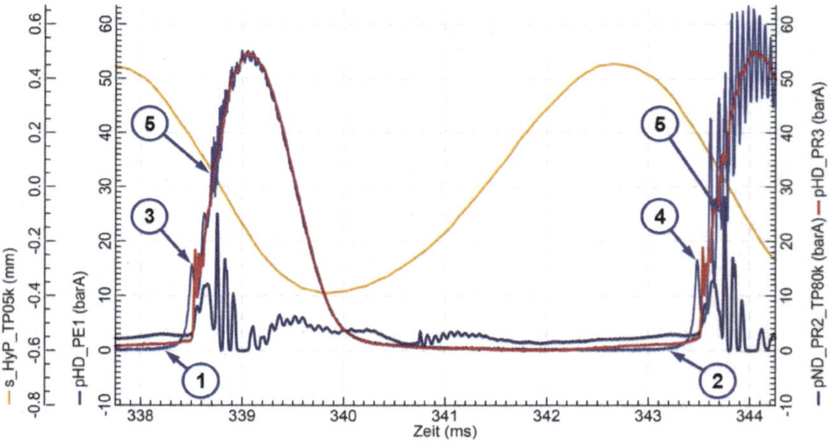

Abbildung 5.48: Druckpulse der Sensoren des Kettenspanners bei variierenden Gasgehalten im Dämpferraum.

Wie die Datenanalyse zeigt, startet der Druckaufbau in der Messstelle früher und dauert länger, was für einen höheren Gasgehalt im Dämpferraum spricht. So steigt das pHD_PE1 Signal in Punkt 1 bei einem Hub von 0,35 mm wogegen in Punkt 2 bereits bei 0,395 mm. So wird auch das Öl zeitlich früher in die Sensoradaption geschoben und der Druckpuls, der in Punkt 3 noch in Phase lag, kam in Punkt 4 trotz längeren Befüllens verfrüht. Somit wurde die Schwingung nicht bedämpft, sondern über die jetzt vorhandene Elastizität im Dämpferraum noch angefacht. Aufgrund eines zeitlichen Versatzes (24 µs) von 0,032 ms zu 0,056 ms wird klar, dass die hohe Zeitauflösung der Messungen und die sorgfältige Elimination von Laufzeitdifferenzen unbedingt erforderlich sind, um diesen Zusammenhang entdecken zu können. In Punkt 5 facht der Kugeleinschlag die Struktur an, deren Schwingungen der Quarzdruckaufnehmer erfasst. Die Verlängerung von 0,01 ms der ersten Periodendauer im pHD_PE1 Sensorsignal ist dem Druckunterschied von 5,0 bar im Minimum zuzuschreiben und bestätigt die Konstanz der Blasengröße.

Jedoch sollte deutlich werden: im Fall technischer Systeme ist ein Blaseneintrag kaum zu verhindern. Die Auswirkungen sind volatil extrem nichtlinear, zum Teil exponentiell und führen zu Rückwirkungen auf die Bauteilfunktion, wie in [28] veröffentlicht und in Abbildung 4.31 übernommen. Bei der Beteiligung von Luft reagieren hydraulische Systeme oft unerwartet. Sofern ein Sensor diese Vorgänge erfasst, werden diese offenbar, jedoch werden Leitungs- und Kanalsysteme meist fertigungstechnisch optimiert, ohne mögliche Wechselwirkungen mit der Hydraulik zu bedenken. Ein hilfreicher Zusammenhang hierbei ist die Analyse eines Druckverlaufs hinsichtlich bereits erwähnter Druckpulsationen, wie in Abbildung 5.49 verdeutlicht. Das hier analysierte Signal ist mittels piezoresistivem Druckaufnehmer erfasst, über einen rein analogen Verstärker von mehr als 100 kHz Bandbreite aufbereitet und in einem Messsystem bei 1 MHz Samplingrate analog-digital-gewandelt und gespeichert worden. Allerdings liefern die Daten wertvollste Einblicke in die Abläufe an hydraulischen Komponenten. Im betrachteten Fall enthielt das System mehr Luft, da der Druckaufbau im Dämpferraum schon um 0,06 mm früher im Kolbenweg beginnt. Der erste Druckanstieg verstärkt die Strömung in die Sensoradaption, da der Dämpferraumdruck für über 0,1 ms um die 10 barA pendelt, bis nach dem ersten Druckschlag aus der Messstelle wieder Öl in den Dämpferraum strömt und den Druck schlagartig steigert. Diese spontanen Drucksprünge mit extremen Gradienten – hier bis 3.000.000 bar/s (3 Mbar/s) im Punkt 2 – sind immer ein starkes Indiz für massive Druckpulsationen an anderer Stelle des Systems, in diesem Fall bis 140 barA. Aus diesem Wissen erklärt sich möglicherweise auch das Versagen von an maximalen Betriebsdrücken ausgelegten Verschlussstopfen.

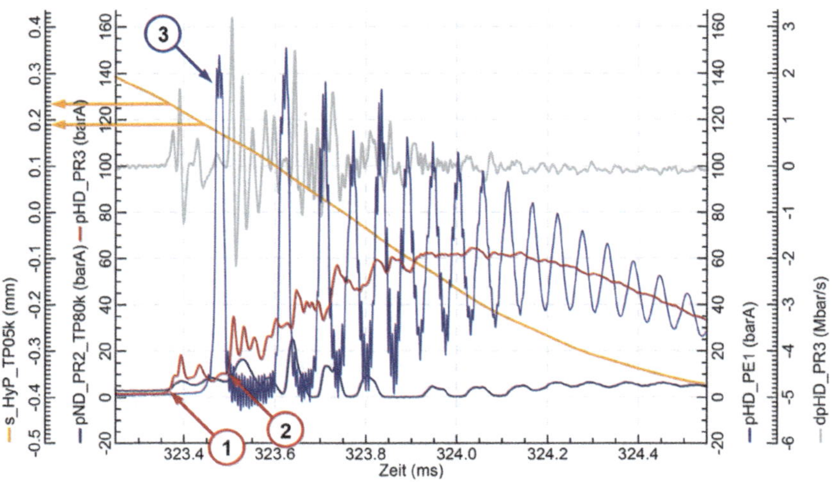

Abbildung 5.49: Druckpuls im Kettenspanner bei stationärer Verschäumung des Öls im Dämpferraum und hoher Dynamik.

Obige Abbildung 5.49 verdeutlicht erneut die Entkopplung der rückversetzten Messstelle zum Versuchsobjekt und belegt ebenfalls den Einfluss auf die Funktion durch einen verzögerten und gestuften Druckaufbau, ohne das Schädigungspotential entstehender Druckpulsationen zu unterschlagen.

5.3.4 Geometrische Wechselwirkungen

Die unterschiedlichen Varianten der Sensorbohrungen der simulativen Untersuchungen haben alle reale Entsprechungen. Dieses Kapitel ermöglicht, die Varianten 1, 3 und 4 (großer Durchmesser lang, kleiner Durchmesser lang und kleiner Durchmesser kurz) anhand einer Gegenüberstellung zu beurteilen. Absolut unerwartet fielen die Messergebnisse für die Varianten 3 und 4 aus. Diese Messungen entstammen einem Prüfstandversuch mit einem Boxermotor der Firma Porsche und sind als Stichversuch zur Beurteilung der Eignung eines Indizierkerzen-Quarzdruckaufnehmers für die Verwendung in transienten, hydraulischen Anwendungen zu werten. Zur besseren Vergleichbarkeit der Ergebnisse besitzt das Gehäuse (Teil 4) zwei verschiedene Quarzdrucksensoren mit identischem Rückversatz der Messzellen, jedoch in verschiedenen Bohrungsdurchmessern. Für das andere Gehäuse (Teil 5) ist ein minimaler Rückversatz von 130 % seines Bohrungsdurchmessers am Indizierkerzen-Quarzdruckaufnehmer realisiert und mit dem piezoresistiven Ultraminiaturdruckaufnehmer mit 15 % Rückversatz zum Bohrungsdurchmesser kombiniert, visualisiert in Abbildung 4.25. Zur Messung lief der Motor mit 3750 U/min in der Volllast bei einer Öltemperatur von 100 °C. Beginnend mit Abbildung 5.50, dem Vergleich der Drucksignale bei minimalem Rückversatz der Messzellen in einer Detailansicht (oben) und dem Verlauf eines Arbeitsspiels (unten). Der geringe Rückversatz verbessert das Messsignal, obwohl zu Beginn ab 1888,0 ms noch Überschwinger auftreten.

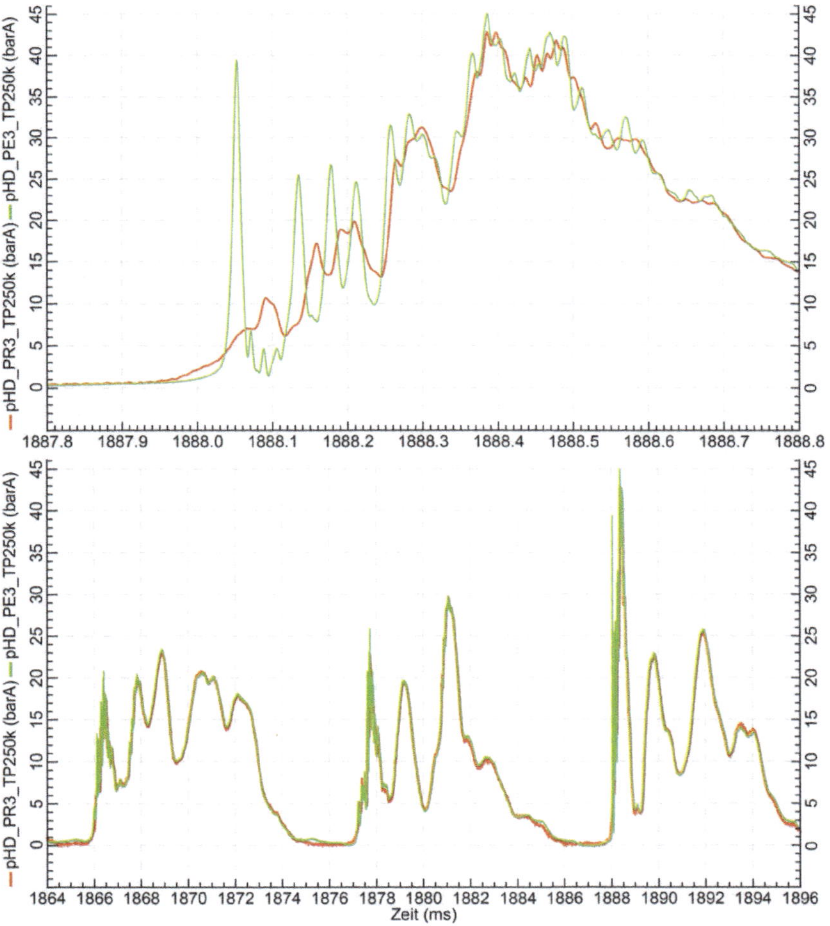

Abbildung 5.50: Druckverläufe im Dämpferraum des Kettenspanners bei 3750 U/min in der Volllast von Teil 5 am Prüfstand.

Ein erschreckendes Bild hingegen liefert das Gehäuse Teil 4, das in Abbildung 5.51 kurbelwinkelsynchron über die bisherige Ansicht gelegt wurde. Obwohl es Simulationen zu dieser Konfiguration gibt, deren Werte sich in Tabelle 5.3 finden, erstaunen die Messschriebe dennoch. Zum Vergleich sind die vorherigen Signale mit Drücken von 44,8 barA hinterlegt, „verschwinden" gegenüber den Druckspitzen der pHD_PE1 mit 97,4 barA und der pHD_PE3 Messtelle mit unerwarteten 221,8 barA. Diese Pulsationen maskieren den kompletten ersten Druckpuls aus obiger Abbildung und sind ausnahmslos Folge eines ungeeigneten Sensorverbaus mit großem Rückversatz.

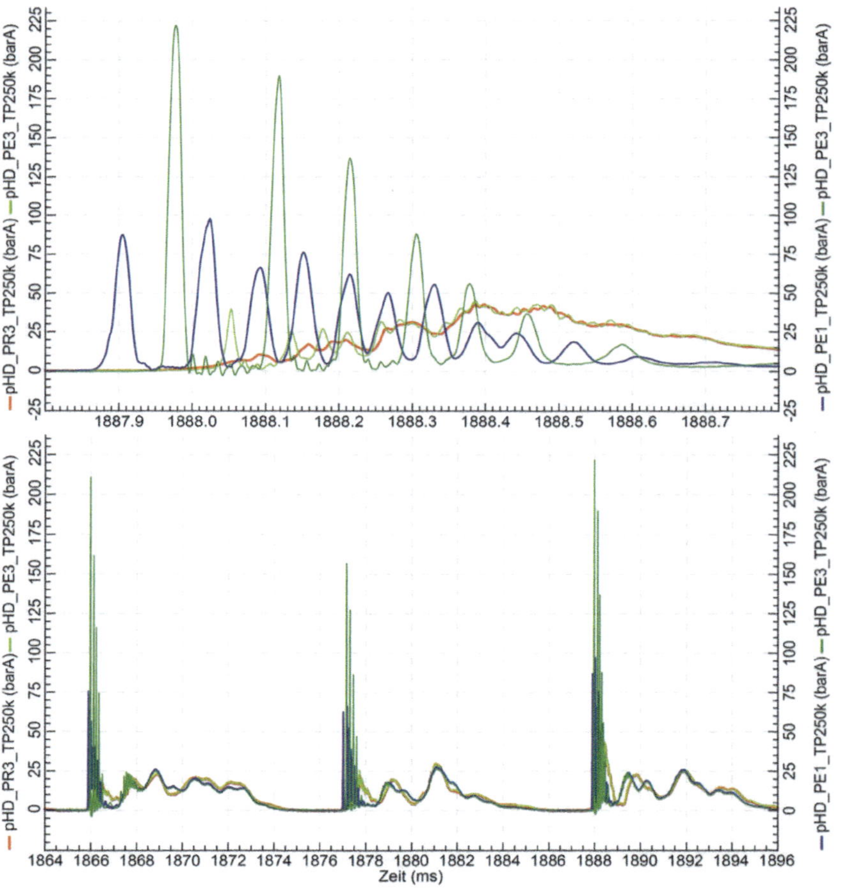

Abbildung 5.51: Druckverläufe bei 3750 U/min bei Volllast im Kettenspanner Dämpferraum von Teil 4 und 5 am Prüfstand.

An den Diagrammen sollte zweifelsfrei nachvollziehbar werden, dass hydraulische Anforderungen mehr Beachtung in der Entwicklung verdienen. Denn die sehr deutliche Überhöhung ist ebenfalls eine Folge der Interaktion beider Bohrungen untereinander, wie im vorherigen Abschnitt diskutiert. Zum Abschluss der geometrischen Abhängigkeiten noch ein Messschrieb eines Versuchs mit gleichzeitigem Verbau von vier Sensoren der folgenden Totvolumia vor den jeweiligen Sensormembranen im Verhältnis von Bohrungsdurchmesser zu -länge angegeben: 0,80 (pHD_PE1), 0,50 (pHD_PR2) und die beiden letzten 0,125 (pHD_PR2h und pHD_PR3). Diese Messung erfolgte am Hydropulser bei 200 Hz Anregefrequenz und einem Hub von ±0,40 mm. Hervorstechend die prägnanten Überschwinger des um 80 % zurückversetzten Sensors mit 42,0 bar und 41,1 bar, den geringeren Pulsen von 8,6 bar und 14,0 bar des um 50 % zurückversetzen Sensors und für die 12,5 % rückversetzten Sensoren, die trotz Überlagerung der Pulsationen aus den Sacklöchern Drücke von 6,3 bar / 7,1 bar sowie 4,1 bar / 3,3 bar liefern.

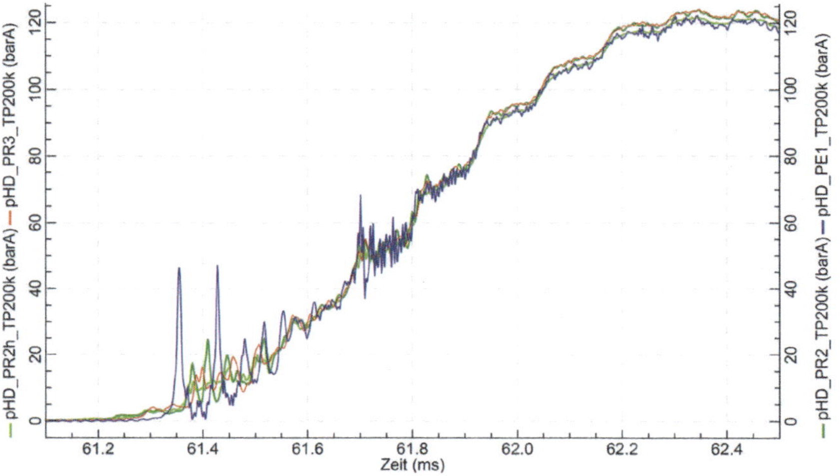

Abbildung 5.52: Druckpulsationen von Sensoren mit 0,80, 0,50 und 0,125-fachem Rückversatz zum Bohrungsdurchmesser der jeweiligen hydraulischen Anbindung.

Abschließend kann ein Rückversatz von Blindstopfen mit maximal dem Bohrungsdurchmesser empfohlen werden und für Sensoren ein Rückversatz von maximal 0,5 besser 0,2 oder geringer, um die nachgewiesenen Wechselwirkungen zu vermeiden, auf jeden Fall signifikant zu minimieren.

5.3.5 Transphasen-Kavitation, Begriff und Hypothese zu einer Beobachtung

Trotz aller Übereinstimmungen zwischen Versuch und Simulation besteht im Resonanzpunkt der schwingenden Ölsäule die Auffälligkeit einer wiederkehrenden Amplitudenabweichung. In der Regel liegen hier die Werte der Simulation um einen Faktor zwei bis drei über denen der Messung, obwohl die gleiche Simulation in anderen Frequenzbereichen nahezu die Messergebnisse trifft. Eine intensive Analyse identifizierte eine mangelnde Dämpfung in der Simulation als ursächlich, obwohl – wie in den Strömungssimulationen beschrieben – prinzipiell jeder spezifische Druckverlauf des Versuchs auch in der Berechnung zu finden war. Allerdings, wie im Kapitel der Simulation erörtert, wurde die beobachtete Blasendynamik hinsichtlich eines Dispergierens (Zerteilens) der Blase aufgrund der Netzstruktur nicht realistisch abgebildet. Hier scheint noch eine Lücke im Verständnis von mehrphasigen Systemen zu liegen. Denn bei zunehmender Dynamik der Strömung werden die Oberflächenkräfte einer Blase überwunden, die zunächst ihre Kugelform aufgibt. Im Verlauf zerteilt sich die Kavität in wesentlich kleinere, aber innerhalb dieses Strömungsfeldes stabile Blasen. Durch die Masseerhaltung muss von einer Vervielfachung der Blasenanzahl um einen Wert über 100 ausgegangen werden. Somit vergrößert sich die Oberfläche des Blasenschwarms und schlagartig deren Dämpfungseigenschaft. Besondere Herausforderung für eine Entdeckung ist das reversible Verhalten dieser Eigenschaft. Eine Blase zerplatzt kurz vor dem Resonanzpunkt und vereint sich, so bald wieder ein gewisser Frequenzabstand erreicht wird. Das erfolgt unabhängig davon, ob die dann aktuelle Erregerfrequenz oberhalb oder unterhalb des Resonanzpunktes liegt, es ist ausschließlich ein notwendiger Frequenzunterschied zum Resonanzpunkt des Systems entscheidend.

Ein Vergleich erfolgt mittels Simulation der schwingenden Ölsäule bei 0,1 % homogen verteilter Luft (20,92 mm^3) im Öl und einer Blase von 7,24 mm^3 sowie der Viskosität von 160 mPas (Motoröl bei Raumtemperatur) zum Versuch mit einer initialen Blase von 23,9 mm^3, dessen Frequenz im Resonanzpunkt am besten mit der der Simulation korreliert. Ein erstes Indiz für die Richtigkeit der Hypothese liefert der Amplitudenverlauf des Versuchs, hier zeigen sich Unstetigkeiten im Verlauf um den Resonanzpunkt 2 bei 19,35 s. In Abbildung 5.53 ist dies an den Markierungen der Punkte 1 bis 3 gut zu erkennen.

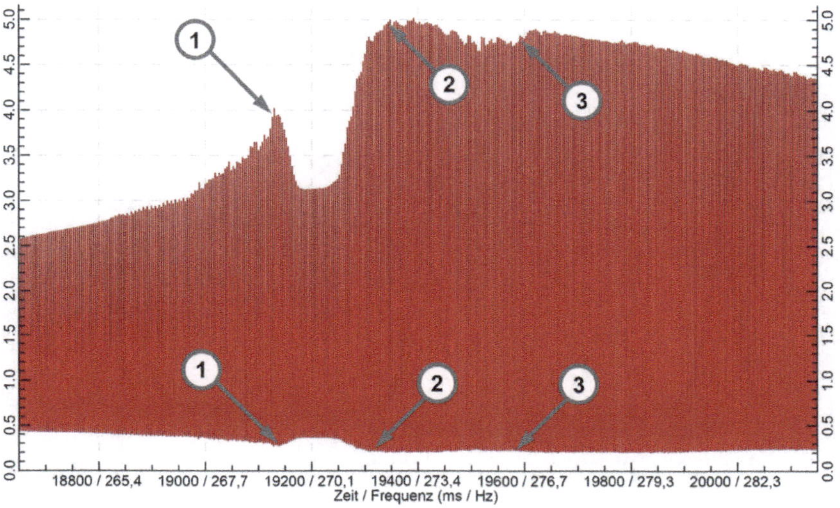

Abbildung 5.53: Amplitudenverlauf um den Resonanzpunkt von 273 Hz der schwingenden Ölsäule mit einer instabilen Luftblase.

Um die visuelle Gegenüberstellung zwischen Versuch und Simulation zu erleichtern, ist in Abbildung 5.54 der Graph der Messung um drei Prozent gedehnt dargestellt. Die Druckverläufe hierin bestätigen die Überhöhung mit einem Faktor von zwei, wohingegen die Druckgradienten von +65,1 kbar/s und –68,7 kbar/s aus der Simulation zu +15,8 kbar/s und –14,6 bar/s des Versuchs dieses unterstreichen. Wenn das Verhältnis zwischen Versuch und Simulation grundsätzlich bestände, dann wäre von einem systematischen Fehler auszugehen, jedoch liegen die beiden Druckverläufe im Punkt der voreilenden Überhöhung bei 157 Hz (18390 ms) lediglich um 10,5 % auseinander, wie im unteren Teil von Abbildung 5.54 ersichtlich.

Aus den theoretischen Grundlagen von C. E. Brennen in [47] und [48], die sich auf Untersuchungen von Chapman und Plesset [69] beziehen, folgt eine zur Blasengröße abhängige Dämpfung. Unter der Annahme eines linearen Zusammenhangs zwischen den Spitzendrücken und der Dämpfung müsste sich der Blasenradius nach Abbildung 3.13 auf das 0,16-fache des initialen Durchmessers reduzieren und die Blasenanzahl auf einige Hundert steigen. Dieses entspricht exakt der visuellen Versuchsbeobachtung und bestätigt das Verhalten einer Steigerung der viskosen Dämpfung durch den Zerfall der Blase in der Nähe des Resonanzpunkts ebenfalls für Öle.

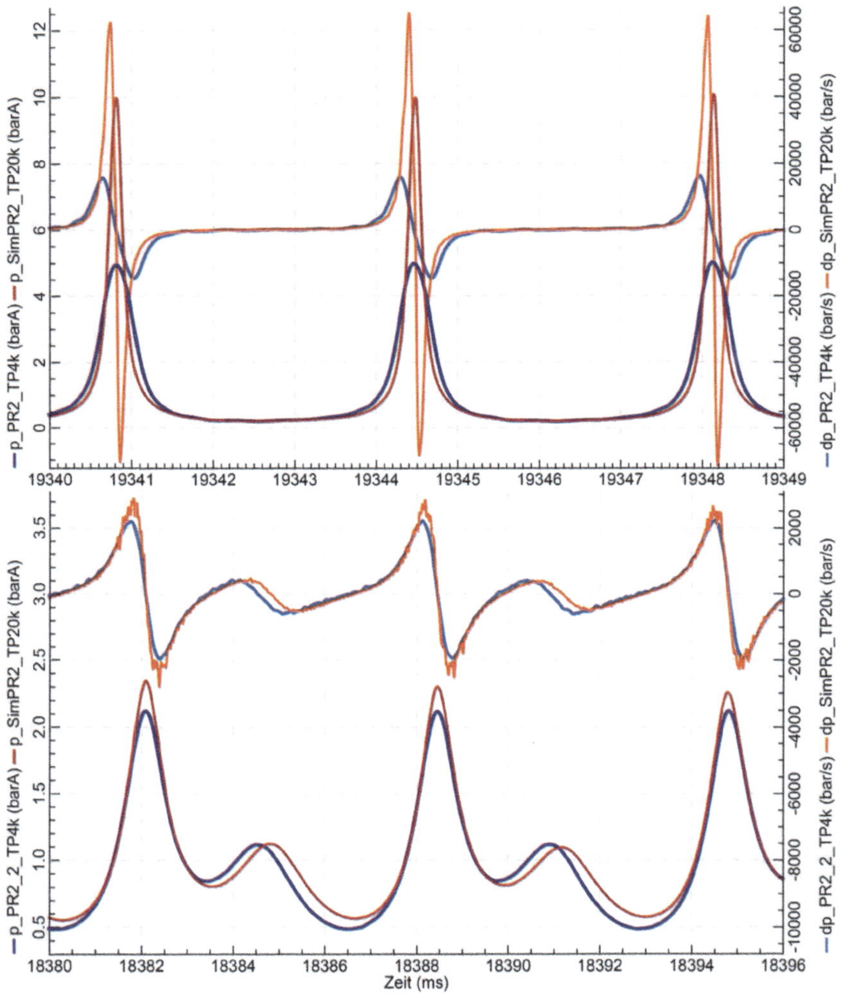

Abbildung 5.54: Gegenüberstellung von Druck und Druckgradient zwischen Versuch und Simulation bei 273,1 Hz (oben) und 157,4 Hz.

Als weiteres Indiz einer komplexeren Blasendynamik lassen sich in den Signalverläufen des zurückversetzten und für Blasenansammlungen anfälligen Quarzdruckaufnehmers Zustände hochfrequenter Schwingungen finden. Hierbei variiert die Amplitude auf vielfache Weise und setzt in der Regel kurz vor Erreichen des Spitzendrucks ein. Da dieser Sensortyp außerdem sensibel auf akustische Anregungen reagiert, werden auch Signalanteile zerplatzender oder entstehender Blasen erfasst [29]. Abbildung 5.55 liefert Details zur Zunahme der hochfrequenten Anteile ab der zweiten Periode.

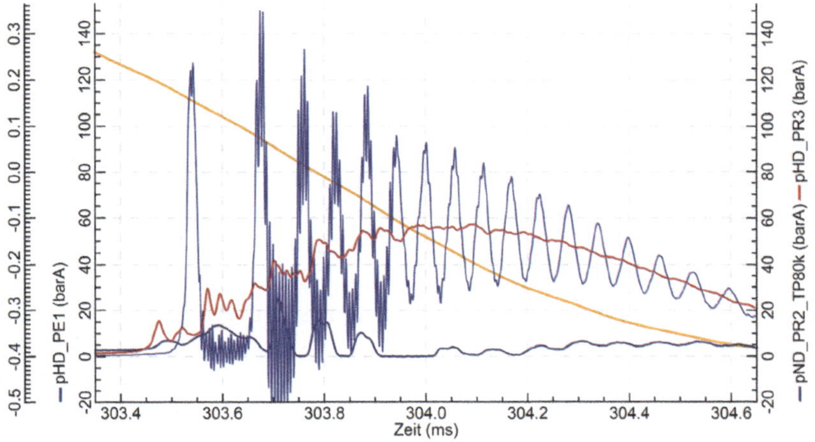

Abbildung 5.55: Drucksensorsignale mit verschiedenen hochfrequenten Schwingungsanteilen am piezoelektrischen Sensor aus einer Hydropulsermessung bei 200 Hz Anregefrequenz.

Das Zerplatzen von Luftblasen um den Resonanzpunkt, während der Frequenzhochläufe in der Ölsäule liefert eine Erklärung für Unstetigkeiten vieler Amplitudenverläufe um deren Resonanzpunkt und die auffällig konstanten Druckmaxima trotz Variation der eingebrachten Blasen über den Versuchsreihen. So verlangen die Abweichungen zur Simulation, die sich durch eine mangelnde Dämpfung im Modell erklären lässt, und die auffälligen Signalverläufe am Quarzdruckaufnehmer im Kettenspanner nach einer Erklärung, die aus einer speziellen Form der Kavitation zur Diskussion gestellt wird.

Bisher sind zwei Formen der Kavitation bekannt und etabliert, die Dampfkavitation, bei der Randbedingungen eine Flüssigkeit zum Verdampfen bringen mit allen bekannten Folgen, sowie die Gaskavitation. Letztere kann als Vorstufe bezeichnet werden, denn hierbei formen sich Blasen aus dem in der Flüssigkeit gelösten Gas. Wie in Kapitel 5.3.1 beschrieben, verhindern vorhandene Blasen das Auftreten von Zugkräften in Flüssigkeiten und begrenzen aufgrund ihrer Elastizität einen zu starken Druckabfall, da ein Gas entsprechend expandiert. Wie bisherige Ausführungen zu den Auswirkungen von Luft- / Gasblasen in Flüssigkeiten zeigen, bedämpfen diese ein System nicht zwingend, sondern verleihen einem hydraulischen System primär die Fähigkeit zu schwingen. Diese Eigenschaft interagiert mit den Randbedingungen und Systemzuständen, weshalb eindeutige Vorhersagen schwerfallen. Besonders herausfordernd sind überlagernde Effekte, die kurzzeitig und reversibel einsetzen oder ausbleiben.

Der vermutete Mechanismus ist eine Kombination aus Gas- und Dampfkavitation in der Form, dass Gasblasen dem System eine Schwingungseigenschaft verleihen, die beim Überschreiten einer dynamischen Grenze zur schlagartigen Änderung des Dämpfungsverhaltens führt. Da die Blase durch ihr Dispergieren jetzt steif genug ist, ermöglicht die geänderte Elastizität Kräfte aus der Gasphase auf die angrenzende Flüssigkeit zu übertragen und damit über Zugkräfte eine klassische Dampfkavitation in der Flüssigkeit auszulösen. Zusammengefasst: Wenn sich ein System ungehemmt aufschwingt und dadurch Energie gewinnt, dann plötzlich an seine Umgebung gekoppelt wird, überträgt sich die vorhandene Energie ebenfalls auf den jetzt steif verbundenen Teil und führt in diesem zur Bildung klassischer Dampfkavitation.

Da eine oder mehrere Gasblasen und deren Aufschwingen jeweils notwendige Bedingungen sind, die Summe aber hinreichend ist, kann der Begriff:
Transphasen-Kavitation
sowohl Anhaltspunkt als auch passende Umschreibung geben, denn dieses Phänomen scheint aus dem Wechselspiel von Gas und Dampf zu erwachsen.

5.4 Dynamische Kalibrierung von Druckaufnehmern

Die valide Ermittlung dynamischen Verhaltens von Druckaufnehmern ist nach den vielschichtigen Auswirkungen von bis zu mehreren hundert Prozent allein aus vermeintlich unbedeutenden oder unvermeidbaren Elastizitäten kleinster Blasen, die selbst durch ein Ausgasen entstehen können, eine Herausforderung. Alle hier beschriebenen Beobachtungen liegen in der Verantwortung des Anwenders. Dieser ist für die Ausführung der Messstelle, die Sicherstellung der Randbedingungen sowie eine geeignete Ausstattung an Sensoren, Verstärker und Datenerfassungsequipment zuständig, ebenso wie für die korrekte Wahl der Signalaufbereitung. Eine dynamische Kalibrierung, also die Sicherstellung einer ausreichenden Abbildungsgüte dynamischer

Vorgänge, entbindet nicht von dem hohen Maß an Verantwortung des Anwenders zur Gewährleistung eines geeigneten Mess-Setups, das aus mehr als leistungsfähiger Messtechnik bestehen sollte. Dynamische Kalibriersysteme entwickeln sich zum Standard beziehungsweise sind Stand der Technik, allerdings bieten die Einrichtungen aufgrund ihrer besonders hohen Reproduzierbarkeit die Möglichkeit, Rückschlüsse aus veränderten Randbedingungen zu ziehen. Hieraus folgen ein Mehrwert und ein weitreichender Ansatz zur Analyse auftretender Wechselwirkungen.

5.4.1 Nutzen durch die Reproduzierbarkeit für Versuchsergebnisse

Wie in Kapitel 4.5.1 ausgeführt, besitzt der hier eingesetzte Kalibrator eine sehr hohe Wiederholgenauigkeit, wie Abbildung 5.56 zeigt. Hier lassen sich die sieben Kalibrierstöße problemlos in zwei Gruppen teilen, die eine aus Blautönen, die andere aus Rot- und Grüntönen. Auffällig der unterschiedliche Startpunkt des Druckaufbaus trotz gemeinsamen Endpunkts. Ebenfalls das verschieden ausgeprägte Durchtauchen der Drucksignale ab 1,3 ms. Wie beschrieben, verhindern Blasen eine Übertragung von Zugkräften in Flüssigkeiten, welches auch im Diagramm sichtbar ist. Zum Zeitpunkt der ersten Stoßserie mit den Endziffern 03 bis 05 (blau) befand sich nach dem Befüllvorgang schon eine störende Luftblase in einer der Testsensor-Adaptionen.

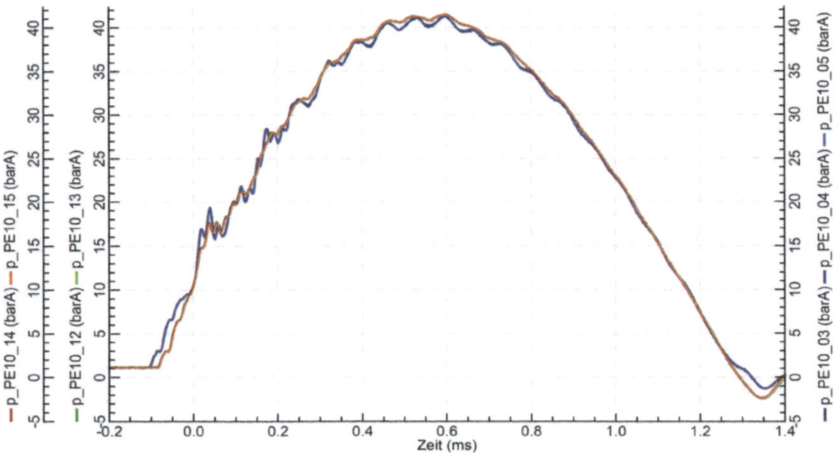

Abbildung 5.56: Drucksignal des Referenzsensors p_PE_10_xx am dynamischen Kalibrator mit einer eingeschleppten Luftblase.

Dieser Versuch verdeutlicht die Tatsache, dass jeder Signalanteil, den ein Drucksensor erfasst, ein physikalisches Verhalten des Gesamtsystems repräsentiert. Hierdurch schließt sich der Kreis der Argumentationskette, die eine umfassende Analyse mittels Drucksensorik angedeutet hat. Im vorliegenden Fall weist der verfrühte Beginn auf eine minimal höhere Kolbenposition hin, die ein früheres Auftreffen des Aktors zur Folge hat. Ebenfalls ein Beleg für die Anwesenheit von Blasen sind die abklingenden Schwingungen über dem Druckpuls. Ein weiteres Indiz ist dem Zeitabschnitt aus Abbildung 5.57 zu entnehmen. Hier beschleunigt der Kolben über dem Druckabfall in einer Aufwärtsbewegung, die bei 1,35 ms zur Trennung von Kolben und Ölvolumen führt. Im Fall des reduzierten Lufteinschlusses entsteht eine Druckschwingung im Ölvolumen der Kammer, die mit einer Amplitude von (Peak-Peak) 1,0 bar ins Auge fällt. Gut erkennbar die minimalen, aber reproduzierbaren Unterschiede, der roten und grünen Kurven untereinander, die wohl einer kleinen Änderung der physikalischen Eigenschaften des Gesamtsystems zuzuschreiben sind. Diesen Verlauf besitzt die blaue Kurvenschar nicht, da hier das „Atmen“ der Blase das Einbringen einer Druckwelle in der Flüssigkeit verhindert. Der Minimalwert von –1,1 barA ist der Zeitkonstante des Ladungsverstärkers zuzuschreiben, wodurch über einem kurzen Nachlauf zum positiven Druckpuls zu niedrige Messwerte ausgegeben werden.

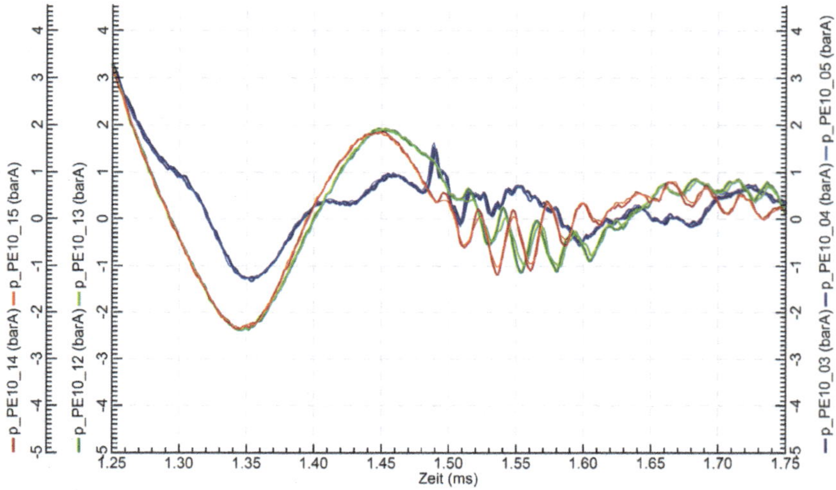

Abbildung 5.57: Drucksignale des Referenzsensors des dynamischen Kalibrators bei verschiedenen Luftvolumina.

Besonders überzeugend – als Bestätigung der Anwesenheit einer Blase – ist jedoch das Signal des Sensors, in dessen Adaption sich die Luft zu befinden scheint (vergleiche Abbildung 2.8), hier in Rottönen dem Referenzsensorsignal (p_PE10_xx) aus Abbildung 5.58 gegenübergestellt. Diese Signalverläufe weisen alle besprochenen Wechselwirkungen auf:
Im Gegensatz zum direkten Anstieg des Referenzsensors der konkave, bedämpfte Anstieg am Kalibrierobjekt, danach dessen Überschwinger und die einsetzende Pulsation. Deren mittlere Periodendauer bei 0,09 ms liegt, die im Hochpunkt etwas kürzer sowie bei niedrigen Systemdrücken etwas länger ausfällt und für die druckabhängige Änderung einer Blase spricht. Das gänzliche Ausbleiben eines Unterschwingers im Nachlauf des Druckpulses ist als weiteres Indiz zu werten. Da in der Regel eine Blase ein steifes System zum Schwingen befähigt, verraten die höherfrequenten Pulsationen kurz nach dem Triggerpunkt bei 0,00 ms im Druckanstieg des Referenzsensorsignals (p_PE10_xx) auch hier die Anwesenheit einer Elastizität, die im Verlauf zu einer leicht höherfrequenten Schwingung am Referenzsensor führt.

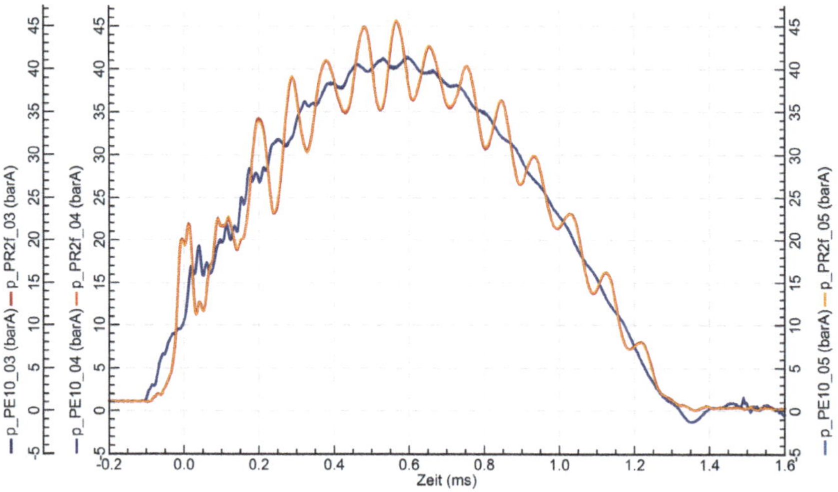

Abbildung 5.58: Interaktion der blaseninduzierten Druckwellen im Kalibrator bei einem Anregepuls von 0,6 V.

Zum Nachweis physikalischer Phänomene bietet dieser Kalibratortyp ein breites Nutzungsspektrum und schließt somit die Lücke zwischen Messsignalen, Systemverhalten und physikalischer Ursachen.

5.4.2 Nachweis der Beziehung von Systemdynamik zu Blasendynamik

Die Identifikation obigen Zusammenhangs einer nichtlinearen Abhängigkeit zwischen Anregung und Systemantwort lässt sich lediglich an einem System von außergewöhnlicher Wiederholgenauigkeit entdecken. Schon in den Untersuchungen in [24] gab es erste Indizien dazu, jedoch noch viele Vermutungen und Annahmen. Abbildung 5.59 präsentiert das Ergebnis des Folgeversuchs nach einer 45-minütigen Ruhephase des Aufbaus. Über dieser Zeit absorbierte das Öl einen Teil der Luft und führte zu einer Änderung des Systemverhaltens. Die Pulsationen im Kalibrierobjekt (p_PR2f_xx) reduzierten sich deutlich, und auch der konkave Start sowie der deutliche Überschwinger im Triggerzeitpunkt sind hier fast vollständig verschwunden. Lediglich die Pulsationen über den Hochpunkt bis zum vollständigen Druckabbau blieben erhalten.

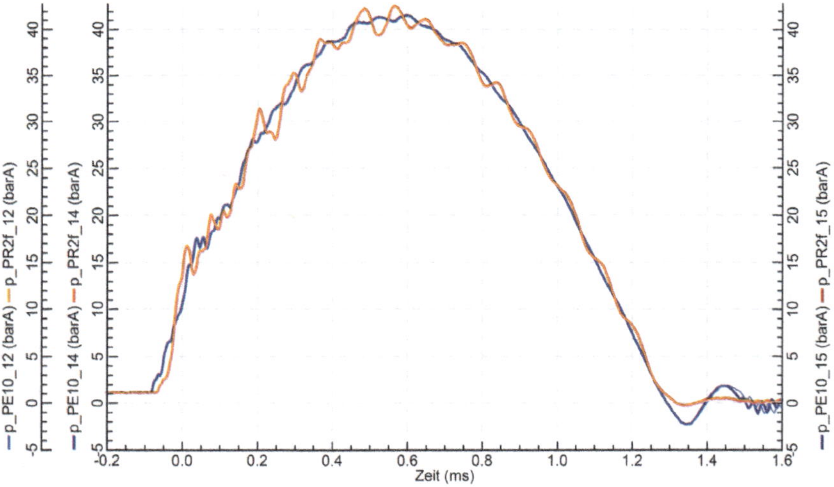

Abbildung 5.59: Interaktion nach 45-minütiger Ruhephase der blaseninduzierten Druckwellen im Kalibrator bei Anregung mit 0,6 V.

Für die nächste unmittelbar folgende Stoßanregung ist zur Dämpfung der impulsartigen Beschleunigung des Kolbens der Druckkammer durch den Aktor-Pin etwas Flüssigkeit im Spalt zwischen diesen eingebracht worden. Die Auswirkungen liefert Abbildung 5.60 in Gegenüberstellung zum Signalverlauf aus Abbildung 5.59. Enthalten sind der erste, der dritte und der siebte

Puls mit den Einflüssen schwindendem Flüssigkeitsvolumen im Aktorspalt. Dazu passend die steiler werdenden Gradienten in den Druckanstiegen sowie die zunehmenden Spitzendrücke über der abnehmenden Benetzung. Folglich steigt der direkte Impulseintrag auf den Kolben, wobei korrelierend der Anteil zum Verdrängen der Flüssigkeit sinkt. Hier schließt sich der Kreis zu den Untersuchungen an der Druckkammer bezüglich einer Temperaturänderung von Flüssigkeiten durch Druckbeaufschlagung. Wie in Abbildung 4.28 belegt und ausgeführt, wird eine druckbedingte Erwärmung und die resultierende Dichteänderung selten in Betracht gezogen, falls überhaupt bekannt. Im vorliegenden Versuchsaufbau ist jedoch genau diese Wechselwirkung ursächlich für das dokumentierte Systemverhalten. Denn ebenfalls die temperaturbedingte Dichteänderung der Flüssigkeit findet in der Luftblase einen „komprimierbaren“ Hohlraum. Durch das Zusammenspiel aus Kolbenbewegung und Dichteänderung wird dieser schlagartig aufgebraucht und über das Wechselspiel zwischen kinetischer Energie und Druckenergie entstehen eine zum Kettenspanner vergleichbare Pulsation. Durch die Flüssigkeitsdämpfung kommt es zu einer frühzeitigen und sanften Kompression der Blase, dass – sobald die zusätzliche Raumforderung der temperaturbedingten Ausdehnung einsetzt – diese kein adäquates Blasenvolumen mehr vorfindet, um eine Schwingung zu initiieren, wie an allen grünen Kurven bestätigt.

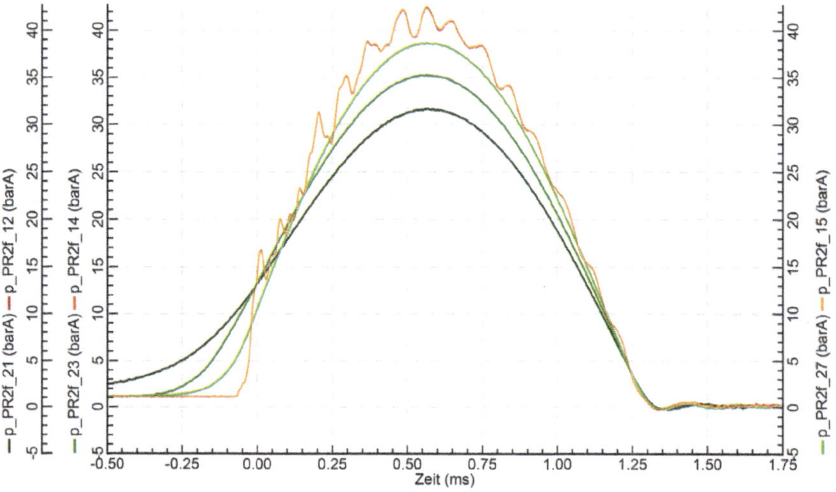

Abbildung 5.60: Gegenüberstellung zwischen impulsartigem und bedämpften Druckaufbau unter Beteiligung von Luftblasen.

Die folgende Abbildung 5.61 beschließt das Kapitel und stellt die Druckverläufe sowie deren Gradienten aus einem mit Luftblasen „verunreinigten" Aufbau dar. Hier zeigt sich, dass wenn der die Dynamik verstärkende Effekt aus einer parallel überlagernden temperaturbedingten Dichteänderung entschärft wird, das System absolut unauffällig und pulsationsfrei bleibt.

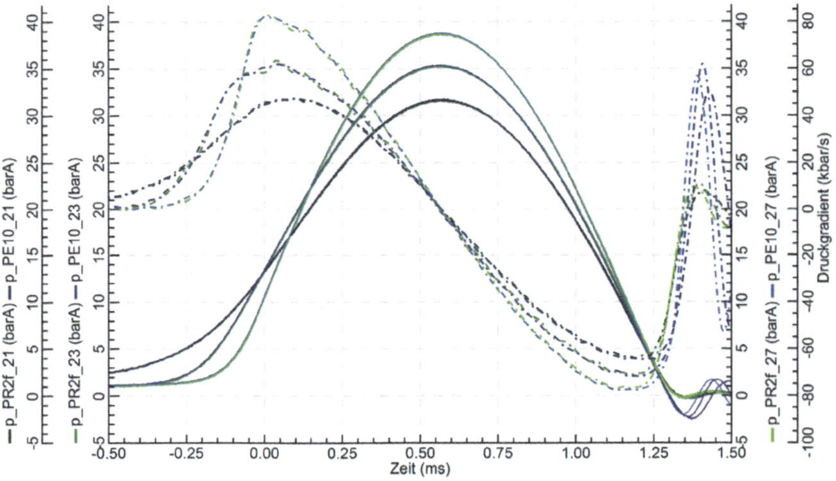

Abbildung 5.61: Bedämpfter Druckaufbau: Signalvergleich zwischen piezoelektrischem und piezoresistivem Sensor bei der Beteiligung von Luftblasen.

5.4.3 Verhalten und Eigenschaften der Messkette

Laufzeiten sind in der Systemanalyse stets ein beachtenswertes Detail, denn gerade bei periodischen Vorgängen führen Laufzeiten zum Eindruck von frequenzabhängigen Verschiebungen in der Phasenbeziehung von Messsignalen untereinander. Diese hängen elementar an den eingesetzten Verstärkern, deren Aufbau aus digitaler oder analoger Signalverarbeitung sowie unvermeidbar an den ausgewählten Filtereinstellungen in Typ und Grenzfrequenz und können bei dem Ableiten physikalischer Wirkzusammenhänge auf Irrwege führen. Entscheidend ist ein kritisches Hinterfragen aller Messdaten und dem Abgleich mit physikalischen Vorgängen im Versuchsaufbau. Hierbei ist es eine Herausforderung, unbekannte oder unvermutete Physik von Einflüssen der Messtechnik zu trennen, denn letztere lassen sich in der Regel korrigieren. Auch hierfür ist der Einsatz – zumindest für Drucksensoren – eines Kalibrators hilfreich, über den sich nicht nur die Abbildungsgüte, sondern eine Vielzahl an Einflüssen von Messketten bewerten lassen. Abbildung 5.62 liefert einen Einblick in den Kalibrierverlauf des bisherigen piezoelektrischen Referenzsensors (PE10_x), des ebenfalls verwendeten piezoresistiven Kalibrierobjekts (PR2f_x) mit einem Verstärker maximaler Bandbreite von 120 kHz und hier erstmals einem identischen Kalibrierobjekts, jedoch unter Nutzung eines niederfrequenten Verstärkertyps (PR2d_x). Der Stoß erfolgte mit 1,6 V Aktoransteuerspannung in einem ausreichend entlüfteten Aufbau ohne Dämpfung. Aufgetragen sind jeweils die Ereignisse drei, vier und fünf der Serie aus sechs Stößen. Am Ende des ersten Stoßes der Serie wurden Druckwerte von unter –8,0 barA erreicht, wodurch anhand der Unterschiede in den Folgestößen auf das Entstehen kleinster Luftblasen geschlossen werden kann, die jedoch kaum Eingang in die Kurvenverläufe fanden. Alle Signale sind mit 1 MHz erfasst und über einen Bessel-Filter-Algorithmus neunter Ordnung mit einer Grenzfrequenz von 200 kHz phasenlagenneutral entrauscht worden. Gut erkennbar der Phasenverzug von 0,160 ms und die Amplitudendämpfung von 102,0 barA zu 113,8 barA, darüber hinaus die Beschränkungen der Bandbreite durch das vollständige Kappen der Frequenz von 13,2 kHz nach dem Ende des Druckabbaus aufgrund der Bandbreite von 7,0 kHz des Verstärkers.

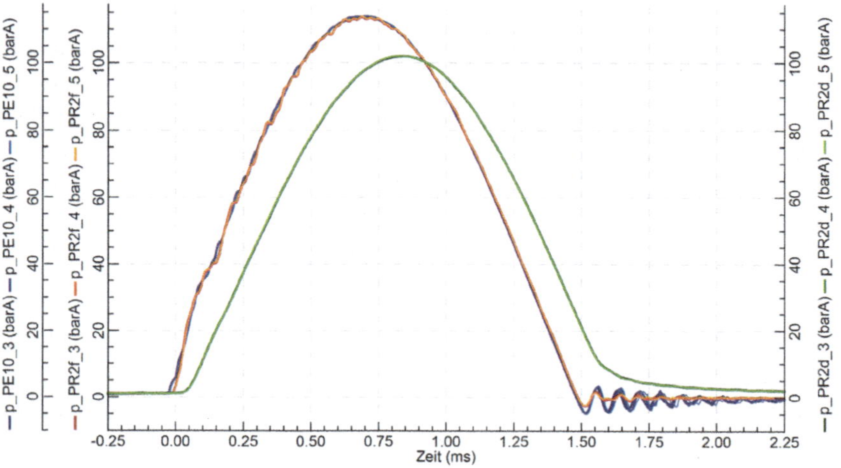

Abbildung 5.62: Dynamische Drucksensorkalibrierung mit verschiedenen Verstärkern am piezoresistiven Sensortyp bei 1,6 V Puls.

5.5 Physik und deren messtechnisches Abbild

Die tiefen Einblicke in Messdaten, deren Plausibilisierung, die Identifikation wirkender physikalischer Effekte, Kenntnisse über das Entstehen und ein Zusammenspiel von Wechselwirkungen sowie als Folge daraus ein Auftreten weiterer physikalischer Phänomene, würde problemlos mehrere Bücher füllen. Die beschriebene Herangehensweise aus praktischen Erfahrungen, einem Bewusstsein zur Entdeckung auffälligen Systemverhaltens, sehr viel Einsatz zum Ausarbeiten plausibler Erklärungen und am wesentlichsten viele sehr unterschiedliche Blickwinkel in die Tiefen:

Hydraulischer Systeme
Wie in technischen Anwendungen festgestellt, treten diese Systeme meistens mehrphasig auf und als Folge entwickeln viele die Fähigkeit zu schwingen, die wiederum eine Vielzahl an zunächst unerwarteten Signalverläufen hervorbringt. An dieser Stelle bieten Kalibriersysteme einen Anker, der – wenn dessen Nutzen erkannt wird – einmalige Klarheit durch die Separierung von Effekten und einer gezielten, exklusiven Untersuchung von Wirkzusammenhängen ermöglichen.

Notwendig ist hierfür eine selten erreichte, hohe Reproduzierbarkeit der einzelnen Versuchsläufe oder -ereignisse, durch die eine zuverlässige Identifikation – auch kleiner Veränderungen – am Gesamtsystem möglich wird und sich eine Suche nach dem zugrundeliegenden physikalischen Mechanismus lohnt. Als entscheidende Voraussetzung muss eine absolute Verlässlichkeit der Messdaten sichergestellt sein, um eine belastbare Basis / Grundlage für alle weiterführenden Überlegungen zu liefern. Hierbei helfen Erfahrung und Fachkompetenz gleichermaßen und sind in der Regel als Teamleistung zu sehen wie aus [18], [28], [24] und [63] deutlich wird. Da das genutzte Equipment und viele Impulse aus einem Kreis von Experten einflossen, entstanden sowohl neue Sichtweisen als auch andere Blickwinkel.

Der erzielte Erkenntnisgewinn aus der Summe aller Untersuchungen, Methoden und Handlungsempfehlungen liegt in der Gewissheit:
Alle Signalanteile eines Drucksensors spiegeln einen physikalischen Auslöser beziehungsweise eine systemseitige Ursache wider, manchmal einen der Messstelle und idealerweise einen des untersuchten Systems. Hieraus folgt der erarbeitete Mehrwert: *Drucksensorik kann, richtig eingesetzt, bei der Systemanalyse Ressourcen und Zeit in erheblichem Maße einsparen.*

6 Schlussfolgerung und Ausblick

Der Kosmos hydraulischer Systeme lässt sich ohne Übertreibung als eigene Welt bezeichnen, in der zwar keine andere Physik gilt, jedoch bekannte Phänomene ungeahnte Auswirkungen besitzen und unvorhersehbare Reaktionen hervorrufen können. Das beeindruckendste Phänomen ist die durch eine Druckänderung hervorgerufene messbare Temperaturänderung, die sich in einer Dichteänderung niederschlägt und auf die Systemdynamik auswirkt.

Diese Ausarbeitung umfasst den kompletten Weg von unerklärlichen und widersprüchlichen Beobachtungen und Messwerten bis zur Erklärung der Wirkzusammenhänge, Einflussfaktoren und Wechselwirkungen zwischen dem beobachteten System, den Messstellen und dem verwendeten Medium. Meistens werden Flüssigkeiten als inkompressibel angenommen, beziehungsweise durch diese Annahme für eine analytische Betrachtung vereinfacht. Gas- oder Luftblasen wird in der Regel eine dämpfende Wirkung in hydraulischen Systemen zugesprochen. Diese Aussagen gelten alles andere als pauschal, denn wie oft kommt es auf die Umstände und die Details an, denn genau unter diesen kann eine Blase mit einem Volumenanteil im Promillebereich zu einer Druckvervielfachung führen. Wann und warum das passiert, welche Physik zugrunde liegt, wurde intensiv analysiert sowie numerisch abgebildet, um das Zusammenspiel der physikalischen Effekte zu verstehen und eine praktikable Vorgehensweise zu deren Identifikation aufzuzeigen. In der Beantwortung dieser Fragestellung sind teilweise Kleinigkeiten bedeutend und voreilige Schlussfolgerungen häufig fatal.

Die Arbeit beschränkt sich nach dem Stand der Technik auf einige theoretische Grundlagen, weniger im Bereich der Strömungsmechanik, dafür mehr im Bereich von Schwingungsphänomenen, der Blasendynamik und Kavitation. Diese liefern das notwendige Fundament zu den entdeckten und beschriebenen Auffälligkeiten. Reale Messergebnisse von Motorenprüfständen und Untersuchungen eines Kettenspanners am Hydropulser dienten als wertvolle Orientierung zum Abgleich der aufgestellten Theorien mit der Realität. Von dieser Realität ausgehend wurde in Prinzipversuchen ein entscheidender Beitrag aus freien Blasen – wie erwähnt – klar, doch den Mechanismus zu durchdringen war damit noch nicht möglich und erforderte größere Anstrengungen. Denn ein Nachstellen der Beobachtungen an Druckkammern oder

T. A. Lenz, *Ganzheitliche Methodik zur Analyse und Validierung transienter hydraulischer Systeme*, Wissenschaftliche Reihe Fahrzeugtechnik Universität Stuttgart, https://doi.org/10.1007/978-3-658-53363-2_6

Druckimpulsgeneratoren zur dynamischen Überprüfung oder Kalibrierung von Drucksensoren, wie in den Kapiteln 4.2.2 bis 4.2.5, zeigte deutlich die Defizite und Grenzen des zu Beginn erarbeiteten Wissens auf. In einer Vielzahl an Versuchsreihen bestätigte sich ein immer gleiches, aber nur bedingt erklärbares Verhalten. Ebenfalls lag eine gewisse Unsicherheit bezüglich der grundsätzlichen Aussagekraft oder Signalgüte von Drucksensoren über allen anfänglichen Theorien und Hypothesen.

Die beiden zentralen Meilensteine sind:

1. Die transienten 3D CFD-Simulationen zu den Vorgängen an der schwingenden Ölsäule und den Auswirkungen einzelner Luftblasen sowie den damit verbundenen dynamischen Vorgängen im Kettenspanner, vorgestellt in Kapitel 4.6 und deren Ergebnisse, besprochen in Kapitel 5.2.
2. Ein gleichbedeutender Beitrag ergab sich aus den exakten, durch eine außergewöhnliche Reproduzierbarkeit geprägten Untersuchungen am Aufbau zur dynamischen Kalibrierung von Drucksensoren, da hierdurch die Leistungsfähigkeit, Aussagekraft und Zuverlässigkeit von Druckmessungen objektiv bewertet werden konnten.

Diese Arbeit bestätigt, dass ein Ergebnis mehr sein kann als die Summe seiner Teile. Aus diesem Grunde liefern bekannte Vorgehensweisen und Zusammenhänge hier einen Beitrag zur Summe der Teile, die nur in genau dieser Verbindung eine Weiterentwicklung ermöglichten und neue Einblicke geben sowie Zusammenhänge aufzeigen konnten. Die zu Beginn in Kapitel 4.1 erstellte Übersicht mit der Auflistung an Effekten, Einflussfaktoren und Randbedingungen liefert sowohl Orientierung bei der Definition notwendiger Untersuchungsschwerpunkte als auch Hilfestellung in der Analyse eines Systemverhaltens und der Identifikation physikalischer und messtechnischer Ursachen einzelner Signalanteile eines Drucksensors.

Als Beleg sei auf die Hypothese zu einer neuen, speziellen Form der Kavitation in Kapitel 5.3.5 verwiesen, die aus geprüft verlässlichen Messdaten und der ausschließlich im Resonanzpunkt auftretenden Abweichungen zu den Simulationsergebnissen abgeleitet wurde. Sowohl Messung als auch Simulation liefern valide Ergebnisse, so dass ein nicht berücksichtigter, nicht vermuteter, unberücksichtigter physikalischer Effekt ursächlich sein und zum Schließen dieser Lücke identifiziert werden musste. Vorbereitend hierzu sind die Ergebnisse aus Kapitel 5.3.4 zu den Wechselwirkungen zwischen der Dynamik des Grundsystems und bestimmter geometrischer Details sowie die

Ergebnisse zu der Auswirkung verteilter Elastizitäten vornehmlich Gas- oder Luftblasen in hydraulischen Systemen aus Kapitel 5.3.3 und den in Kapitel 5.1 diskutierten grundsätzlichen Zusammenhängen und Korrekturen.

Unverzichtbar für eine Analyse der physikalischen Vorgänge in hydraulischen Systemen sind die Untersuchungen des Sensorverhaltens in Kapitel 5.4, durch die der eindeutige Nachweis einer physikalisch begründeten Ursache für den Signalverlauf an einem Drucksensor bestätigen und die Unsicherheit durch Verfremdungen prinzipiell ausgeschlossen werden kann, es sei denn über die Signalkonditionierung oder aus einer Filterung. Die vorgestellten Ergebnisse und Vorgehensweisen belegen umfassend und nachhaltig die Aussagekraft von Drucksignalen in der Systemanalyse und liefern einen entscheidenden Beitrag zum Verständnis der Physik in fluidtechnischen Systemen. Die erarbeitete Basis sollte weiterführende Untersuchungen erleichtern und bei deren Berücksichtigung in der Konstruktion, der Analyse, der Auslegung und dem Betrieb hydraulischer Systeme weitreichende Verbesserungen bieten und Potentiale eröffnen. Auch die Wechselwirkungen mit den Betriebsstoffen bezüglich des Ausgasens und Absorbierens, des Verdampfens und Kondensierens bieten noch Raum für weitere Forschung zum tiefergehenden Verständnis aller Abhängigkeiten und Einflüsse.

Gerade die vielschichtigen Zusammenhänge aus Geometrie, Betriebsmedien mit spezifischem Verhalten, Systemdynamik, Luftverteilung, Messtechnik bis hin zur Datenanalyse eröffnen ein weites Feld an Forschungsmöglichkeiten insbesondere zur Sicherstellung der Rückwirkungsfreiheit. Explizit betont sei die Adaption von Drucksensoren zur Systemanalyse und darüber hinaus auch das Design der Messzelle eines Sensors. Hierin zeigen die Untersuchungen zu den Auswirkungen einzelner Details in hydraulischen Systemen einen wesentlichen Handlungsbedarf, gerade auch im Zusammenhang gängiger Geometrien von Messzellen, wie in Anhang A9 angerissen.

Vielleicht fehlen einigen Lesern klare Handlungsempfehlungen, Kennzahlen oder Auslegungskriterien. Diese wurden bewusst vermieden, da alle Ergebnisse eine unerwartet hohe Sensitivität auf kleinste Veränderungen zeigen und so die Gefahr besteht, dass durch unberücksichtigt oder nicht betrachtete Wechselwirkungen die hier abgeleiteten Korrelationen unter anderen Randbedingungen in einem unbekannten System unbrauchbar beziehungsweise fehlerhaft sein könnten, denn wie ausgeführt:
Nahezu jedes hydraulische System ist ein „Unikat“.

Literaturverzeichnis

[1] K. Reif, Sensoren im Kraftfahrzeug, Wiesbaden: Springer Vieweg, 2016.

[2] E. Hering und G. Schönfelder, Sensoren in Wissenschaft und Technik, Wiesbaden: Vieweg+Teubner Verlag, 2012.

[3] K. Borgeest, Messtechnik und Prüfstände für Verbrennungsmotoren, Wiesbaden: Springer Vieweg, 2016.

[4] J. Hjelmgren, „Dynamic Measurement of Pressure - A Literature Survey, SP Report 2002:34," SP Swedish National Testing and Research Institute, BORÅS, Sweden, 2002.

[5] Kulite Semiconductor Products INC., *Ruggedzied automotive pressure transducer XTL-123A-190 (M) series,* Leonia, New Jersey USA: Kulite Semiconductor Products INC., 2014.

[6] Kistler Instrumente AG, *Quarz-Hochdrucksensor 6229A,* Winterthur, Switzerland: Kistler Instrumente AG, 1997.

[7] Kistler Gruppe, *Hochtemperatur-Drucksensor für die Motorenmesstechnik, Typ 6052C...,* Winterthur, Schweiz: Kistler Gruppe, 2010.

[8] Kistler Gruppe, *Piezoresistiver Absolutdrucksensor – Miniatur Drucksensor für Forschung und Entwicklung, Typ 4005B...,* Winterthur, Schweiz: Kistler Gruppe, 2006 ... 2014.

[9] H. Bernstein, Messelektronik und Sensoren, Wiesbaden: Springer Vieweg, 2014.

[10] D. Will und N. Gebhardt, Hydraulik, Berlin Heidelberg: Springer-Verlag, 2014.

T. A. Lenz, *Ganzheitliche Methodik zur Analyse und Validierung transienter hydraulischer Systeme*, Wissenschaftliche Reihe Fahrzeugtechnik Universität Stuttgart, https://doi.org/10.1007/978-3-658-53363-2

[11] M. Kobusch und T. Bruns, „European Research Project for Dynamic Measurement of Mechanical Quantities,“ *PTB mitteilungen, Physikalisch-Technische Bundesanstalt,* Bd. 125, Nr. 2, pp. 4-11, 2015.

[12] L. Tomasi, E. Wieser, E. Baruah, D. Collomb, F. Jolly, G. Krötz, S. Storm, P. Jänker and E. Obermeier, "DEVELOPMENT OF A NEW PIEZOELECTRIC DYNAMIC PRESSURE GENERATOR FOR HIGH PRESSURE PERIODIC AND APERIODIC CALIBRATION," in *XVII IMEKO World Congress Metrology in the 3rd Millennium*, Dubrovnik, Croatia, 2003.

[13] T. Bruns, „JRP REPORT, IND09: Traceable dynamic measurement of mechanical quantities,“ EMRP, European Metrology Research Programme, http://www.ptb.de/emrp/ind09.html, 2014.

[14] SPEKTRA Schwingungstechnik und Akustik GmbH, *Produktinformation: DPE-02 Dynamischer Druckerreger,* Dresden: SPEKTRA Schwingungstechnik und Akustik GmbH, 2015.

[15] U. Planko, A. Svete und J. Kutin, „CHARACTERIZATION OF SPEKTRA DPE-02 DYNAMIC PRESSURE EXCITER FOR THE DYNAMIC CALIBRATIONS OF PRESSURE SENSORS,“ in *XXIV IMEKO World Congress "Think Metrology"*, Hamburg, 2024.

[16] Kistler Group, *Product Information: Ballistics, 400-339e-03.13,* Winterthur, Schweiz: Kistler Group, 2013.

[17] R. Högström, A. Lakka, J. Hämäläinen, L. Salonen und A. Brzozowski, „NOVEL PRIMARY STANDARD FOR DYNAMIC PRESSURE UP TO 500 MPA,“ in *XXIV IMEKO World Congress "Think Metrology"*, Hamburg, 2024.

[18] T. A. Lenz, C. Sander, M. Bargende and A. Casal-Kulzer, "Knowledge of the Phase is Crucial for the Analysis of All Dynamic Hydraulic Systems," *SAE International,* vol. 2023, no. 2023-01-1207, 26 06 2023.

[19] Sensor-Technik Wiedemann GmbH, *OEM-Sensor und beschädigte Messzelle,* Kaufbeuren: Sensor-Technik Wiedemann GmbH, 2024.

[20] F. Dohnal und K. Unterweger, „Messbericht: Smart Bubble System zur Beobachtung des temperaturabhängigen Blasenwachstums," TESTTEC Prüfstandstechnik und Bauteilerprobungs GmbH, Ainet, 2025.

[21] L. Hafner, M. Brunner, N. Konrad, S. Schwarzer and F. Dohnal, "Map determination for the calculation of dispersion spectra in flowing oil-gas dispersions," *Chemical Engineering Research and Design,* vol. 192, no. February 2023, p. 253–267, 2023.

[22] L. Hafner, J. Holzbrecher, M. Wiedenmann, T. Hieronymus, S. Schwarzer and F. Dohnal, "Simulated bubble oscillations in gearboxes for electrified vehicles," 27. 09. 2024. [Online]. Available: https://www.researchgate.net/publication/384367642. [Accessed 25. 01. 2025].

[23] A. M. Hurst and J. VanDeWeert, "A Study of Bulk Modulus, Entrained Air, and Dynamic Pressure Measurements in Liquids," *Journal of Engineering for Gas Turbines and Power,* vol. 138, no. 10/2016, 2016.

[24] T. A. Lenz, H. Zimmermann und M. Bargende, „Pessure Measurement of a Timing Chain Tensioner: An Investigation of Sensor Type and Location," in *17. Internationales Stuttgarter Symposium*, Stuttgart, 2017.

[25] M. Müller, Druckschwingungen und Kavitationseffekte in Rohrleitungssystemen oszillierender Verdrängerpumpen unter dem Einfluss von Installations- und Betriebsbedingungen: Experiment und numerische Simulation, Erlangen: Universität Erlangen-Nürnberg, 2001.

[26] O. Schade, Kavitation in oszillierenden Verdrängerpumpen, München, 2009.

[27] A. Ismaier, Untersuchung der fluiddynamischen Wechselwirkung zwischen Druckstößen und Anlagenkomponenten in Kreiselpumpen, Erlangen: Aachen Shaker Verlag, 2011.

[28] T. A. Lenz, F. Stempfhuber, M. Spies und M. Bargende, „Analyzing Pressure Pulsations in Hydraulic Systems by Merging Measurements and 3D-CFD-simulations," in *21. Internationales Stuttgarter Symposium*, Stuttgart, 2021.

[29] H. Watter, Hydraulik und Pneumatik, Wiesbaden: Friedr. Vieweg & Sohn Verlag | GWV Fachverlage GmbH, 2007.

[30] H. Sigloch, Technische Fluidmechanik, Berlin: Springer Vieweg, 2017.

[31] J. F. Gülich, Kreiselpumpen, Heidelberg: Springer Vieweg, 2013.

[32] V. Nakoryakov, V. Kuznetsov, V. Dontsov and P. Markov, "Pressure waves of moderate intensity in liquid with gas bubbles," *International Journal of Multiphase Flow,* vol. 5, no. 16, pp. 741-749, 1990.

[33] F. Kratschun, K. Schmitz and H. Murrenhoff, "Experimental investigation of the Bunsen and the diffusion coefficients in hydraulic fluids," in *10th International Fluid Power Conference*, Dresden, 2016.

[34] I. G. N. Mahendrayana, C. Riedmann, U. Schichler and Suwarno, "Determination and Comparison of Temperature Dependent Henry Constants for the DGA," *IEEE,* 2020.

[35] R. Busch, *Untersuchung von Kavitationsphänomenen in Dieseleinspritzdüsen,* Hannover: Universität Hannover, 2001.

[36] H. Oertel Jr., Prandtl - Führer durch die Strömungslehre, Wiesbaden: Springer Vieweg, 2017.

[37] J. R. Blake, B. B. Taib und G. Doherty, „Transient cavities near boundaries, Pt I. Rigid boundaries,“ *J. Fluid Mech.,* Bd. 170, pp. 479-497, 1986.

[38] D. A. Drew und S. L. Passman, Theory of Multicomponent Fluids, New York: Springer-Verlag, 1999.

[39] J. G. Zheng und B. C. Khoo, „Numerical Investigation of Cavitation Interacting with Pressure Wave,“ *Numer. Math. Theor. Meth. Appl.,* Bd. 7, Nr. 4, pp. 524-536, 2014.

[40] U. O. Agisheva, R. K. Bolotnova, V. A. Buzina und M. N. Galimzyanov, „Parametric Analysis of the Regimes of Shock-Wave

Action on Gas-Liquid Media,“ Fluid Dynamics, Bd. 2, Nr. 48, pp. 15-28, 13 02 2013.

[41] N. I. Semenov und R. I. Kosterin, „Results of an Investigation of the Speed of Sound in Gas-Liquid Mixtures in Motion,“ *Teploenergetika,* Bd. 46, Nr. 6, 1964.

[42] *Release on the IAPWS Formulation 1995 for the Thermodynamic Properties of Ordinary Water Substances for General and Scientific Use,* Frederica: Denmark: Int. Associat. Propert. Water Steam, 1996.

[43] E. Brommundt und D. Sachau, Schwingungslehre mit Maschinendynamik, Wiesbaden: Springer Vieweg, 2014.

[44] K. Magnus, K. Popp und S. Walter, Schwingungen, Wiesbaden: Springer Vieweg, 2013.

[45] A. Prosperetti, „Bubble phenomena in sound fields: part one,“ *ULTRASONICS,* Bd. Acoustic cavitation series: part two, Nr. 03/1984, pp. 69-77, 1984.

[46] A. Prosperetti, „Bubble phenomena in sound fields: part two,“ *ULTRASONICS,* Bd. Acoustic cavitation series: part three, Nr. 05/1984, pp. 115-124, 1984.

[47] C. E. Brennen, Cavitation and Bubble Dynamics, New York / Oxford: Oxford University Press, Inc., 1995.

[48] C. E. Brennen, Fundamentals of Multiphase Flows, Cambridge: Cambridge University Press, 2005.

[49] R. B. Chapman und M. S. Plesset, „Thermal effects in the free oscillation of gas bubbles,“ *ASME J. Basic Eng.,* Bd. 93, pp. 373-376, 1971.

[50] L. A. Crum, „Rectified diffusion,“ *ULTRASONICS,* Bd. Acoustic cavitation series: part five, Nr. 09/1984, pp. 215-223, 1984.

[51] A. Erbes, Untersuchung und Modellierung des Schwingverhaltens eines, Bingen: Fachhochschule Bingen, Fachbereich 2, Maschinenbau, 2008.

[52] R. Leclerc, Analyse der Auffälligkeiten in Drucksensorsignalen von, Hochschule Koblenz: Porsche AG Weissach, 2014.

[53] D. Ninkovic, *Aufbau und Inbetriebnahme eines Hochdynamikprüfstands zur Drucksensorprüfung für die Verbrennungsmotorentwicklung,* Stuttgart: Universität Stuttgart, Institut für Verbrennungsmotoren und Kraftfahrwesen (IVK), 2016.

[54] D. Takahara, H. Iizumi and H. Kajikawa, "DYNAMIC PRESSURE GENERATION AND MEASUREMENT CHARACTERISTICS IN A LASER INTERFEROMETRY-BASED EVALUATION SYSTEM FOR INFRASOUND SENSORS," in *XXIV IMEKO World Congress "Think Metrology"*, Hamburg, 2024.

[55] T. A. Lenz, S. Detzel und V. Leibfritz, „Vorrichtung zum Kalibrieren eines Drucksensors sowie Verfahren zum Kalibrieren eines". Deutschland Patent DE 10 2019 125 721 A1, 25 03 2021.

[56] M. Spies, *Analyse spezifischer Signalanteile von Drucksensoren mit Hilfe numerischer Strömungssimulation,* c. f. M. Spies, Hrsg., Stuttgart: Universität Stuttgart, Institut für Verbrennungsmotoren und Kraftfahrwesen, 2020.

[57] PLM, Siemens, „Star-CCM+, user guide, Version 2019.3," PLM, Siemens, Plano, Texas, USA, 2019.

[58] P. Majdak, B. Laback und P. Balazs, „Multiple Exponential Sweep Method for Fast Measurement of Head-Related Transfer Functions," *Journal of the Acoustical Engineering Society,* Bd. Vol. 55, Nr. July/August, pp. 623 - 637, 2007.

[59] S. Jayanti, Computational Fluid Dynamics fpr Engineers and Scientists, Dordrecht (Niederlande): Springer-Verlag, 2018.

[60] K. Ghaib, Einführung in die numerische Strömungsmechanik, Wiesbaden: Springer Vieweg, 2019.

[61] B. Diskin und J. L. Thomas, „Accuracy of Gradient Reconstruction on Grids with High Aspect Ratio," *NIA Report,* Bd. 2008, Nr. 12, pp. 1-25, 2008.

[62] E. Trockenbrodt, Fluidmechanik, Bd. 1 Grundlangen und elementatre Strömungsvorgänge dichtebeständiger Fluide, Berlin: Springer-Verlag, 1989.

[63] T. A. Lenz und A. N. Wettklo, „Was verrät der Phasengang einer Fast Fourier Transformation (FFT)," in *5. VDI-Fachtagung Maschinenakustik*, Karlsruhe, 2012.

[64] R. L. Burden and J. D. Faires, Numerical Analysis, Bosten: PWS-Publishing Company, 1989.

[65] W. Törnig und P. Spellucci, Numerische Mathematic für Ingenieure und Physiker, Berlin: Springer-Verlag, 1988.

[66] A. G. Petrov, „Forced Oscillations of Two Gas Bubbles in a Fluid in the Vicinity of Bubble Contact," *Fluid Dynamics,* Bd. 46, Nr. 4, pp. 579-595, 2011.

[67] M. Köhler, *Blasendynamik und Erosion bei akustischer Kavitation,* Aachen: Shaker Verlag, 1999.

[68] B. Brunn, *Kavitation und die Zugfestigkeit von Flüssigkeiten,* Aachen: Shaker Verlag, 2006.

[69] R. B. Chapman und M. S. Plesset, „Thermal effects in the free oscillation of gas bubbles," *ASME J. Basic Eng.,* Bd. 93, p. 373–376, 1971.

[70] P. Bauer, Kettensteuertriebe, München: Süddeutscher Verlag onpact GmbH, 2013.

[71] M. Meyer, Signalverarbeitung, Wiesbaden: Springer Fachmedien Wiesbaden GmbH, 2017.

[72] K.-H. Iben, „Einfluss nicht gelöster Luft auf die kompressiblen Eigenschaften von Dieselkraftstoff," *Maschinenbautechnik,* Bd. 27, Nr. 8, pp. 367-370, MaA 8035, 1978.

[73] J. Zierep und K. Bühler, Grundzüge der Strömungslehre, Wiesbaden: Springer Vieweg, 2015.

[74] P. von Böckh und C. Saumweber, Fluidmechanik, Heidelberg: Springer-Verlag, 2013.

[75] A. C. M. Kuo, Polymer Data Handbook, Oxford: Oxford University Press, Inc., 1999, pp. 411-435.

[76] Pfeifer Vacuum Technology AG, *Duo 1.6, 1-phase motor,* Wetzlar: Pfeifer Vacuum Technology AG, 2016.

[77] Physik Instrumente (PI) GmbH und Co. KG, *PI_Datenblatt_P-845_20150123,* Karlsruhe: Physik Instrumente (PI) GmbH und Co. KG, 2014.

[78] MICRO-EPSILON MESSTECHNIK GmbH & Co. KG, „confocalDT // Konfokal-chromatisches optisches Sensormesssystem, Y9760149-Q012110SGO," MICRO-EPSILON MESSTECHNIK GmbH & Co. KG, Ortenburg, 2020.

[79] Micro-Epsilon Messtechnik GmbH & Co. KG, "Laufzeitverhalten Wirbelstrom-Wegmesssysteme," Micro-Epsilon Messtechnik GmbH & Co. KG, Ortenburg, 2023.

[80] Kistler Instrumente AG, *Betriebsanleitung, Signal Conditioning Platform (SCP) Typ 2853A,* Winterthur, Schweiz: Kistler Instrumente AG, 2005.

[81] Hottinger Brüel & Kjaer GmbH, *MGCplus Messverstärkersystem, Datenblatt,* Darmstadt: Hottinger Brüel & Kjaer GmbH, 2022.

[82] Yokogawa Test & Measurement Corporation, *Plug-in modules specifications ScopeCorder series DL850E/DL850EV/DL350/SL1000, DL850E-01EN,* Japan: Yokogawa Test & Measurement Corporation, 2018.

[83] Yokogawa Test & Measurement Corporation, *User's Manual DL850E / DL850EV ScopeCorder Getting Started Guide,* Japan: Yokogawa Test & Measurement Corporation, 2021.

[84] R. Profehsner, *Hydraulische, elektrische und mechanische Einflüsse auf die Signalgüte von Seriendrucksensoren im Fahrzeugeinsatz,* Masterarbeit Hrsg., Karlsruhe: Karlsruher Intitut für Technologie, Institut für Kolbenmaschinen, 2018.

Anhang

A1. Komponenten und Daten des Elektropulser-Aufbaus

Die geometrischen Details der transparenten Ölsäule und das Last-Weg-Diagramm des Elektropulsers. Die Stoffwerte des Motoröls sind in Kapitel A6 enthalten.

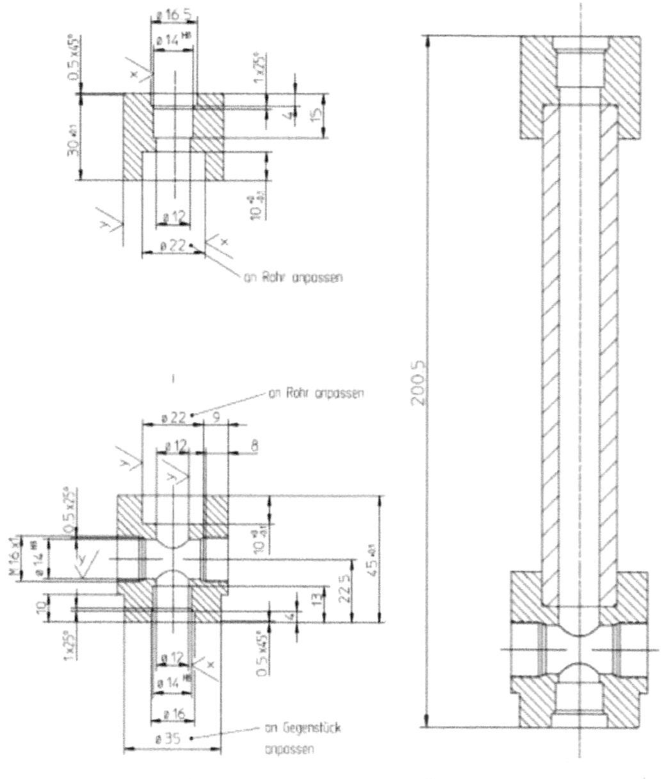

Abbildung A.1: Zeichnung der transparenten Ölsäule für den Elektropulser Versuchsaufbau mit Sensoradaptern [51].

T. A. Lenz, *Ganzheitliche Methodik zur Analyse und Validierung transienter hydraulischer Systeme*, Wissenschaftliche Reihe Fahrzeugtechnik Universität Stuttgart, https://doi.org/10.1007/978-3-658-53363-2

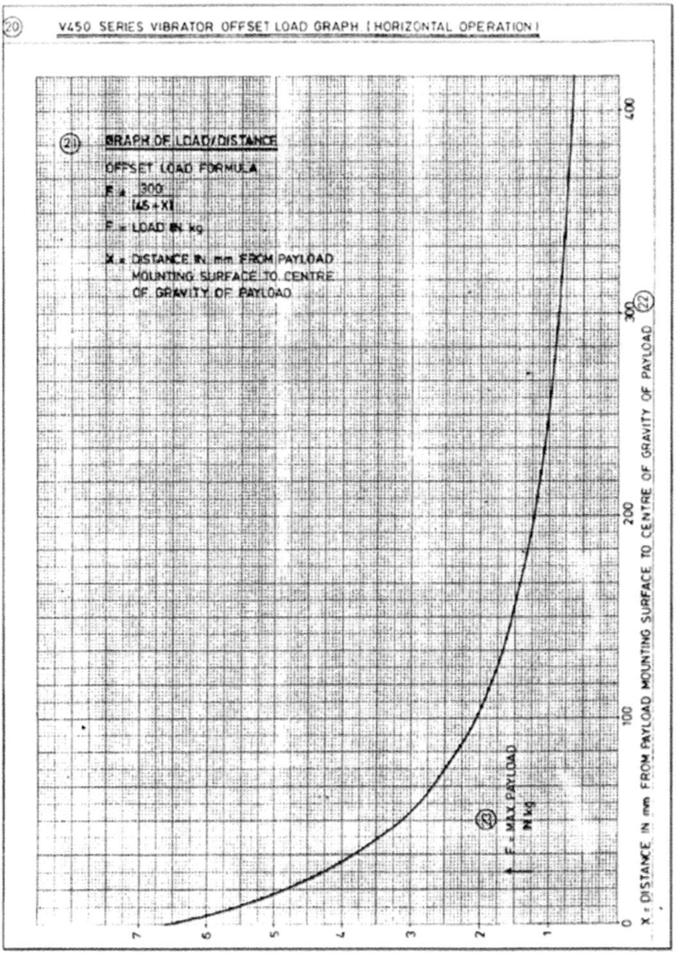

Abbildung A.2: Last-Weg-Diagramm des Elekropulsers (V450 Serie Vibrator) für Aufbau: Ölsäule.

Anzahl Punkte	Länge [mm]	Volumen im Röhrchen [mm³]	Gesamtvolumen [mm³]	Blasendurch-messer [mm]
1	10	4,42	10,62	2,73
2	20	8,84	15,04	3,06
3	30	13,25	19,45	3,34
4	40	17,67	23,87	3,57
5	50	22,09	28,29	3,78
6	60	26,51	32,71	3,97
7	70	30,93	37,13	4,14
8	80	35,34	41,54	4,30
9	90	39,76	45,96	4,44
10	100	44,18	50,38	4,58
11	110	48,60	54,80	4,71
12	120	53,01	59,21	4,84
13	130	57,43	63,63	4,95
14	140	61,85	68,05	5,07
15	150	66,27	72,47	5,17
16	160	70,69	76,89	5,28
17	170	75,10	81,30	5,37
18	180	79,52	85,72	5,47
19	190	83,94	90,14	5,56
20	200	88,36	94,56	5,65

Abbildung A.3: Luftvolumen und Blasendurchmesser am Aufbau der schwingenden Ölsäule [51].

A2. Technische Daten für den Hydropulser zur Untersuchung des Verhaltens von Kettenspannern

Hydraulic pulsator testbench

- Force: max. 150 kN (static)
  max. 120 kN (tensile fatigue)
- Frequency: up to 200 Hz

- Available space: WxDxH 650 x 680 x 1000 mm³
- Available space: WxDxH 450 x 470 x 670 mm³
  (with climate chamber)

- Standard measurement channels
  - Force & Displacement
  - Ambient temperature
  - Up to 5 additional external measurement channels available

- Optional Climate chamber: RT – 150°C

- Optional oil supply for test specimen
  - Up to 10 bar
  - Up to 7 l/min
  - RT – 120°C

- Shutdown criteria: force / displacement / customer defined

iwis
wir bewegen die welt

Abbildung A.4: Leistungsdaten des Hydropulsers für die Untersuchungen am Kettenspanner bei iwis mobility systems (München).

A3. Einführung in den Steuertrieb eines Boxermotors

Der Gaswechsel eines Hubkolbenmotors wird über Ventile gesteuert, die von der Nockenwelle betätigt werden. Bei Viertaktmotoren rotieren die Nockenwellen mit halber Kurbelwellendrehzahl, sodass ein vollständiges Arbeitsspiel zwei Kurbelwellenumdrehungen benötigt. Ventilöffnungszeitpunkte und Öffnungsdauer, auch als Steuerzeiten bezeichnet, beeinflussen wesentlich Laufruhe, Drehmoment, Kraftstoffverbrauch und Emissionen. Der Steuertrieb stellt dabei den Antrieb der Nockenwellen sicher inklusive der phasenrichtigen Kopplung von Kurbel- und Nockenwelle.

Abbildung A.5 zeigt den Steuerkettentrieb eines Sechszylinder-Boxermotors. Aufgrund der um 180° versetzten Kurbelwellenzapfen der gegenüberliegenden Pleuel sind die Zylinderbänke und damit auch die Kettentriebe axial leicht versetzt. Jede Zylinderbank besitzt eine eigene Steuerkette. Pro Kettentrieb läuft eine Duplexkette über das Kurbelwellenrad sowie über die Kettenräder der Nockenwellen. In Blickrichtung der Abbildung A.5 rechtsherum. Der Zugtrum (von der Kurbelwelle gespannte Kettenabschnitt) wird über eine fixierte Gleitschiene geführt, der Lostrum läuft über eine schwenkbare Spannschiene. An Bank 1 liegt der Drehpunkt der Spannschiene nahe der Auslassnockenwelle und der Kettenspanner an der Kurbelwelle, während sich dies auf Bank 2 umgekehrt verhält. Bewegliche Gleitschienen gleichen veränderliche Kettenlängen und Kraftspitzen aus und stellen eine konstante Kettenspannung sicher. Ursachen für Längenänderungen sind beispielsweise:

- Fertigungstoleranzen,
- Verschleiß von Steuerkette, Kettenrädern und Gleitschienen,
- unterschiedliche thermische Ausdehnung der beteiligten Bauteile,
- Dynamische Effekte aus Drehungleichförmigkeiten.

Der Kettenspanner beaufschlagt die schwenkbar gelagerte Gleitschiene mit einer Kraft und stellt die Spannung der Steuerkette sicher. Zusätzlich dient er der Dämpfung von Kettenschwingungen. Diese Dämpfung ist notwendig, da sowohl Kurbelwelle als auch Nockenwelle Drehungleichförmigkeiten aufweisen. Bei der Kurbelwelle entstehen sie aus den einzelnen Arbeitstakten aller Zylinder. Die Nockenwelle erfährt Verzögerungen durch die zum Öffnen der Ventile erforderlichen Kräfte und wird beim Schließen der Ventile durch die Federkräfte wieder beschleunigt. Hinzu kommt, dass die wirkenden Momente und deren Phasenlage nicht konstant sind, sondern sich abhängig vom Betriebspunkt deutlich verändern. Einflussgrößen sind unter anderem variable Steuerzeiten und Ventilhübe, unterschiedliche Brennraumdrücke sowie die Drehzahlabhängigkeit, in Anlehnung an [52].

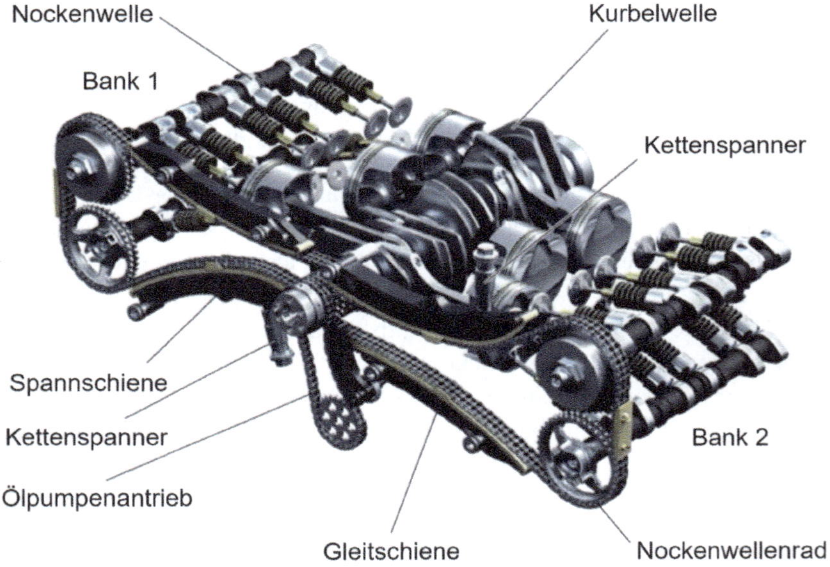

Abbildung A.5: Kettensteuertrieb eines 6-Zylinder-Boxermotors [70].

A4. Einflüsse aus elektronischen Hardwarefilterschaltungen auf die Signalgüte und die Laufzeit

Untersuchungen der Auswirkungen der Filterelektronik mit einem Butterworth-Tiefpass, 6. Ordnung, 16 kHz Grenzfrequenz (U_{AAF}) im Vergleich zu einem deaktivierten Tiefpassfilter-Signal (U_{oAAF}) und einem im Nachgang mittels Auswertesoftware digital tiefpassgefilterten Signal ($U_{oAAF;TP}$) aus [52]. Anhand von zwei Untersuchungen in Abbildung A.6 und A.7 sowie entsprechender Literaturverweise zum Schwingungsverhalten nach einem Wertesprung verschiedener Filter in Abbildung A.8 und den entsprechenden Gruppenlaufzeiten dieser Filter in Abbildung A.9.

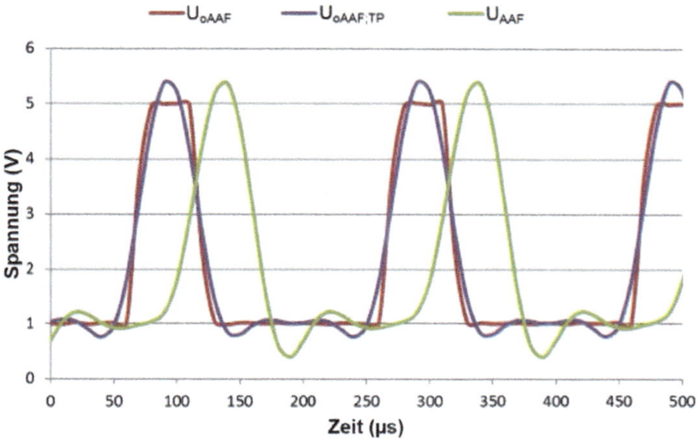

Abbildung A.6: Gemessener Spannungsverlauf eines Rechtecksignals einer Frequenz von 5 kHz, 50 µs Pulsdauer und 10 ns Flanke. Abgetastet mit 100 kHz ohne Anti-Aliasing-Filter, mit AAF (Butterworth 6. Ordnung, 16 kHz) zu einer nachträglichen Softwarefilterung (Butterworth 6. Ordnung, 16 kHz).

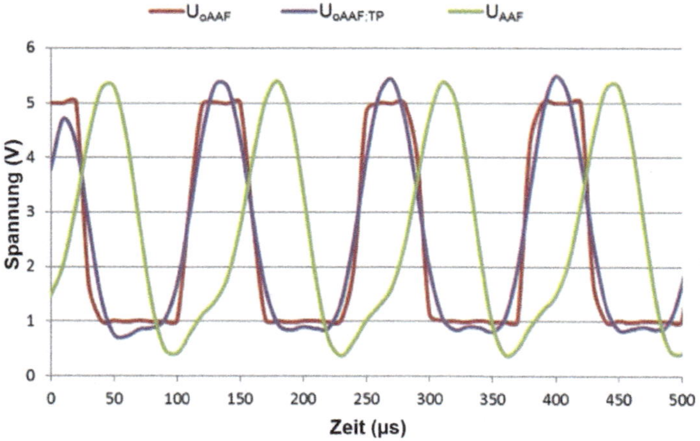

Abbildung A.7: Gemessener Spannungsverlauf eines Rechtecksignals einer Frequenz von 7,5 kHz, 50 µs Pulsdauer und 10 ns Flanke. Abgetastet mit 100 kHz ohne Anti-Aliasing-Filter, mit AAF (Butterworth 6. Ordnung, 16 kHz) zu einer nachträglichen Softwarefilterung (Butterworth 6. Ordnung, 16 kHz).

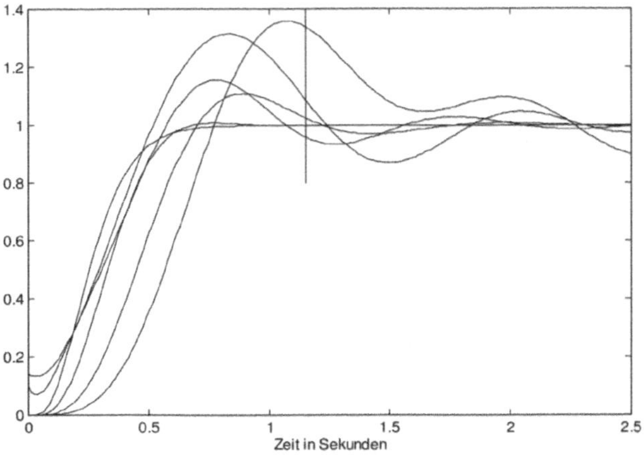

Abbildung A.8: Sprungantwort von Filtern mit 3dB-Grenzfrequenz bei 1 Hz und der Ordnung 4. Die Linie bei t = 1.1s schneidet von oben nach unten: Tschebyscheff-I, Cauer, Butterworth, Bessel und kritisch gedämpfter Filter (übereinanderliegend), Tschebyscheff-II [71].

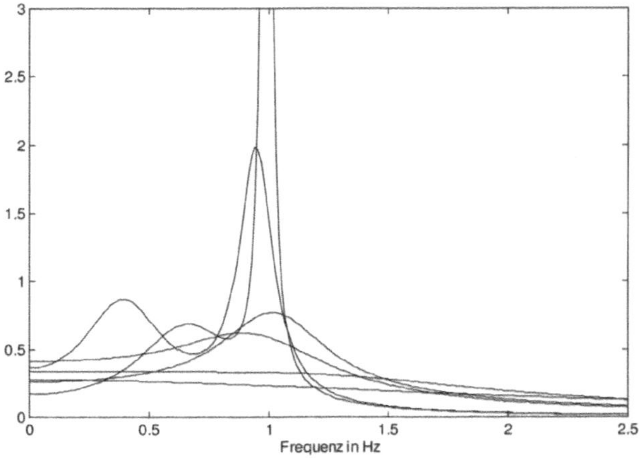

Abbildung A.9: Gruppenlaufzeiten von Filtern mit 3dB-Grenzfrequenz bei 1 Hz und der Ordnung 4. Bei f = 1.0s treten von oben nach unten folgende Kurven auf: Cauer (überschwingt aus der Grafik!), Tschebyscheff-I, Tschebyscheff-II, Butterworth, Bessel, kritisch gedämpfter Filter [71].

A5. Ergänzungen zu den Simulationsmodellen der Ölsäule und des Kettenspanners

Weitere Daten zur Simulation der schwingenden Ölsäule mit der zugrundeliegenden Geometrie und den Stoffwerten des Modells aus Abbildung A.10 und Tabelle A.1.

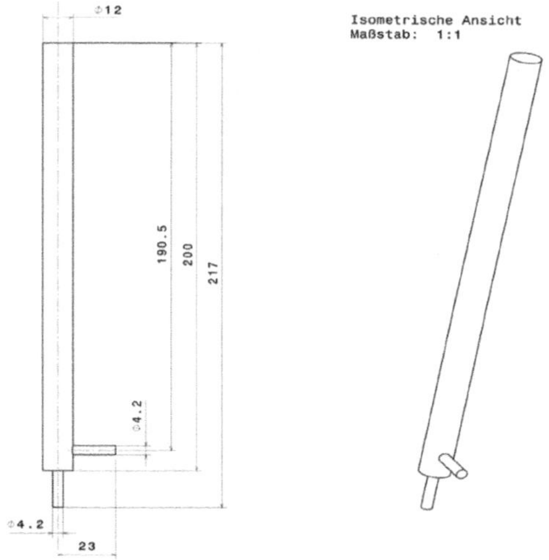

Abbildung A.10: Bemaßung des Fluidkörpers im Zylinder und in den Flanschen (ohne Drucksensoren) zum Modell der schwingerregten Öl-Säule [56].

Tabelle A.1: Stoffwerte des Öl-Luft-Gemisches zum Modell der schwingerregten Öl-Säule.

Dichte Öl (ϑ = 20 °C)	790 kg/m³
Dynamische Viskosität Öl	0,08 Pas
Schallgeschwindigkeit Öl	1500 m/s
Wärmeleitfähigkeit Öl	0,135 W/mK

Dynamische Viskosität Luft	$1{,}86 \cdot 10^{-5}$ Pas
Schallgeschwindigkeit Luft	343,2 m/s
Wärmeleitfähigkeit Luft	0,026 W/mK
Oberflächenspannung	0,072 N/m

Hier eine zusätzliche Übersicht und weitere Details zum Simulationsmodell des Kettenspanners bezüglich der Geometrie in Abbildung A.11, den Gitternetzen aller simulierter Modelle in Abbildung A.12 sowie den verwendeten Stoffwerten als Basis aller Berechnungen aus Tabelle 5.2.

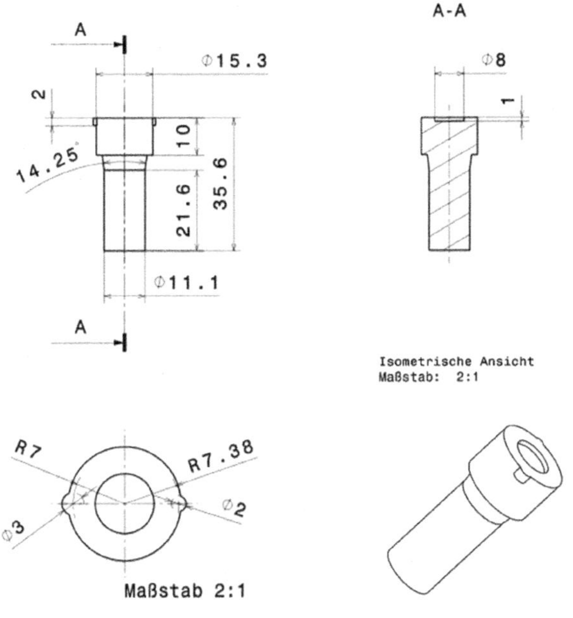

Abbildung A.11: Bemaßung des Fluidkörpers in der Hochdruckkammer zum Modell des Kettenspanners (ohne Messstellen).

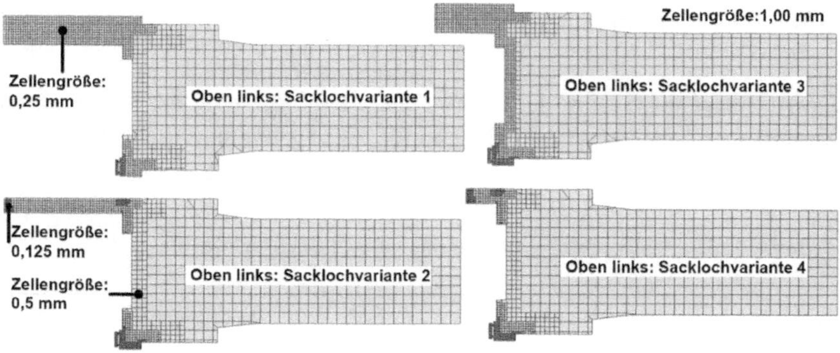

Abbildung A.12: Schnittdarstellung aller vernetzten Fluidkörper der vier Simulationsmodelle des Kettenspanners [56].

Tabelle A.2: Stoffwerte des Öl-Luft-Gemisches zur Simulation des Kettenspanners [56].

Dichte Öl (ϑ = 20 °C)	790 kg/m^3
Dynamische Viskosität Öl	0,05 Pas
Schallgeschwindigkeit Öl	1500 m/s
Wärmeleitfähigkeit Öl	0,135 W/mK
Dynamische Viskosität Luft	$1{,}86 \cdot 10^{-5}$ Pas
Schallgeschwindigkeit Luft	343,2 m/s
Wärmeleitfähigkeit Luft	0,026 W/mK
Oberflächenspannung	0,072 N/m

A6. Auswahl an Stoffwerten der Betriebsmedien

Dieser Abschnitt enthält die durchschnittlichen Stoffwerte des verwendeten Motoröls in Tabelle A.3 und Diagramme zur Auswirkung kleinster Gasanteile auf die Schallgeschwindigkeit in Abbildung A.13 und A.14.

Tabelle A.3: Stoffeigenschaften des verwendeten Motoröls.

Dichte Öl (ϑ = 20 °C)	840 bis 850 kg/m³
Kinematische Viskosität Motoröl (ϑ = 40 °C)	73,3 bis 77,8 mm²/s
Kinematische Viskosität Motoröl (ϑ = 100 °C)	14,3 bis 14,9 mm²/s
Schallgeschwindigkeit Öl	gasgehaltsabhängig, exemplarisch siehe Abbildungen A.13 und A.14
Oberflächenspannung Öl / Luft	0,025 bis 0,030 N/m

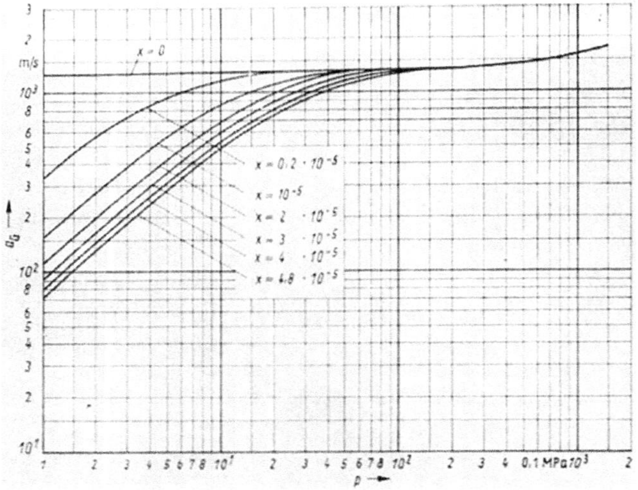

Abbildung A.13: Isentrope Schallgeschwindigkeit von Dieselkraftstoff in Abhängigkeit von Druck und Luftgehalt x, Anfangstemperatur T = 313 K [72].

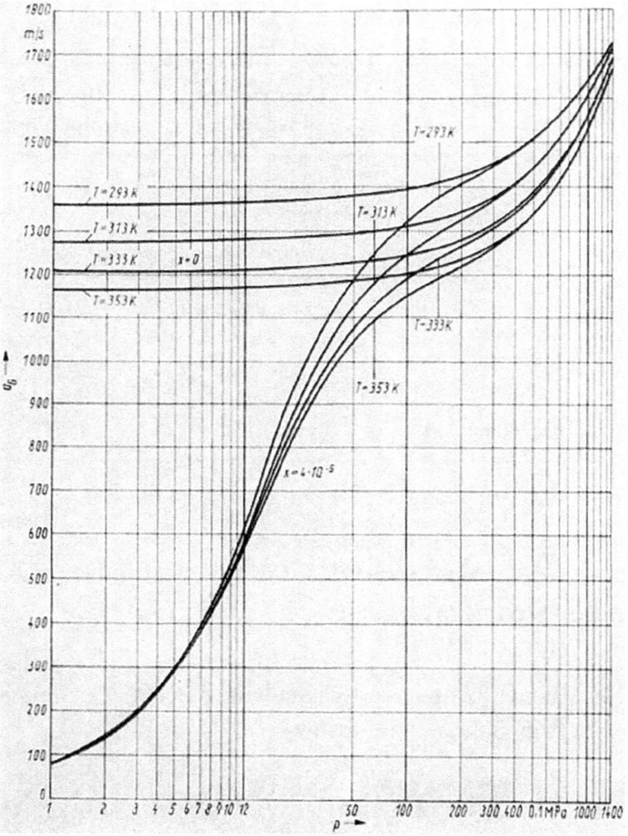

Abbildung A.14: Isentrope Schallgeschwindigkeit von Dieselkraftstoff in Abhängigkeit von Druck und Temperatur, Luftgehalt x = 0 und x = 4 · 10^{-5}, 0,004 % [72].

Da für Wechselwirkungen an Blasen die Oberflächenspannungen einen entscheidenden Beitrag leisten, eine Auswahl von Stoffwerten in Tabelle A.4.

Tabelle A.4: Typische Oberflächenspannungen, Auswahl.

Medium	Oberflächen-spannung	Bezugs-temperatur	Quelle
Luft / Wasser	0,071 N/m	20 °C	[73]
Luft / Wasser	0,059 N/m	100 °C	[74]
Öl / Luft	0,025 bis 0,030 N/m	20 °C	[73]
Quecksilber / Luft	0,46 N/m	20 °C	[73]
PDMS, Prüföl (bei 500 mm^2/s)	0,021 N/m	25 °C	[75]

A7. Verwendete Messtechnik an den verschiedenen Aufbauten der Druckkammern

Verwendete Vakuumpumpe zur Evakuierung der Druckkammer vor Ölbefüllung wie in Abbildung A.15 enthalten.

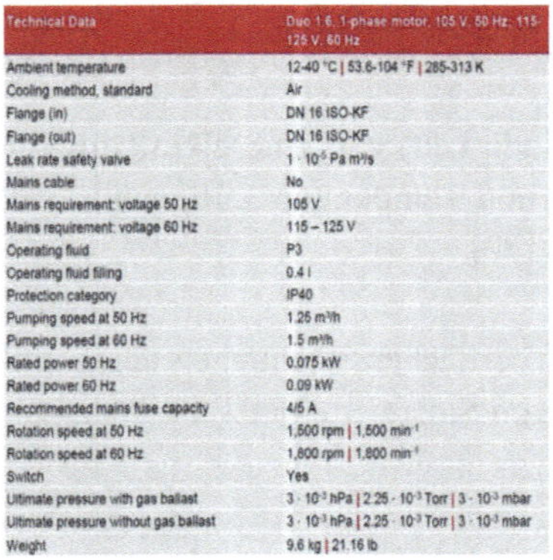

Technical Data	Duo 1.6, 1-phase motor, 105 V, 50 Hz, 115-125 V, 60 Hz
Ambient temperature	12-40 °C | 53.6-104 °F | 285-313 K
Cooling method, standard	Air
Flange (in)	DN 16 ISO-KF
Flange (out)	DN 16 ISO-KF
Leak rate safety valve	$1 \cdot 10^{-5}$ Pa m^3/s
Mains cable	No
Mains requirement: voltage 50 Hz	105 V
Mains requirement: voltage 60 Hz	115 – 125 V
Operating fluid	P3
Operating fluid filling	0.4 l
Protection category	IP40
Pumping speed at 50 Hz	1.25 m^3/h
Pumping speed at 60 Hz	1.5 m^3/h
Rated power 50 Hz	0.075 kW
Rated power 60 Hz	0.09 kW
Recommended mains fuse capacity	4/5 A
Rotation speed at 50 Hz	1,500 rpm | 1,500 min^{-1}
Rotation speed at 60 Hz	1,800 rpm | 1,800 min^{-1}
Switch	Yes
Ultimate pressure with gas ballast	$3 \cdot 10^{-3}$ hPa | $2.25 \cdot 10^{-3}$ Torr | $3 \cdot 10^{-3}$ mbar
Ultimate pressure without gas ballast	$3 \cdot 10^{-3}$ hPa | $2.25 \cdot 10^{-3}$ Torr | $3 \cdot 10^{-3}$ mbar
Weight	9.6 kg | 21.16 lb

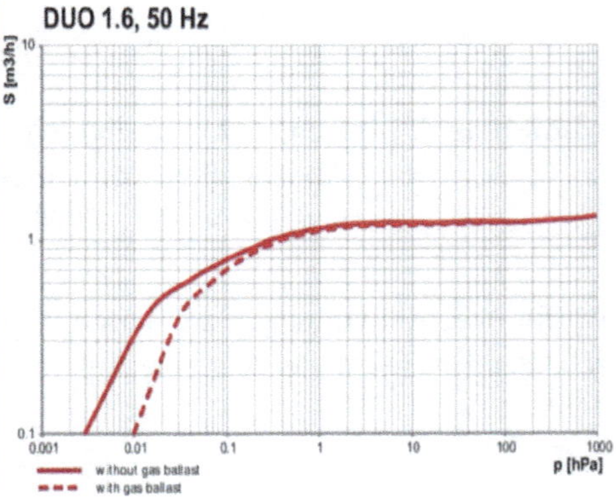

Abbildung A.15: Eckdaten der Drehschieber-Vakuumpumpe mit einem erreichbaren minimalen Druck von 0,3 Pa (absolut) [76].

Da die Temperaturmessungen einen wichtigen Beitrag zum Verständnis der Effekte für das Entstehen der Dynamik an den Druckmessstellen liefern, hier die Kalibrierdaten des PT100-Elements in Abbildung A.16.

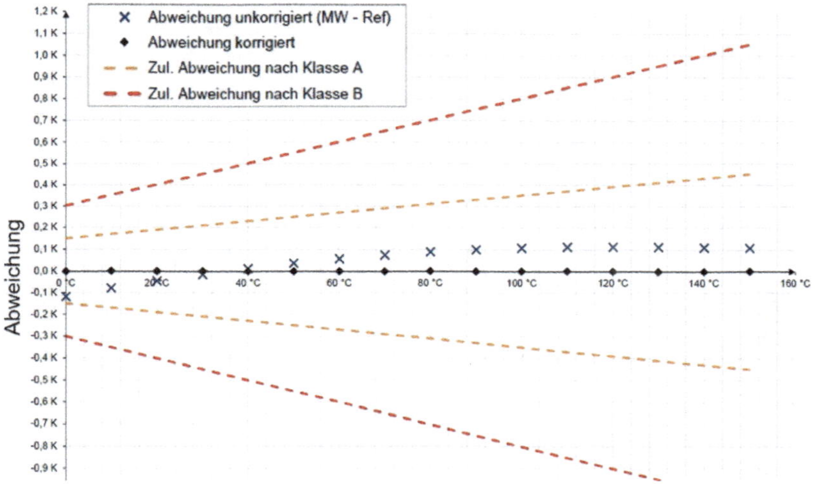

Abbildung A.16: Abweichung des kalibrierten PT100-Temperaturfühlers.

In der Abbildung A.17 wird der eingesetzte Piezoaktor beschrieben, und in Abbildung A.18 folgen die Daten des konfokalen Wegmesssystems.

	P-845.60	Einheit	Toleranz
Stellweg	90	µm	
Sensor*	DMS		
Auflösung**	1,8	nm	
Steifigkeit#	38	N/ µm	
Druck- / Zugbelastbarkeit	3000 / 700	N	
Elektrische Kapazität	36	µF	±20 %
Dynamischer Stromkoeffizient (DSK)	50	µA/ (Hz × µm)	
Resonanzfrequenz f_0, unbelastet	5,5	kHz	±20 %
Masse ohne Kabel	204	g	±5 %
Länge L	137	mm	

Abbildung A.17: Physik Instrumente (PI): vorgespannter Piezoaktor P-845.60, www.pi.ws (Stand: 23.01.2015) [77].

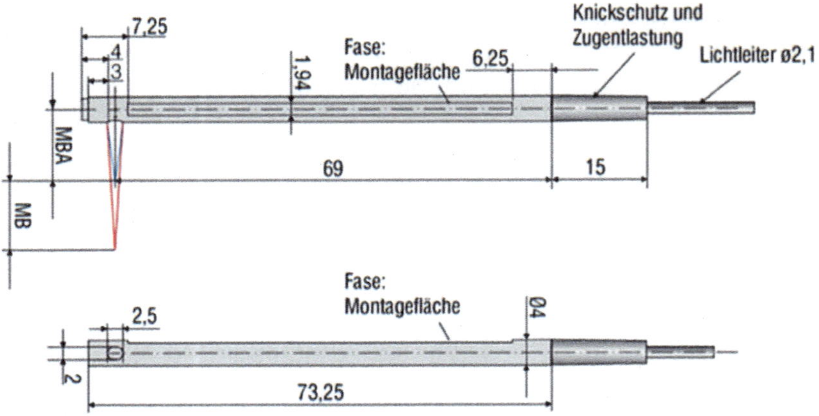

Modell		IFS2402/90-1,5	IFS2402/90-4
Messbereich		1,5 mm	2,5 mm
Messbereichsanfang	ca.	2,5 mm [1]	2,5 mm [1]
Auflösung	statisch [2]	60 nm	100 nm
	dynamisch [3]	192 nm	480 nm
Linearität [4]	bei Weg- und Abstandsmessung	< ±1,2 μm	< ±3 μm
Lichtpunktdurchmesser		20 μm	20 μm
Max. Verkippung [5]		±5°	±3°
Numerische Apertur		0,20	0,10
Anschluss		integrierter Lichtwellenleiter 2 m mit E2000/APC Stecker; Verlängerung bis 50 m; Biegeradius: statisch 30 mm, dynamisch 40 mm	
Montage		Radialklemmung; Montageadapter (siehe Zubehör)	
Temperaturbereich	Lagerung	-20 … +70°C	
	Betrieb	+5 … +70°C	
Schock (DIN EN 60068-2-27)		15 g / 6 ms in XY-Achse, je 1000 Schocks	
Vibration (DIN EN 60068-2-6)		2 g / 20 … 500 Hz in XY-Achse, je 10 Zyklen	
Schutzart (DIN EN 60529)		IP40	
Material		Edelstahlgehäuse, Glaslinsen	
Gewicht		ca. 186 g (inkl. Lichtwellenleiter)	

Abbildung A.18: Konfokaler Wegsensor IFS2402/90-1,5 mit einer Auflösung von 0,06 µm bei Mittelung über 512 Werte [78].

A8. Angaben zum Datenerfassungssystem und den eingesetzten Signalkonditionierungen

In den Analysen am Kettenspanner kam eine Wegmessung an der Kugel des Rückschlagventils zum Einsatz, die keinerlei Latenz zur Körperschallanregung des Quarzdruckaufnehmers aufwies. Auf Rückfrage beim Hersteller

Micro-Epsilon Messtechnik (Ortenburg) folgte ein mehrseitiger Bericht mit detaillierten Angaben zu den Laufzeiten der in den Untersuchungen verwendeten Wirbelstrom-Wegmesssystemen, deren Übersicht in Abbildung A.19. Die DT3301-Systeme waren in den Messungen für den Kettenspannerweg am Vollmotor im Einsatz und die DL504-Systeme bei den Kugelhubmessungen am Hydropulser.

Gerät	SN	Delay	Rise Time
DT3301	04062324 neu abgegl.	7.5 µs	6 µs
DT3301	13116731 (µε)	7.4 µs	4.7 µs
DL504	9983	6.0 µs	5.8 µs
DL504	9984	5.5 µs	7.2 µs
DL504	9991	5.2 µs	4.2 µs

Abbildung A.19: Untersuchungsergebnis zu Signallaufzeiten von Wirbelstrom-Wegsensor-Messketten von Micro-Epsilon [79].

In Abbildung A.20 und folgende die Daten zu den Verstärkern der piezoelektrischen und piezoresistiven Drucksensoren.

Anzahl Kanäle		2
Messbereich (Auflösung <0,1 %)		
ohne Offset	pC	±100 ... ±50 000
mit –8 V-Offset	pC	±162 ... ±50 000
Fehler (0 ... 60 °C)	%	<±0,5
Drift bei ("DrCo aus")		
0 ... 60 °C	pC/s	<±0,2
25 °C	pC/s	<±0,05
Reset-Operate-Sprung	pC	<±1
Zeitkonstante ("DrCo aus ")	s	>10 000
Ausgangsspannung	V	0 ... ±10
Ausgangsstrom	mA	0 ... ±2
Ausgangswiderstand	Ω	10
Nullpunktfehler (RESET)	mV	<±5
Ausgangsstörsignal (0,1 Hz ... 1 MHz)	mV_{pp}	<5
Frequenzbereich (20 V_{pp})	kHz	≈0 ... >90
Gruppenlaufzeit	µs	<4
Tiefpassfilter (2. Ordnung, zuschaltbar)	kHz	5, 10, 20
"Overload" Auslöseschwelle	V	≈±10,5
Offset einstellbar (Verstärkung 1,8)	V	–8,0 ±0,05
maximale Sensorspannung zwischen Sensor-GND und Ausgangs-/Speise-GND	V	<±25
Unterdrückung der Störsignale zwischen Sensor-GND und Ausgangs-/Speise-GND (0 ... 100 Hz)	dB	>60
Übersprechdämpfung Ch1, Ch2	dB	>80

Abbildung A.20: Datenblattauszug zum Ladungsverstärker Kistler Typ 5064 [80].

Messfrequenzbereich		Nennwert f_c (Hz)	-1dB (Hz)	-3dB (Hz)	Laufzeit (ms)	Anstiegszeit (ms)	Ü-schw. %	
Tiefpass mit Bessel-Charakteristik								
Nur für den Analogausgang (Digitale Schnittstelle 5000 Hz Butterworth)		100000	111000	188000	0,0027	0,0025	10,8	(High)
		100000	104000	145000	0,0027	0,0025	10,8	(Low)
		50000	49000	84000	0,0044	0,004	6,6	
		1000	900	1800	0,27	0,2	0,6	
		400	400	800	0,47	0,44	0,5	
		200	230	405	0,82	0,96	0,4	
		100*)	117	210	1,58	1,8	0,4	
		40	38,5	68	4,21	5,4	0	
		20	22	37,5	7,2	9,3	0	
		10	10,5	19	13,9	19	0	
		5	5,1	9,6	25	37	0	
		2,5	2,6	4,8	50	75	0	
		1,25	1,35	2,4	100	155	0	
		0,5	0,7	1,2	200	300	0	
		0,2	0,17	0,3	650	1200	0	
		0,1	0,08	0,15	1400	2300	0	
		0,05	0,043	0,075	3000	4600	0	
Hochpass								
ab 0,2 Hz Be, 5 Hz Bu	Hz				0,1			
ab 2,5 Hz Be, 5 Hz Bu	Hz				1,0			
ab 20 Hz Be, 40 Hz Bu	Hz				10			

Max. zulässige Gleichtaktspannung	V	±6	
Gleichtaktunterdrückung			
DMS	dB	>120 (DC)	
Potentiometer	dB	>95 (DC)	
Linearitätsabweichung	%	< 0,03 vom Endwert	
Rauschen bezogen auf den Eingang		DMS	Potentiometer
bei gewähltem Tiefpassfilter (Bessel)		(0,2 … 6,12 mV/V)	(20 … 612 mV/V)
100000 Hz	$\mu V/V_{SS}$	4	300
50000 Hz		3 3)	300
10000 Hz		3	300
1000 Hz		1,3	100
100 Hz		0,35	35
Einfluss der Umgebungstemperatur bei 10 K-Änderung auf die digitalen Signale S1 und S2		Mit Autokalibrierung	Ohne Autokalibrierung
DMS (Low): Messempfindlichkeit	%	<0,03	<0,2
Nullpunkt	µV/V	<0,6	<10
Potentiometer (High): Messempfindlichkeit	%	<0,03	<0,2
Nullpunkt	µV/V	<30	<500
Langzeitdrift über 48 Stunden	µV/V	<0,25	<5
DMS (Low):	µV/V	<20	<400
Potentiometer (High):			
Analog-Ausgänge Ua1 und Ua2			
Trägerrestspannung	mV_{SS}	<5	
Langzeitdrift über 48 h	mV	<3	

Abbildung A.21: Datenblattauszug zum Ladungsverstärker HBM MGC+ DMS-Verstärkermodul ML10B [81].

Als letztes System folgen die Daten zum Yokogawa ScopeCorder DL850 und die verwendeten Erfassungsmodule. Zur Messung von Signalen mit mehr als 1 MHz Abtastraten. Hier kamen 100 MHz-fähige Erfassungsmodule 720211 mit 20 MHz Bandbreite und 12-Bit Auflösung zum Einsatz, Abbildung A.22. Für höhere Empfindlichkeit wurden 4-kanalige 1 MHz Module 720254 mit 16-Bit Auflösung aus Abbildung A.23 eingesetzt und als Erfassungssystem der DL850 mit den Angaben zu maximalen Datensätzen in Abhängigkeit zur Speichergröße, Abtastrate und Record Length aus Abbildung A.24.

High-Speed 100 MS/s, 12 Bit Isolation Module (720211)	
Input channels	2
Input type	Isolated unbalanced
Input coupling	AC, DC and GND
Input connector	BNC connector (isolated type)
Input impedance	1 MΩ ±1%, approx. 35 pF
Maximum sample rate	100 MS/s
Frequency range (–3 dB)[*1]	DC to 20 MHz
A/D conversion resolution	12 bit (150 LSB/div)
Voltage-axis sensitivity setting[*12]	Direct input: 10 mV/div to 20 V/div (1-2-5 steps)
Maximum input voltage (1 kHz or less)	
In combination with 700929 (10:1)/702902 (10:1)/701947 (100:1)[*2]	1000 V (DC + ACpeak)
In combination with 701901 + 701954 (1:1)[*6]	200 V (DC + ACpeak)
Direct input[*10]	42 V (DC + ACpeak)
Maximum rated voltage to earth (1 kHz or less)	
In combination with 700929 (10:1)/702902 (10:1)/701947 (100:1)[*3]	1000 Vrms (CAT II)
In combination with 701901 + 701954 (1:1)[*9]	1000 Vrms (CAT II)
Direct input[*11]	42 V (DC + ACpeak) (CAT II, 30 Vrms)
–3 dB point when AC coupled low frequency attenuation point	10 Hz or less (1 Hz or less when using the 700929, 702902, 0.1 Hz or less when using the 701947)
Vertical (voltage) axis accuracy[*1]	DC accuracy: ±(0.5% of 10 div)
Common mode rejection ratio	80 dB (50/60 Hz) or more (Typ.)
Temperature coefficient	Zero point: ±(0.1% of 10 div)/°C (Typ.) Gain: ±(0.05% of 10 div)/°C (Typ.)
Bandwidth limit	Full/2 MHz/1.28 MHz/640 kHz/320 kHz/160 kHz/80 kHz/40 kHz/20 kHz/10 kHz

Abbildung A.22: Datenblattauszug 100 MHz-Erfassungsmodul 720211 (12-Bit) von Yokogawa [82].

4 CH 1 MS/s 16 Bit Isolation Module (720254)	
Input channels	4
Input type	Isolated unbalanced
Input coupling	AC, DC, GND
Input connector	BNC connector (isolated type)
Input impedance	1 MΩ ±1%, approx. 35 pF
Common mode rejection ratio	80 dB (50/60 Hz) or more (Typ.)
Maximum sample rate	1 MS/s
Frequency range (–3 dB)[*1]	DC to 300 kHz
A/D conversion resolution	16 bit (2400 LSB/div)
Voltage-axis sensitivity setting[*12]	Direct input: 10 mV/div to 50 V/div (1-2-5 steps)
Maximum input voltage (1 kHz or less)	
In combination with 700929 (10:1)/702902 (10:1)/701947 (100:1)[*2]	600 V (DC + ACpeak)
In combination with 701901 + 701954 (1:1)[*6]	200 V (DC + ACpeak), 400 V (DC + ACpeak) (Maximum allowable voltage, as a value that does not damage the instrument when applied.)
Direct input[*10]	42 V (DC + ACpeak)
Maximum rated voltage to earth (1 kHz or less)	
In combination with 700929 (10:1)/702902 (10:1)/701947 (100:1)[*3]	400 Vrms (O), 300 Vrms (CAT II)
In combination with 701901 + 701954 (1:1)[*9]	400 Vrms (O), 300 Vrms (CAT II)
Direct input[*11]	42 V (DC + ACpeak) (CAT II, 30 Vrms)
–3 dB point when AC coupled low frequency attenuation point	1 Hz or less (0.1 Hz or less when using the 700929, 702902, 0.01 Hz or less when using the 701947)
Vertical (voltage) axis accuracy[*1]	DC accuracy: ±(0.25% of 10 div)
Temperature coeffi cient	Zero point: ±(0.02% of 10 div)/°C (Typ.) Gain: ±(0.02% of 10 div)/°C (Typ.)
Bandwidth limit	Full/6.25 Hz/12.5 Hz/25 Hz/50 Hz/100 Hz/200 Hz/400 Hz/800 Hz/1.6 kHz/3.2 kHz/6.4 kHz/12.8 kHz/40 kHz

Abbildung A.23: Datenblattauszug 1 MHz-Erfassungsmodul 720254 (16-Bit) von Yokogawa [82].

	Model		
Record Length	**Standard**	**/M1 (1 G)**	**/M2 (2 G)**
1 k	5000	5000	5000
2.5 k	5000	5000	5000
5 k	2976	5000	5000
10 k	1487	5000	5000
25 k	593	2381	5000
50 k	295	1189	2381
100 k	144	583	1168
250 k	57	236	474
500 k	28	116	235
1 M	13	54	111
2.5 M	4	22	46
5 M	1	10	22
10 M	1	4	10
25 M	1[1]	1	3
50 M	1[2]	1	1
100 M	1[3]	1[1]	1
250 M	1[4]	1[2]	1[1]
500 M	0	1[3]	1[2]
1 G	0	1[4]	1[3]
2 G	0	0	1[4]

Abbildung A.24: Messdauer und Anzahl der Datensätze in Abhängigkeit der Record Length am DL850 von Yokogawa [83].

A9. Auswahl einzelner Geometrien von Messzellen in Seriensensoren

Wie sich in allen Untersuchungen an den Messstellen aus der Entwicklung zeigt, können Totvolumina und Sacklöcher eine Quelle für ungewollte Druckpulsationen mit signifikanten Rückwirkungen auf das Verhalten des Grundsystems sein. Abbildung A.25 und Tabelle A.5 enthält eine kleine Auswahl von Seriensensoren verschiedener hydraulischer Systeme eines Fahrzeugs. Hier zeigt sich, dass diese Zusammenhänge und Wechselwirkungen in deren Relevanz für mögliche Rückwirkungen wenig bekannt zu sein scheinen.

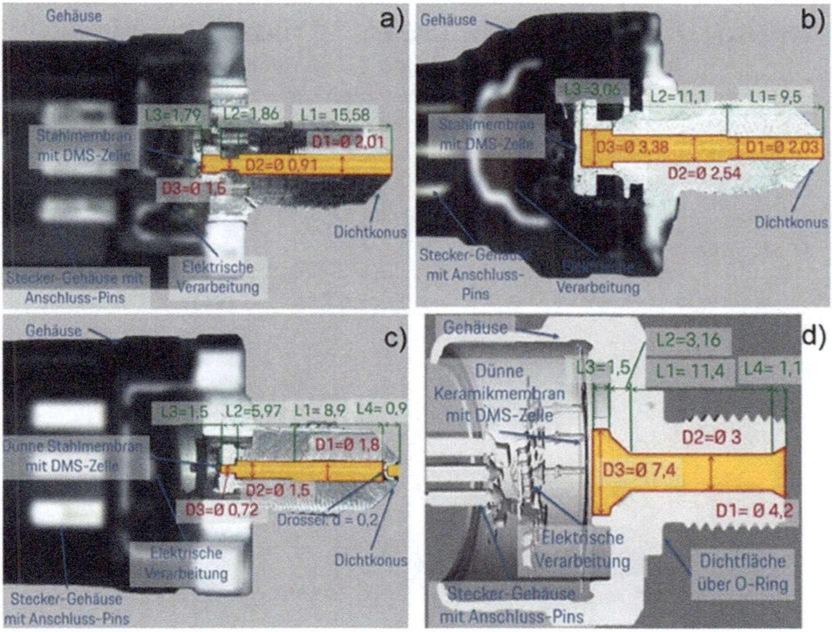

Abbildung A.25: Innengeometrie von Seriensensoren: a) Kraftstoff Hochdruck analog, b) Kraftstoff Hochdruck SENT, c) Kraftstoff Niederdruck analog, d) Kupplungsdruck Getriebe analog, Messungen manuell [84].

Tabelle A.5: Auszug der Ergebnisse zur Geometrie der Seriendrucksensoren aus Abbildung A.25 [84].

Sensortyp	Kleinster Durchmesser	Gesamt-Länge	Gesamt-Volumen	Dichtungs-Konzept
Kraftstoff Hochdruck, analog	0,91 mm	19,23 mm	53,8 µl	Dichtkonus
Kraftstoff Hochdruck, SENT	2,03 mm	23,66 mm	114,5 µl	Dichtkonus

Sensortyp	Kleinster Durchmesser	Gesamt-Länge	Gesamt-Volumen	Dichtungs-Konzept
Kraftstoff Niederdruck, analog	0,20 mm Drossel	17,27 mm	36,5 µl	Dichtkonus
Kupplungsdruck, Getriebe	3,00 mm	15,60 mm	271,6 µl	O-Ring

GPSR Compliance

The European Union's (EU) General Product Safety Regulation (GPSR) is a set of rules that requires consumer products to be safe and our obligations to ensure this.

If you have any concerns about our products, you can contact us on ProductSafety@springernature.com

In case Publisher is established outside the EU, the EU authorized representative is:

Springer Nature Customer Service Center GmbH
Europaplatz 3
69115 Heidelberg, Germany

Batch number: 10798355

Printed by Printforce, the Netherlands